CAD/CAM/CAE 高手成长之路丛书

SOLIDWORKS API 二次开发实例详解（微视频版）

陈永康　著

机 械 工 业 出 版 社

本书主要介绍了SOLIDWORKS二次开发的方法和技巧。本书通过常规的人与SOLIDWORKS交互过程中的情景，介绍了相应的SOLIDWORKS API对象，使得机械专业人员能够比较形象地理解API对象及其使用，并通过不同的实例分析介绍各API对象的使用，帮助读者学习SOLIDWORKS二次开发；为读者介绍了学习SOLIDWORKS二次开发的方法，以便读者能够自我扩展，学习与研究自己需要的内容；对SOLIDWORKS的各类开发方案进行了对比，便于读者或企业在开发之初选择适合自己的方案；采用书与视频联合讲解的方式，便于读者理解。

本书适合对SOLIDWORKS以及数据化设计制造感兴趣的人员阅读，还适合希望通过二次开发简化SOLIDWORKS操作工作量的人员阅读，也适合希望在企业内部制订SOLIDWORKS二次开发方案，提高设计效率的建模管理团队成员阅读。

图书在版编目（CIP）数据

SOLIDWORKS API 二次开发实例详解：微视频版 / 陈永康著．—北京：机械工业出版社，2018.7（2025.4 重印）
（CAD/CAM/CAE 高手成长之路丛书）
ISBN 978-7-111-60242-2

Ⅰ．①S… Ⅱ．①陈… Ⅲ．①计算机辅助设计－应用软件－教材
Ⅳ．① TP391.72

中国版本图书馆 CIP 数据核字（2018）第 134340 号

机械工业出版社（北京市百万庄大街 22 号 邮政编码 100037）
策划编辑：张雁茹　　　　责任编辑：张雁茹　范成欣
责任校对：朱继文　佟瑞鑫　责任印制：单爱军
北京虎彩文化传播有限公司印刷
2025 年 4 月第 1 版第 5 次印刷
184mm × 260mm · 14.5 印张 · 372 千字
标准书号：ISBN 978-7-111-60242-2
定价：59.80 元

电话服务	网络服务
客服电话：010-88361066	机　工　官　网：www.cmpbook.com
010-88379833	机　工　官　博：weibo.com/cmp1952
010-68326294	金　　书　　网：www.golden-book.com
封底无防伪标均为盗版	机工教育服务网：www.cmpedu.com

前　言

SOLIDWORKS 软件是一款基于 Windows 开发的三维设计软件。SOLIDWORKS 以其强大的功能以及简易的入门方法深受广大工程师的热爱。其拥有一套完整的产品设计解决方案，包括机械设计、仿真模拟、数据管理等各类模块。该软件的草图特征建模方式使得入门者能快速完成一些简单的设计建模工作。

随着 SOLIDWORKS 软件在各大企业中的不断普及，越来越多的企业，尤其是结构相似但产品为非标设计的企业，越来越关注设计效率的问题。若要提高设计效率，则需要从以下两方面着手：一方面是模型设计的思路（本书第 4 章进行了简单的介绍），另一方面就是相应配套的二次开发。在 SOLIDWORKS 二次开发过程中，主要通过 SOLIDWORKS 提供的各类 API 对象的属性和方法对文档数据进行自动化操作。

本书将通过常规的人与 SOLIDWORKS 交互过程中的情景，介绍相应的 SOLIDWORKS API 对象，使得机械专业人员能够比较形象地理解 API 对象及其使用，并通过不同的实例分析讲解各 API 对象的使用，帮助读者学习 SOLIDWORKS 二次开发。

由于 SOLIDWORKS 提供的 API 对象非常庞大，本书的第 5~ 14 章针对常用的零件建模、装配、出图工作进行了详细的 API 介绍，以帮助读者及企业快速掌握建模出图过程中的常用开发对象，提高设计效率。书中对代码示例做了详细注解，读者可以仔细阅读代码示例，体会 API 的使用方法与注意要点。

此外，本书的第 3 章还为读者介绍了如何更好地使用 SOLIDWORKS 提供的 API 文档，以便读者更好地利用本书提供的学习方法去扩展自己对 API 的探索。

由于 SOLIDWORKS 的开发方法及开发语言多种多样，本书的第 2 章给出了这些方案的对比，以便读者或企业根据自身的需求选择适合自己的开发方案，并且还给出了一些开发时可能遇到的系统问题的解决方案。

对于软件开发初学者，建议先看本书的第 1 章，了解常用的软件术语，以便查阅第 3 章介绍的 API 文档，然后按照第 2 章的介绍，完成开发平台及项目的建立，以便随着本书后续章节的介绍，进行同步操练，加深对 API 对象使用的理解。

SOLIDWORKS API 的使用提供了自动化操作 SOLIDWORKS 的可行性，但是这些还只是操作 SOLIDWORKS 运行的工具。在企业中若要进行一些系统化的开发应用及模型数据扩展应用，开发者还应具备数据库设计使用、软件架构设计等各类软件系统设计的知识，这样才能为企业建立一个稳定、可持续的高效系统。

本书的模型与模板都在 ModleAsbuit 文件夹下，代码中的 ModleRoot 路径变量即为该文件夹的绝对路径，读者可根据该文件夹的放置路径，在代码示例中修改相应的 ModleRoot 变量值。

本人从事 SOLIDWORKS 二次开发工作 6 年以上，在此期间系统化地为企业开发了从建模、装配、出图到制造的一整套自动化系统，大大提高了企业的设计生产效率。

在此，首先感谢达索析统（上海）信息技术有限公司的技术经理杨茂发先生和原机械工业出版社宋亚东老师的推荐与支持，同时感谢上海雷瓦信息技术有限公司对正版软件的支持。上海雷瓦信息技术有限公司是SOLIDWORKS在中国最大的一级代理商之一，拥有强大的技术支持与售后团队。

由于作者水平所限，书中难免有疏漏之处，欢迎广大读者批评指正。

作者邮箱为 jackecust2004@126.com，微信号为 JackEcust2004，欢迎沟通交流。

编者

目　录

第 1 章 软件开发基础

1

【学习目标】

1）了解类、对象、实例化的概念

2）了解属性的概念

3）了解方法的概念

4）了解枚举的概念

5）了解继承的概念

6）了解 SOLIDWORKS API

本章主要针对查阅 API 帮助文档时所需用到的一些软件基础知识进行介绍。

1.1 类与实例化对象

在现实生活中，人就是一个类，它没有具体的意义，仅仅是一个抽象的概念，表示所有人，而每个人，如张三、李四就是人(类)的一个实例对象。由图 1-1 所示能够看到，类相当于一个月饼大类，而每个能食用的月饼就是实例对象，从抽象的月饼大类细分到真实月饼个体的过程叫实例化。

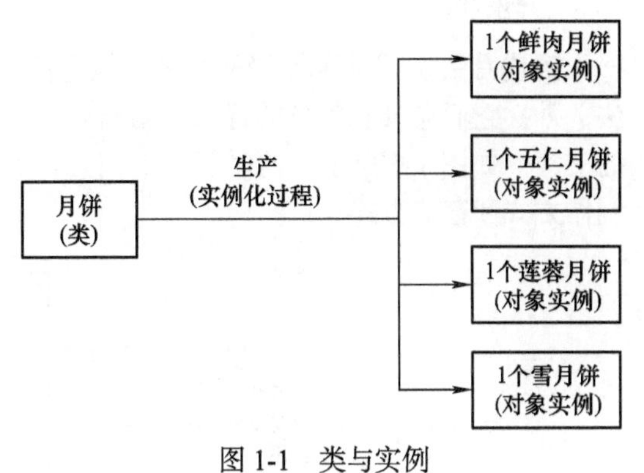

图 1-1　类与实例

1.2 属性

属性即特性，是专属信息。如图 1-2 所示，每个真实月饼都有味道、生产日期等信息，味道有甜有咸，生产日期有先有后，这里的味道、生产日期即为月饼类的属性。

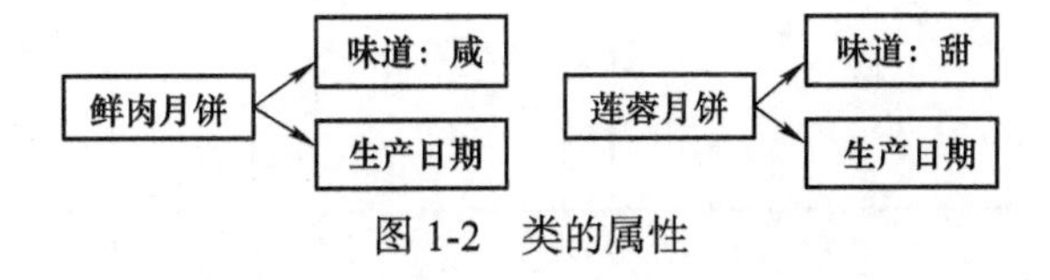

图 1-2　类的属性

1.3 方法

方法即如何做。如图 1-3 所示，不同的月饼有不同的制作方法和存储方法。制造者只需找到制作方法，即可做出相应的月饼；消费者仅需找到存储方法即可较好地存储月饼。由此可以看到，存储方法与制作方法为月饼类的方法。

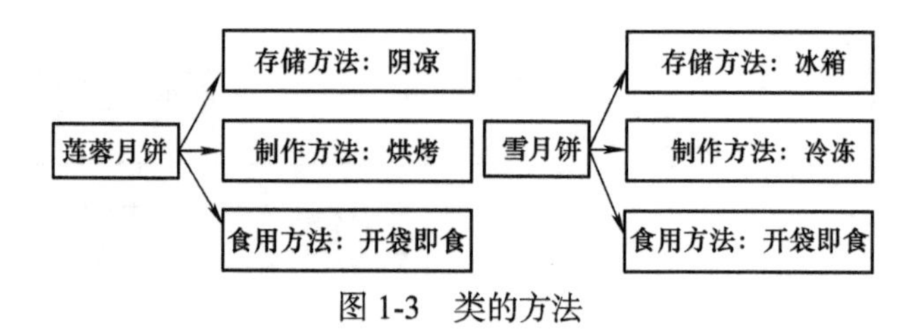

图 1-3 类的方法

1.4 枚举

枚举是一种独特的值类型，它用于声明一组具有相同性质的常量。它以不同的名称代表不同的常量，使得其更容易被理解。如图 1-4 所示，枚举可以按照容易理解的方式定义星期一、星期二，类似平时访问网页需要的网址，比较容易理解。而软件后台将会以枚举的值 0、1、2 等常量作为运算数值，类似网站访问后台的 IP 地址，不容易记忆。在 SOLIDWORKS API 中就定义了很多枚举，方便用户使用。

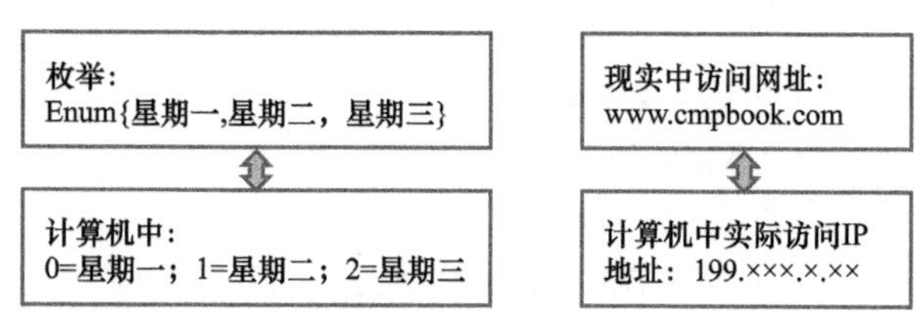

图 1-4 枚举释义

1.5 继承

鲜肉月饼、雪月饼等都是月饼，但它们是不同类型的月饼。除了具有月饼的共性（食用方法）外，它们还具有各自的特点（制作方式、存储方式）。可以把月饼定义为鲜肉月饼、雪月饼的父类。如图 1-5 所示，此时子类鲜肉月饼和雪月饼除了有食用方式外，都各自有属于自己的制作方式和存储方式。

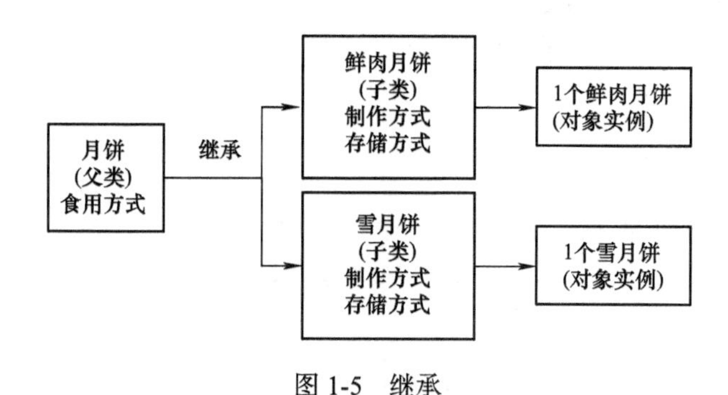

图 1-5 继承

场景假设

如果有 N 种月饼，当需要修改食用方式时，若未使用继承关系，则需要对鲜肉月饼、雪月饼等所有种类月饼的食用方式进行修改，总计 N 次。如果这些不同月饼都继承于月饼，则仅需要修改 1 次父类的食用方式即可。由此可以看到，巧妙使用继承关系，将会简化很多重复性工作。

1.6　SOLIDWORKS API

SOLIDWORKS 通过 OLE/COM 技术为用户提供了强大的二次开发 API 接口，并且采用面向对象的方法，所有函数都是有关对象的方法或属性。这些函数提供程序直接访问 SOLIDWORKS 功能的能力，如图 1-6 所示。

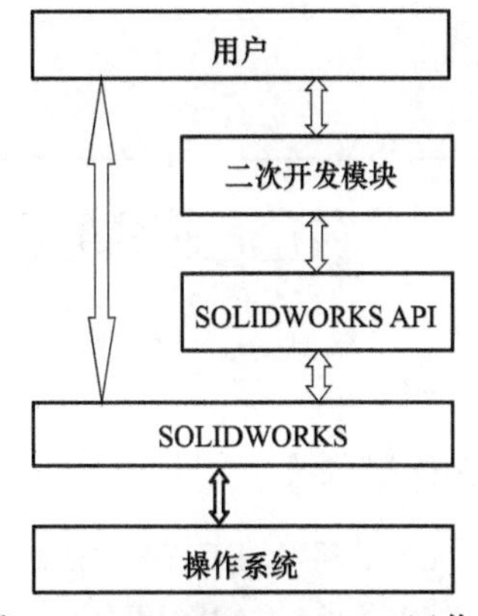

图 1-6　SOLIDWORKS API 运作图

1.7　本章总结

在 SOLIDWORKS 中，打开的 SOLIDWORKS 应用就是一个对象实例，打开的每个文档都是一个对象实例，虽然有零部件、装配体、工程图等不同类型的文件，但是它们有文档的公有特性，也有各自的特性。通过这章的学习，可以将 SOLIDWORKS 文档、零部件、装配体、工程图之间的关系转化为如图 1-7 所示的图形关系。

从图 1-7 中可以直观地猜测，当需要得到一个 SOLIDWORKS 文件的路径时，可以在父类 ModelDoc2 中的方法或属性中得到。

当需要得到某张工程图图样时，由于工程图图样属于工程图文档的专属内容，所以要获取每张图样的数据，一定需要在子类 DrawingDoc 中寻找方法或属性对 SOLIDWORKS 文件进行操作。

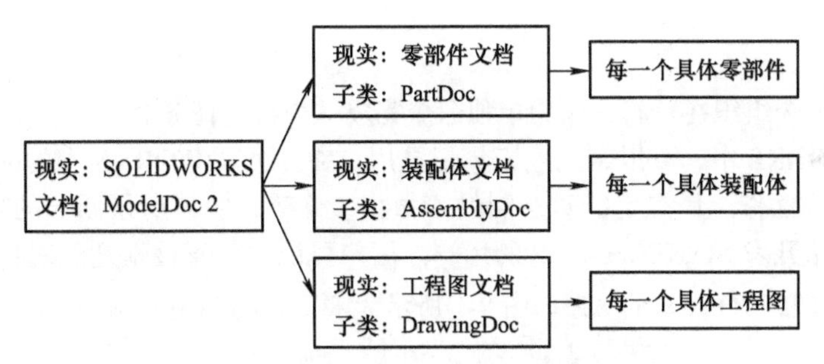

图 1-7　SOLIDWORKS API 形象对比

提示

SOLIDWORKS 的 API 内容非常多，不可能记住 SOLIDWORKS 的所有对象及其属性方法。一般情况下可以按需在 API 帮助文档中寻找。通过上述的例子，可以总结出：若要快速寻找需要的类，则必须对 SOLIDWORKS 软件本身的操作非常熟悉。

第2章 SOLIDWORKS 常用开发工具介绍

【学习目标】

1）了解 SOLIDWORKS 开发的常用工具与语言
2）了解 SOLIDWORKS 应用开发的方式与对比

SOLIDWORKS 软件是一个基于 Windows 开发的三维 CAD 系统，故对其进行二次开发也需基于微软相关的基础之上。常见的 SOLIDWORKS 开发工具分为两大类：SOLIDWORKS 内置宏 (VBA 语言为主) 和微软的 Visual Studio (支持 VB.Net、C#、C++ 语言开发)。对于基于 SOLIDWORKS 开发的应用，可以分为嵌入式插件形式和独立运行的 EXE 文件。

2.1 宏的录制与自带 VBA 工具

2.1.1 宏

宏就是一些命令组织在一起，作为单独命令完成一个特定任务。

在 SOLIDWORKS 中，可以利用宏工具记录用户在 SOLIDWORKS 中的部分操作，并可以用来重复执行相应动作。用户也能对录制的宏做相应修改，使得所录制宏的功能进一步扩展。宏比较适合刚开始开发 SOLIDWORKS 的用户。用户可以比较感性地通过对比自己的操作与宏中动作，理解 SOLIDWORKS 的 API。图 2-1 所示为宏工具的调用方法。

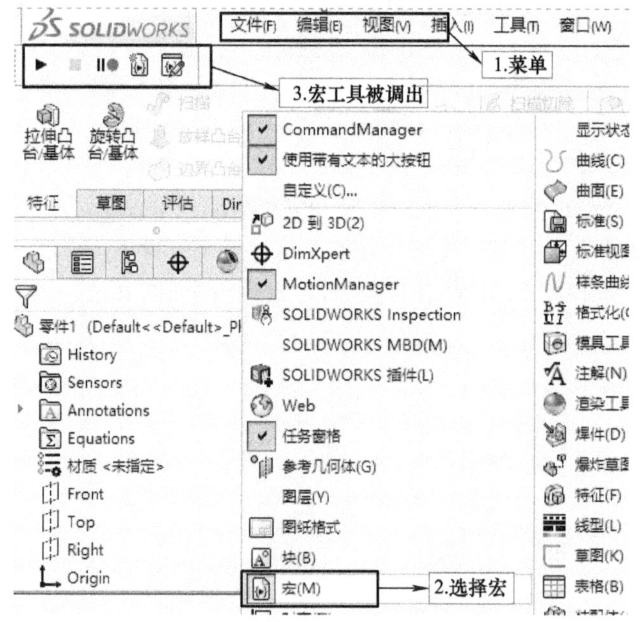

图 2-1 宏工具的调用方法

2.1.2　自带 VBA 工具

如图 2-2 所示，通过单击宏工具中的“编辑宏”按钮，在弹出的对话框中选择一个宏，即可打开 SOLIDWORKS 自带的 VBA 工具。

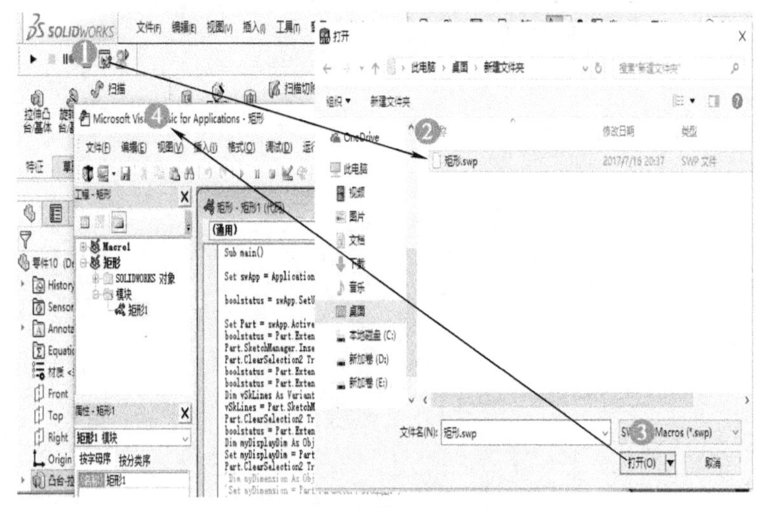

图 2-2　自带 VBA 工具

VBA 工具能对录制的宏文件进行编辑修改。可以通过此工具对部分参数进行修改，使得宏的应用得到扩展。扫一扫二维码，可以观看使用 VBA 工具对宏进行修改。

2.1.3　自定义宏工具栏

当完成一个宏文件修改后，若使用这个宏的频率比较高，则可以制作一个宏工具栏，这样当需要使用时，单击该宏工具栏按钮即可。图 2-3 所示为添加自定义宏工具栏的方法。也可以扫码观看详细的视频设置。

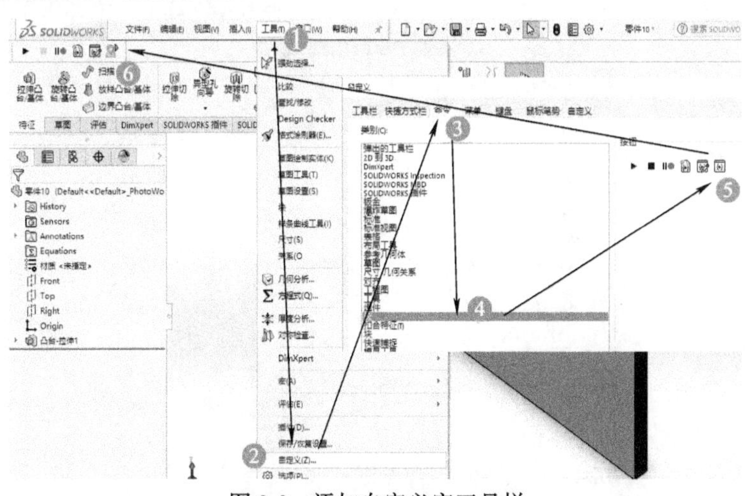

图 2-3　添加自定义宏工具栏

2.2　.NET 开发工具简介

Microsoft Visual Studio（简称 VS）是美国微软公司的开发工具包系列产品，是一个基本完整的开发工具集。它包括了整个软件生命周期中所需要的大部分工具，如 UML 工具、代码管控工具、集成开发环境 (IDE) 等。所写的目标代码适用于微软支持的所有平台。如图 2-4 所示，在 VS 工具中选择新建项目后，可以选择开发的语言，还能选择独立程序或 SOLIDWORKS 插件。

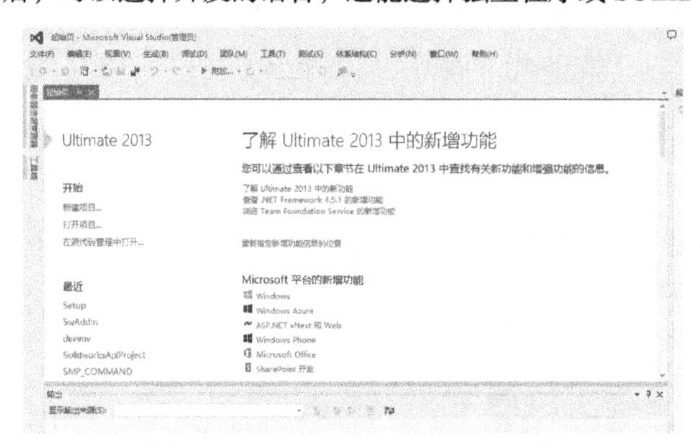

图 2-4　Microsoft Visual Studio 工具

2.2.1　独立应用程序

独立应用程序即 EXE 程序，当 SOLIDWORKS 软件未打开时，可以通过 API 启动 SOLIDWORKS 应用程序得到软件实例。在 SOLIDWORKS 软件已经打开的情况下，通过捕捉 SOLIDWORKS 的进程，可以得到 SOLIDWORKS 软件实例，进而可以使用 API 调用操作 SOLIDWORKS。此时开发的应用与 SOLIDWORKS 分别运行在各自的进程中，应用与 SOLIDWORKS 之间跨进程操作。

以 C# 语言为例，图 2-5 所示为如何在 VS 中新建一个 EXE 项目。步骤如下：单击“新建项目”，在弹出的“新建项目”对话框中选择语言，这里选择“Visual C#”，选择“.NET Framework4”，选择“Windows 窗体应用程序”，在“名称”“位置”和“解决方案名称”文本框中输入名称与保存地址，单击“确定”按钮，即可创建一个 Windows 窗体应用程序。

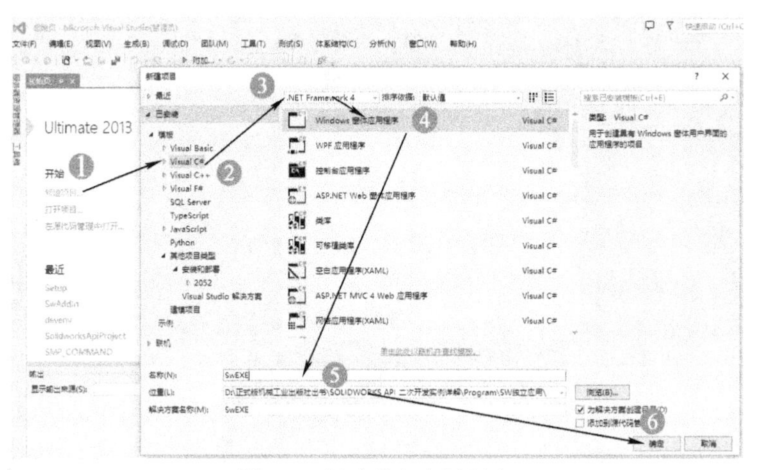

图 2-5　新建独立应用程序

2.2.2　AddIn 插件程序

AddIn 插件程序以 .dll 形式集成到 SOLIDWORKS 中，与 SOLIDWORKS 运行在一个进程中，就如同 SOLIDWORKS 自带的工具。

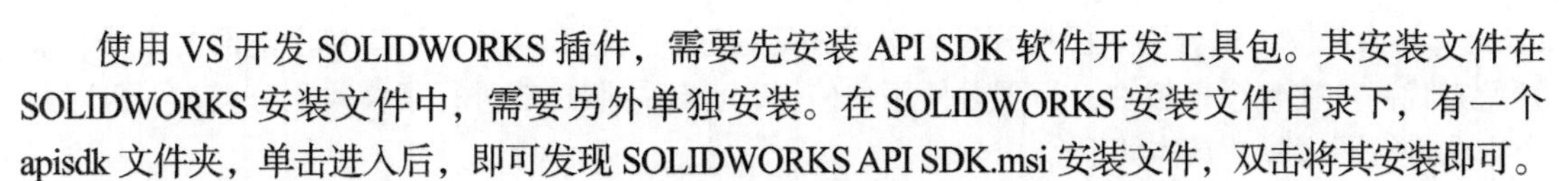

使用 VS 开发 SOLIDWORKS 插件，需要先安装 API SDK 软件开发工具包。其安装文件在 SOLIDWORKS 安装文件中，需要另外单独安装。在 SOLIDWORKS 安装文件目录下，有一个 apisdk 文件夹，单击进入后，即可发现 SOLIDWORKS API SDK.msi 安装文件，双击将其安装即可。

安装完 API SDK 后，即可在 VS 中使用 SOLIDWORKS 提供的模板新建 AddIn 插件程序。

图 2-6 所示为如何在 VS 中新建一个 AddIn 项目。步骤如下：单击“新建项目”，在弹出的“新建项目”对话框中选择语言，这里选择“Visual C#”，选择“.NET Framework4”，选择“SwCSharpAddIn”，在“名称”“位置”和“解决方案名称”文本框中输入名称与保存地址，单击“确定”按钮，即可创建一个 AddIn 插件程序。

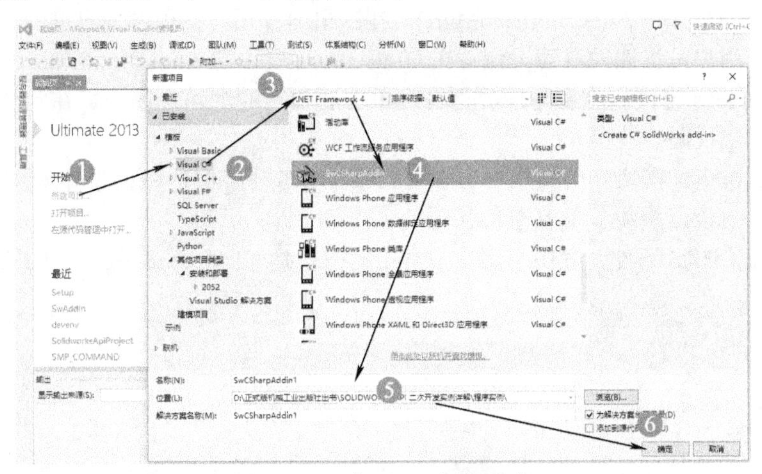

图 2-6　新建 AddIn 插件程序

提示

部分用户可能找不到 SwCSharpAddIn 模板，这是因为模板没有安装成功，此时处理步骤如下：

1）找到 SOLIDWORKS API SDK.msi 安装文件。

2）在其所在位置新建一个 txt 文本文件。

3）打开 txt 文件，在里面输入如下内容，然后保存并关闭：

msiexec /a "SolidWorks API SDK.msi" /qb TARGETDIR="E:\ 模板输出 "。

4）将该 txt 文件的扩展名由 .txt 修改为 .bat。

5）双击该 bat 文件，系统自动将 AddIn 开发工具解压到 E:\ 模板输出。

6）根据开发语言的需求，这里以 SOLIDWORKS 2017,VS 2013, 使用 C# 语言为例，将 E:\ 模板输出 \SW2017AddIn\Personal\Visual Studio 2012\Templates\ProjectTemplates\Visual C# 下所有模板文件复制到 C 盘用户文档目录下相应 VS 版本中模板下对应语言的目录下，例如：

C:\Users\ Documents\Visual Studio 2013\ Templates\ProjectTemplates\ Visual C# 目录下。

7）重新按照图 2-6 新建 AddIn 插件，可以看到 SwCSharpAddIn 模板文件。

如图 2-7 所示，新建 AddIn 项目后，双击窗体右侧“解决方案资源管理器”中的“SwAddin.cs”文件，此时在窗体左侧就能展现此文件的具体内容，模板中已经将代码归类，方便用户使用和添加。该文件也是 AddIn 插件的主要功能实现部分。UI Methods（界面方法）和 UI Call-

backs（界面反馈）适合刚入门的开发者学习如何新建工具栏和菜单。可以单击前面的 + 号，展开所有代码。在整个模板中，为了方便用户使用，已经按照功能进行了模块化分类，并且对每个方法进行了注释，具体如下。

1）SOLIDWORKS Registration 模块：将插件的 GUID 添加到注册表中 SOLIDWORKS 的插件列表中，SOLIDWORKS 通过此 GUID 识别每个插件。此模块用户一般无需修改。

2）ISwAddin Implementation 模块：用于实现插件与 SOLIDWORKS 的连接和断开，以及加载与移除插件命令。

3）UI Methods 模块：插件中的菜单、工具箱界面设计都在此模块中。将此模块展开，可以看到加载命令的总方法 AddCommandMgr()。在这里面，用户即可根据自己的需求设计需要的工具栏与菜单。用户可将插件界面设计写在 UI Methods 模块的 AddCommandMgr() 方法中。

4）UI Callbacks 模块：主要对应界面命令单击后执行的动作。用户可在此模块中编写每个命令执行后的详细代码。

5）Event Methods 模块：编写用户与 SOLIDWORKS 交互时的一些事件。

6）Event Handlers 模块：交互事件的句柄。

在 SOLIDWORKS 插件开发中，用户最常用的模块是 UI Methods 模块、UI Callbacks 模块。

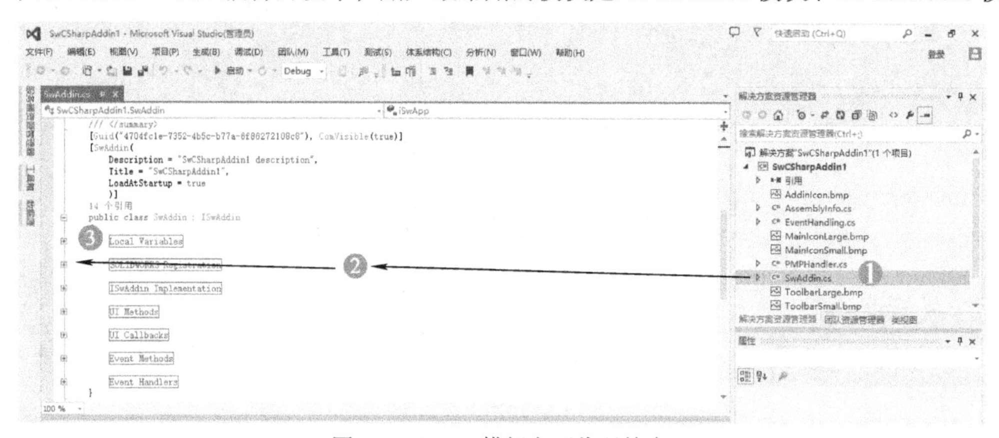

图 2-7　AddIn 模板主要代码简介

提示

在工具栏图标设计中，小图标的尺寸必须是 16×16 像素，大图标的尺寸必须是 24×24 像素。所有的图标都保存在 ToolbarLarge.bmp 和 ToolbarSmall.bmp) 两个管理大小图标的文件中。如图 2-8 所示，文件中包含了 3 个图标，故整个图片的尺寸为 72×24 像素。在使用 CommandGroup :: AddCommandItem2 ( ) 方法添加按钮时，会自动按需要的像素（小图标的尺寸为 16×16 像素，大图标的尺寸为 24×24 像素）大小对图片从左往右进行分割，并赋予每张图片一个索引值，索引起始值为 0。工具栏按钮使用哪个图标，就赋予该按钮一个图片的索引号即可。

在制作大小图标的位图时，使用 Widows 自带的画图板工具是个比较不错的方法，可以将需要的图标放在一行中，然后选择“重新调整大小”，在弹出的对话框中选中“像素”单选按钮，对整个图标文件设置需要的大小。建议用户在完成大图标图片文件后，再使用此方法直接生成小图标图片文件。

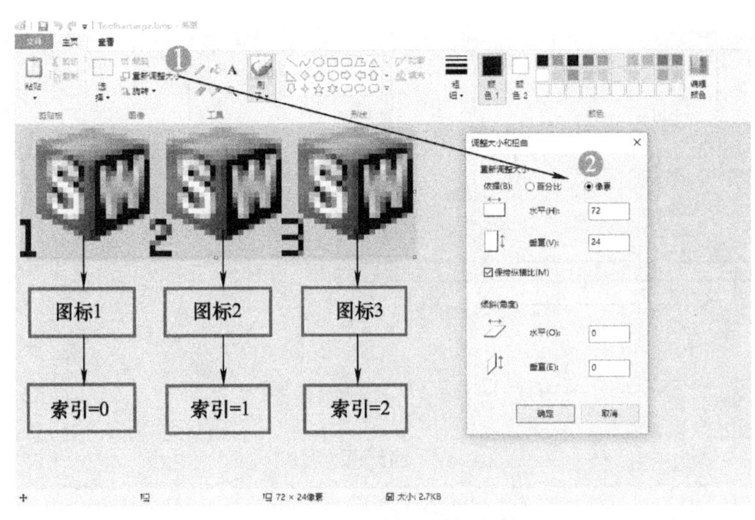

图 2-8　工具栏大图标文件

提示

插件开发完毕后，建议制作一个安装程序进行完整部署。部分用户会遇到直接通过 SOLIDWORKS 打开插件 DLL 出现无法加载插件的问题。在图 2-9 所示的“SwAddin.cs”文件顶部存在该插件的 GUID。该 GUID 在模板新建插件时由系统自动生成。

在插件代码 SOLIDWORKS Registration 模块中，将插件在注册表中进行了以下两处注册：

1）在 HKEY_LOCAL_MACHINE\SOFTWARE\SolidWorks\Addins\ 路径下添加插件的 GUID 键及值，如图 2-10 所示。这部分主要是关于该插件的描述。

2）在 HKEY_CURRENT_USER\Software\SolidWorks\AddInsStartup\ 路径下添加 GUID 键及值，如图 2-11 所示。

仅仅依靠这两条模板自带的注册信息还不够，很可能会出现用户无法加载插件。对于插件还需要在 HKEY_CLASSES_ROOT\CLSID\ 路径下注册该插件的 GUID 以及该插件 DLL 的类名信息，如图 2-12 所示。

在 HKEY_CLASSES_ROOT\CLSID\GUID 结点下，有 Implemented ategories、InprocServer32 和 ProgId 三个结点。其中，Implemented Categories 结点及其子结点的设置如图 2-13 所示。该结点的信息与用户按图输入即可。InprocServer32 结点主要是关于插件 DLL 信息及所在位置，如图 2-14 所示。这些信息的内容可以通过 .NET 的反射机制直接从插件 DLL 中获得。在 InprocServer32 结点下还存在不同的版本号结点，若插件的版本发生变化，则在 InprocServer32 结点下就会生成相应版本的结点。如图 2-15 所示，版本结点的具体信息和 InprocServer32 结点信息比较相近，在项目上单击鼠标右键，在弹出的快捷菜单中选择“属性”，在属性页中选择“应用程序”选项卡，在该选项卡中单击“程序集信息”按钮，在弹出的对话框中的程序集版本即为 InprocServer32 下版本结点的名称。从图 2-14 和图 2-15 中可以看到，DLL 文件的所在路径也进行了登记。

ProgId 结点主要登记插件的类名，如图 2-16 所示。通过 HKEY_CLASSES_ROOT\CLSID 中对插件的上述信息注册后，插件即可正常被用户加载。

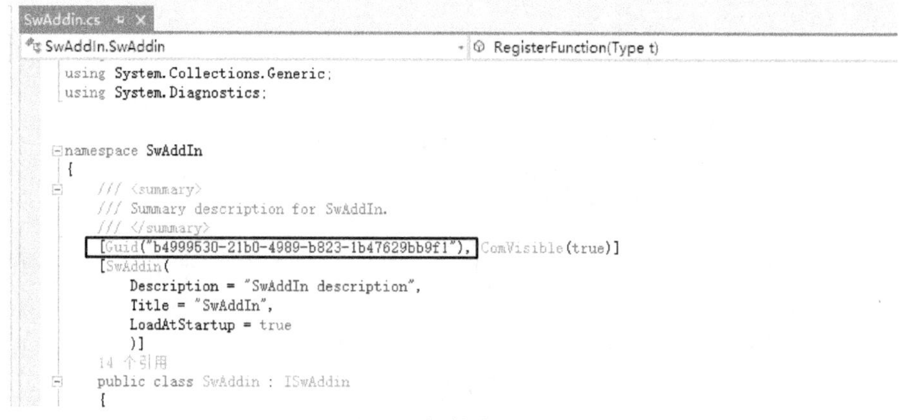

图 2-9　插件的 GUID

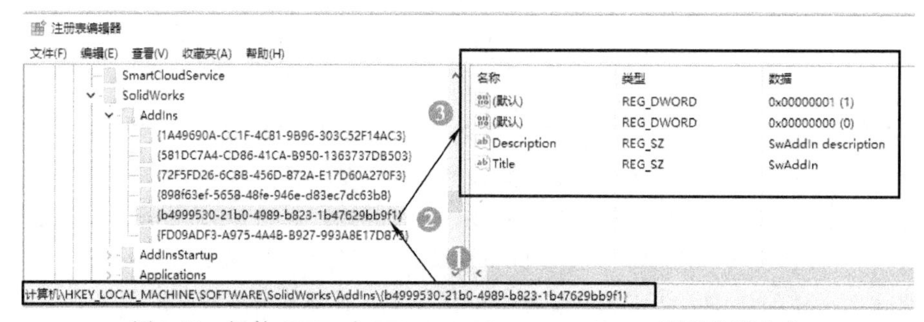

图 2-10　插件 GUID 在 HKEY_LOCAL_MACHINE 下的注册内容

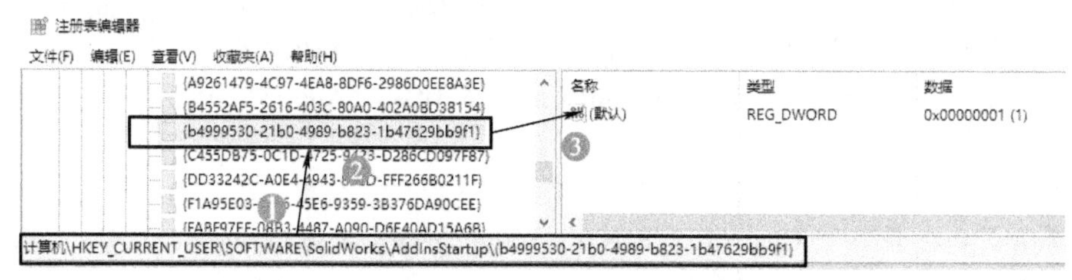

图 2-11　插件 GUID 在 HKEY_CURRENT_USER 下的注册内容

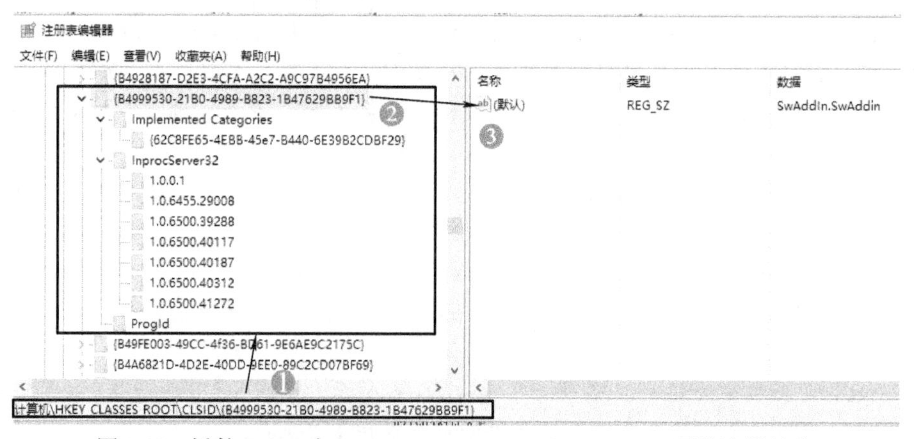

图 2-12　插件 GUID 在 HKEY_CLASSES_ROOT\CLSID 下的注册结点

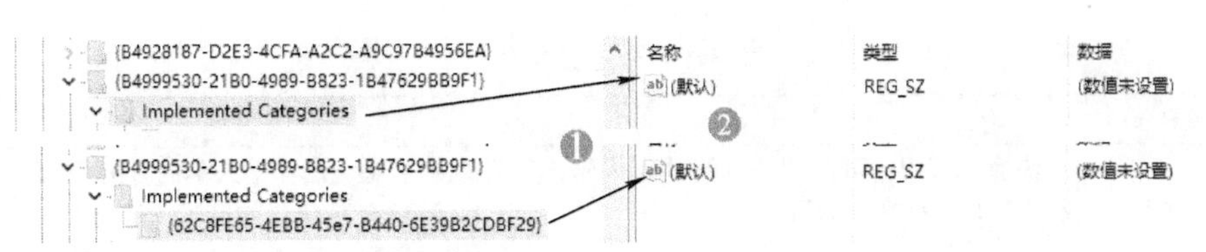

图 2-13　Implemented Categories 结点及其子结点信息

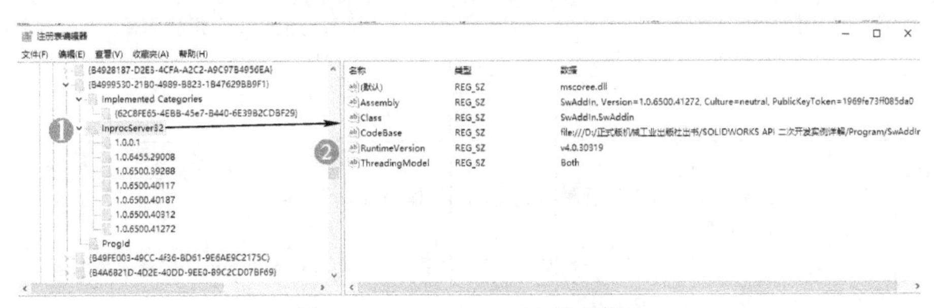

图 2-14　InprocServer32 结点信息

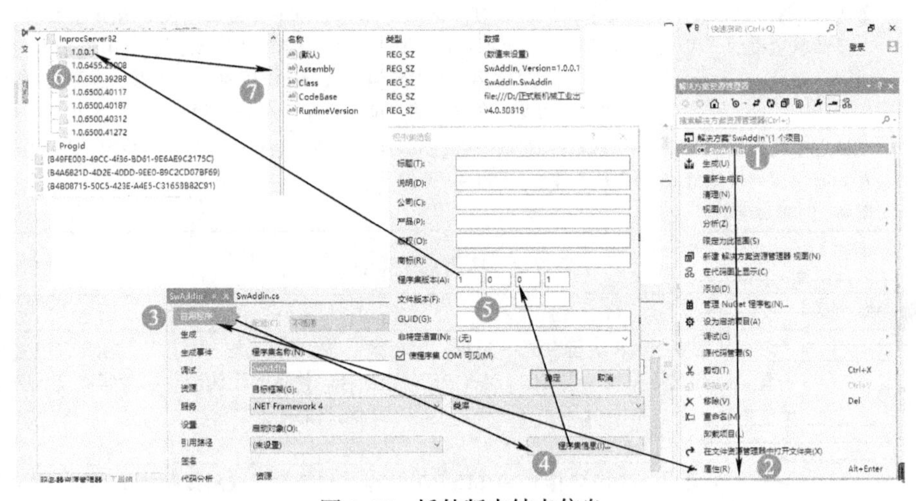

图 2-15　插件版本结点信息

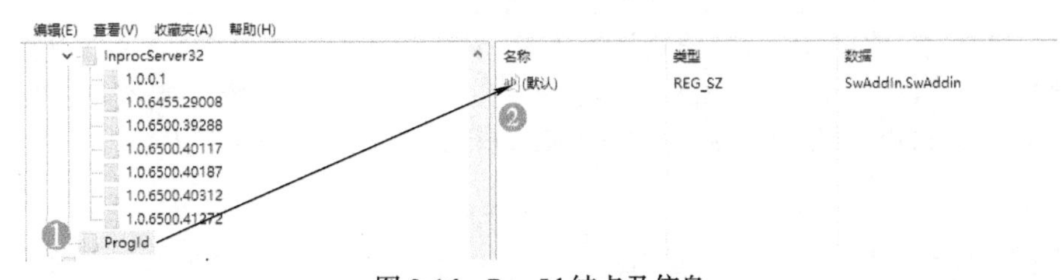

图 2-16　ProgId 结点及信息

2.3　本章总结

SOLIDWORKS 的二次开发可以选择不同的工具、不同的开发语言、不同的应用形式。如何选择开发工具、开发语言以及应用形式是做二次开发首先需要确定的问题。开发工具、开发语言、应用形式的对比见表 2-1~ 表 2-3。

表 2-1　开发工具对比

工　具	特　点	场　合
自带 VBA 工具	快捷、易用，可以利用录制的宏代码，只要有 SOLIDWORKS 即可	比较适合制作个人单机简化工作的小工具 不适合系统化的开发（即与其他各种系统数据化交互）
微软 VS 工具	需要根据 API 帮助写代码，需要安装专门的开发工具 VS	适合所有场合，拥有 .NET 强大的工具。在联网系统化开发上优势明显。与其他软件系统的交互性更好

表 2-2　开发语言对比

语　言	特　点	场　合
VBA	简单，能录制，SOLIDWORKS 自带	比较适合制作个人单机简化工作的小工具
VB.NET	需要安装 VS 工具，语法与 VBA 相似	使用场合比 VBA 广，适用于不想学习新语言，但需要进行系统化大规模开发的原 VBA 用户
C#	需要安装 VS 工具，语法与 JAVA 很相似，也是微软主推的开发语言	使用场合同 VB.NET 一样广，适用于大规模系统化开发。最关键的是，语法与 Java 很相似。在数据化时代，为了便于开发者将来将 SOLIDWORKS 二次开发中的部分代码（如算法等代码）应用到安卓、网站等使用 Java 开发应用衔接起来。极力推荐使用 C# 进行 SOLIDWORKS 的二次开发，这样当开发者进行 SOLIDWORKS 以外的开发时，能够快速适应 Java 语言
C++	接近系统底层，开发的应用运行理论效率高，但非常难学	C++ 语言一般用于做底层驱动，与硬件结合比较紧密的应用。非 IT 专业的机械设计人员不建议使用 C++ 开发

表 2-3　应用形式对比

应用形式	特　点	场　合
AddIn 插件	与 SOLIDWORKS 运行在同一进程，运行效率高。但开发不稳定会导 SOLIDWORKS 无法正常运行，并且对系统环境有所要求，部分用户可能无法加载插件	适用于人与 SOLIDWORKS 有过多交互的场合。并且开发的应用必须很稳定，否则会影响用户的体验
独立 EXE 软件	跨进程调用 API 接口操作 SOLIDWORKS，运行效率相对 DLL 插件低一些，但应用出错，不会影响 SOLIDWORKS 本身	对于初学或刚接触的开发者，建议使用独立 EXE 方案，这样即便应用出错，不会太影响用户体验

综合上述对比，建议若小规模自用提高效率，则可以使用 SOLIDWORKS 自带的 VBA 工具直接做 VBA 工具条。如果希望架构一套系统，并能与其他软件系统连接交互，建议使用微软 VS 工具，以及采用 C# 语言对 SOLIDWORKS 进行二次开发。

第 3 章

SOLIDWORKS 开发学习方法

【学习目标】

掌握如何正确使用 SOLIDWORKS API 帮助文档

SOLIDWORKS 为二次开发者提供了一系列的 API 帮助文档，以方便用户进行开发时查阅。本章将对 API 文档进行概括介绍，教会读者如何查阅 API 文档，寻找自己需要的内容。

3.1 如何使用 SOLIDWORKS API 帮助

3.1.1 SOLIDWORKS API 帮助

SOLIDWORKS API 帮助文档有以下两种形式：

一种是网页形式，如图 3-1 所示，单击 SOLIDWORKS 菜单中的“帮助”→“API 帮助”命令，即可打开网页版的帮助文档。

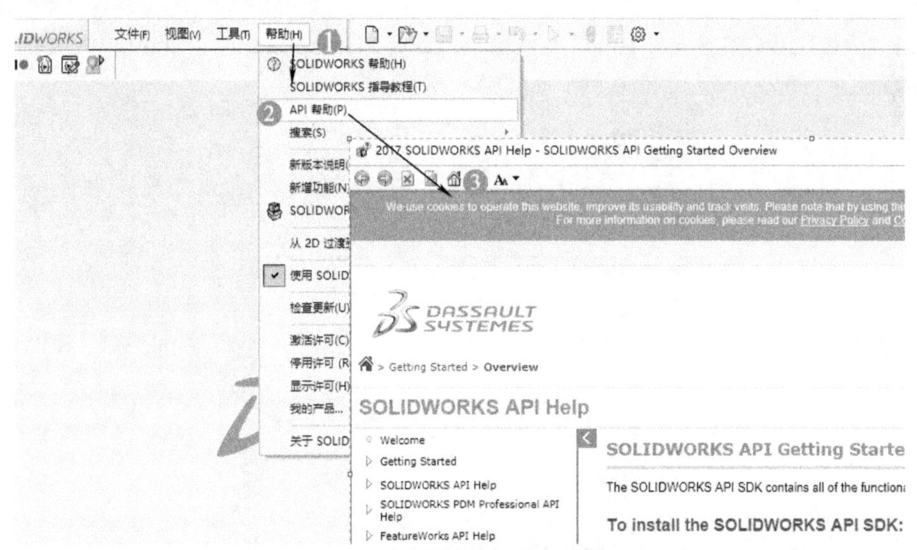

图 3-1　打开在线 API 帮助

另一种形式为本地 .chm 的帮助文档。以 SOLIDWORKS 2017 为例，其地址为 C:\Program Files\SolidWorks Corp\SOLIDWORKS\api\ apihelp.chm。在该帮助文档所在的 api 文件夹中，读者还能看到很多 chm 文档，可以忽略这些 chm 文档。只需打开 apihelp.chm 文档即可，该文档会根据用户的选择超链接到其他 chm 文档。

对于以上两种形式的 API 帮助文档，笔者推荐使用本地 chm 文档，这样搜索时的速度不会受网络速度的影响。若参照的文档实例无法成功调试程序，可以查询下网页版 API 帮助文档。

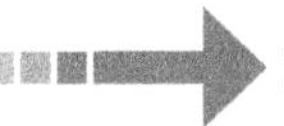

3.1.2 本地 API 帮助文档结构

图 3-2 所示为 API 帮助文档首页，在左侧区域可以看到所有的 API 大模块，本书以 SOLIDWORKS 二次开发为主，因此仅需要查看图中选中的“SOLIDWORKS API Help”模块即可。如果希望开发 PDM 或 eDrawings 等 SOLIDWORKS 的其他产品，则可以选择相应的大模块。

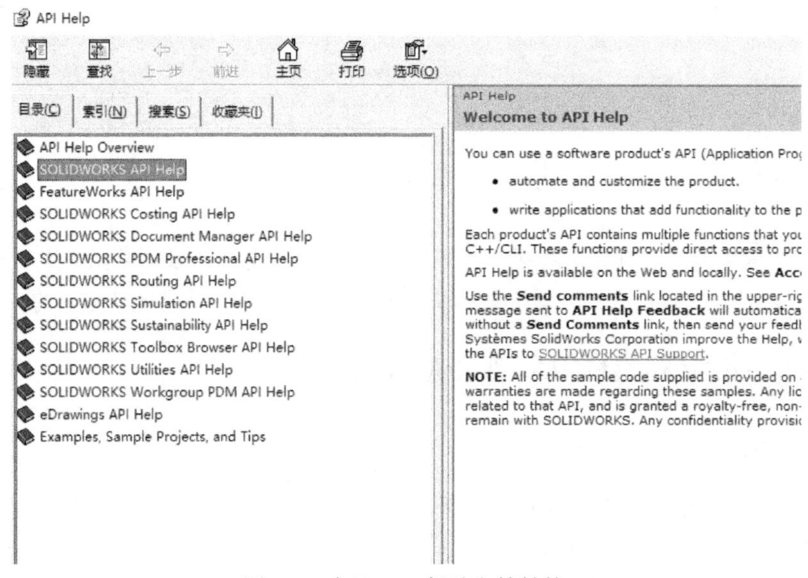

图 3-2 本地 API 帮助文档结构

双击“SOLIDWORKS API Help”，可以看到有 Getting Started、SOLIDWORKS APIs 和 SOLIDWORKS Enumerations 3 个模块，如图 3-3 所示。

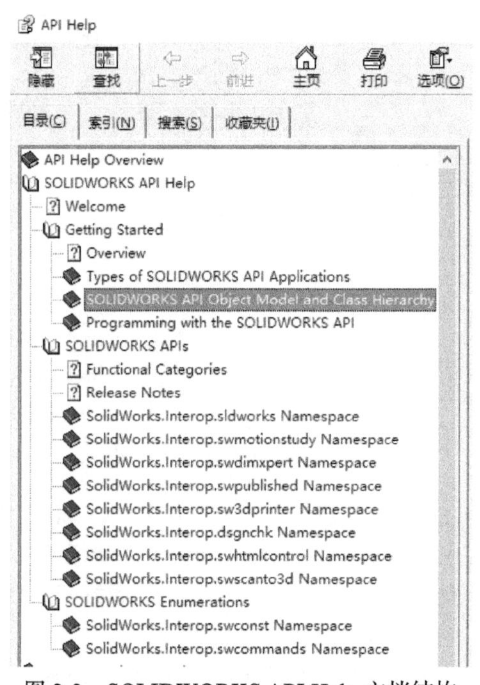

图 3-3 SOLIDWORKS API Help 文档结构

1）Getting Started 模块：主要介绍开发应用的形式、开发语言、模板等内容。

2）SOLIDWORKS APIs 模块：主要针对 SOLIDWORKS 软件中各功能插件的 API 模块，从英文字面上能看出 SOLIDWORKS 的 CAD 模块、Motion 模块等。本书着重讲解的是 Solidworks.Interop.sldworks Namespace 命名空间下的 API，即零件、装配体、工程图相关操作都在此命名空间下。

3）SOLIDWORKS Enumerations 模块：主要为 SOLIDWORKS 的一些常量及枚举。

双击“Solidworks.Interop.sldworks Namespace”命名空间后，再双击展开“Interface”，Interface 展开后的所有内容都是 SOLIDWORKS 中各功能的 API 接口，如图 3-4 所示。SOLIDWORKS 的二次开发就是利用这些 API 接口的属性和方法对其进行操作。

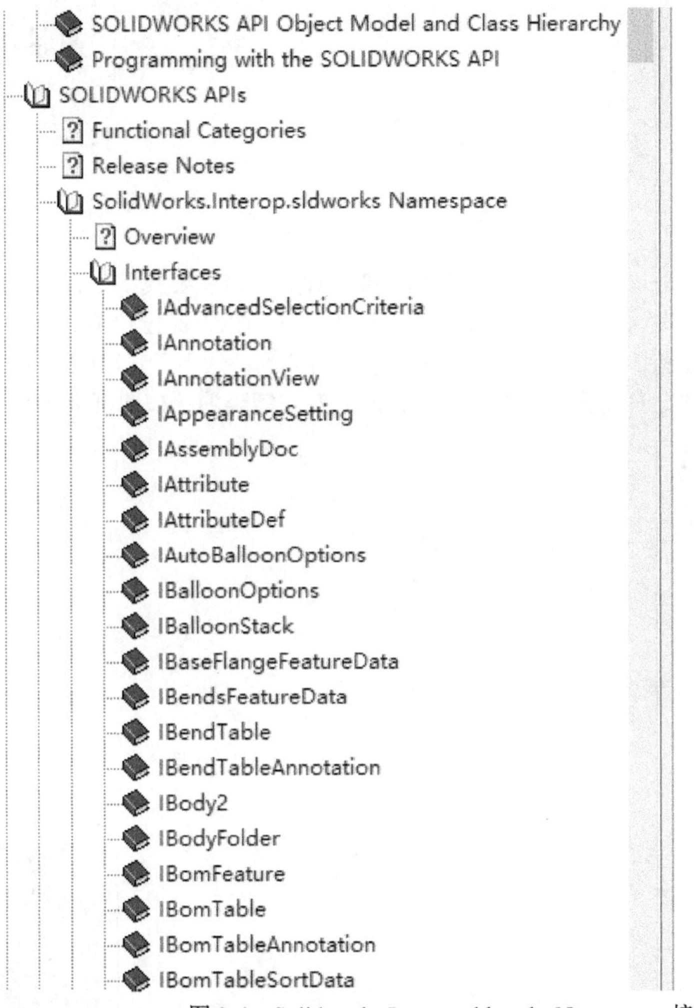

图 3-4　Solidworks.Interop.sldworks Namespace 接口

在 Interface 中找到一个 IModelDoc2 接口，如图 3-5 所示。以此接口为例，IModelDoc2 展开后，里面有 Methods 和 Properties（分别为此接口的属性和方法），双击这两个结点，即可查看该接口类的所有属性及方法，二次开发就是使用这些方法对 SOLIDWORKS 进行操作。图 3-5 的右侧，则介绍了 IModelDoc2 的使用方法，主要包括 Example（例子）、Remarks（备注）、Accessors（如何获得此接口）和接口的成员。

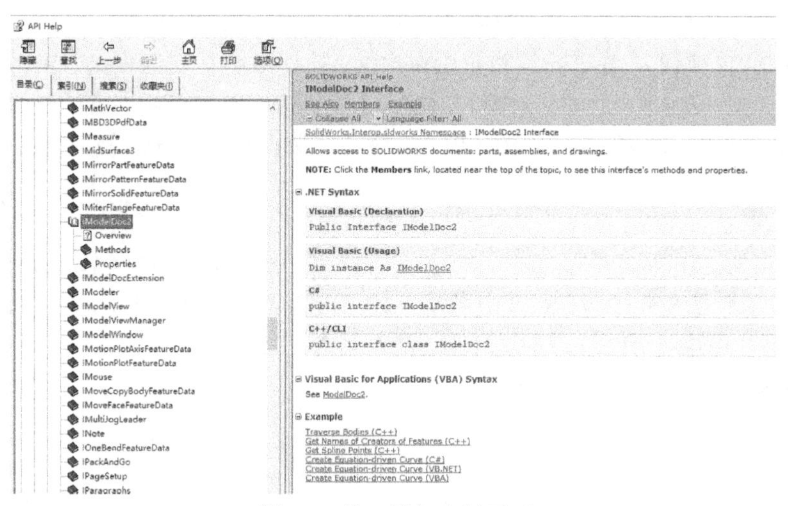

图 3-5　接口详细介绍页面

3.1.3　文档索引搜索

在图 3-4 中可以看到，Interface 中含有非常多的接口对象，当需要找某一接口的方法时，需要在这里面寻找，比较费时。这里给读者介绍索引搜索方法，以快速定位需要寻找的接口，但需要对接口比较熟悉。如图 3-6 所示，在帮助文档左侧切换到“索引”选项卡，在文本框中输入需要寻找的接口，文档会自动为用户筛选接口，此时双击需要的接口即可进入图 3-5 所示的接口详细介绍页面。

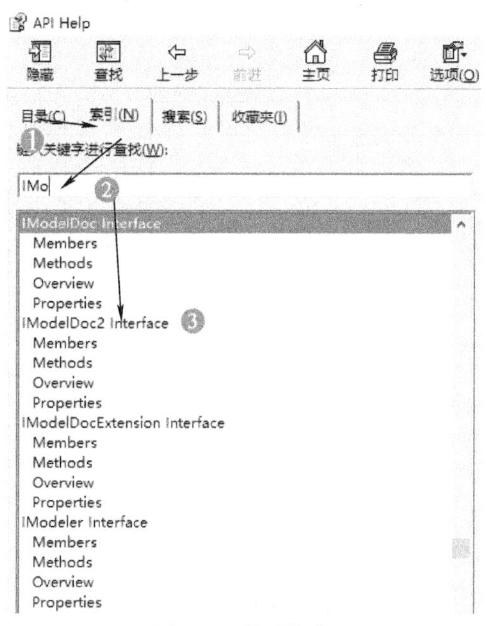

图 3-6　索引搜索

3.2　英文系统设置

SOLIDWORKS 提供的 API 对象及其方法属性，可以比较明显地从英文字面上知道其功能作用。当进行 SOLIDWORKS 二次开发时，对某些操作及动作也许无法成功录制宏，此时可以将 SOLIDWORKS 系统设置为英文系统，用户根据操作的菜单英文名字，在 API 帮助文档中的“搜索”选项卡中进行搜索，寻找自己可能需要的接口对象。图 3-7 所示为设置 SOLIDWORKS 英文菜单的方式。

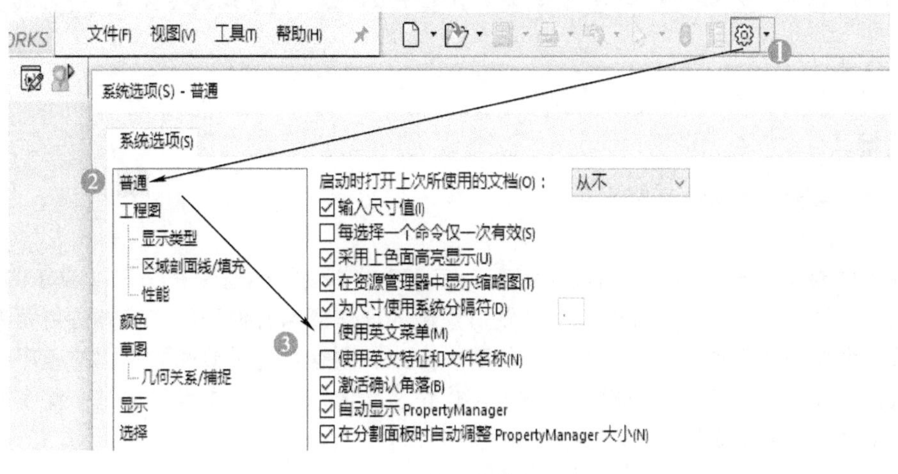

图 3-7　英文菜单设置

3.3　本章总结

通过本章对 API 帮助文档的讲解，可以发现 SOLIDWORKS 为各产品提供了非常多的 API 接口供用户开发使用。这些 API 不需要通过记忆记住，读者仅需对常用 API 接口比较熟悉即可。本章主要教会读者如何查阅、搜索和使用 API 文档的方法，这样无论开发 SOLIDWORKS 的任何产品，都可以使用此方法去探究所需的 API 方法与接口。

第 4 章 SOLIDWORKS 设计规划与开发思路

【学习目标】

了解建模与开发之间的协同关系

软件程序要实现某项功能，后面一定有一套完整的有规律的逻辑算法。以 SOLIDWORKS 建模为例，通过 SOLIDWORKS 的二次开发对模型的操作意味着模型的建模方法需要有一些统一，如果一个相同的零件采用了两种不同的建模方式，则意味着需要两段不同的程序分别控制两个模型，这样开发的工作量与模型的维护工作量将会成倍提高。本章将通过一些实例，介绍建模与开发之间相辅相成的关系。

4.1 草图与零件的规划与思考

在日常生活中，电器和电子设备都需要使用电源，如果各厂家都使用各自的电源插头形状，则将导致插座的品类繁多，不便于人们日常生活中电器的互换与使用。正因如此，会存在电源插座标准，这样厂家可以根据标准规定的接口进行选择，从而方便人们日常的使用。

在 SOLIDWORKS 的三维设计中，一个简单的零件可以使用非常多的方法实现。如图 4-1 所示，以一根简单的接管为例，有以下建模方式：拉伸 – 薄壁、凸台 – 拉伸、旋转、旋转 – 薄壁和扫描。

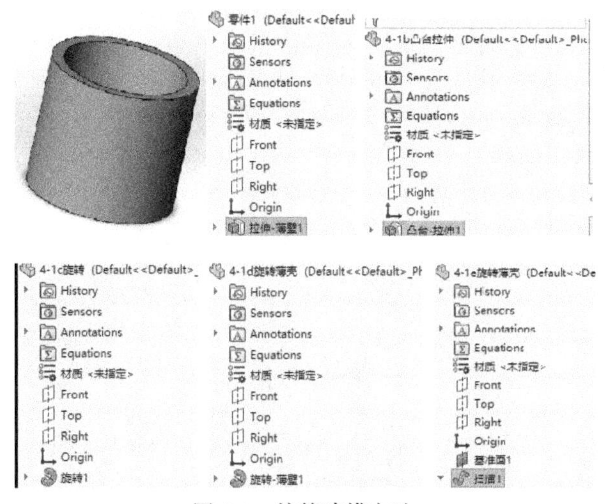

图 4-1　接管建模方法

SOLIDWORKS 二次开发通过 API 提供的接口修改模型中的尺寸，如果一个模型的建模方法存在很多，则应该选取一个最佳的方案作为统一的建模方法。这样就能减少开发的代码量。至于最佳的建模方案，并不是步骤越少越简单越好，SOLIDWORKS 可以使用参数化驱动模型，

因此模型在使用过程中的通用性、变化性也需要考虑。

4.2　装配体与图纸的规划与思路

4.2.1　装配

与零件建模相似，装配体中各部件之间的装配也可以通过不同的装配关系达到相同的装配结果，用于装配的基准可以来自部件实体上的点线面，也可以来自基准面或基准轴。由于三维的方向性，即便是用了相同名字的装配基准，也可能出现正反装配导致的不同效果。图 4-2 和 4-3 所示为一根接管与一个方块装配的两种方式。图 4-2 所示为接管实体一个面与方块实体一个面配合；图 4-3 所示为接管的 TOP 基准与方块的 TOP 基准配合。两者均能达到相同的装配效果。

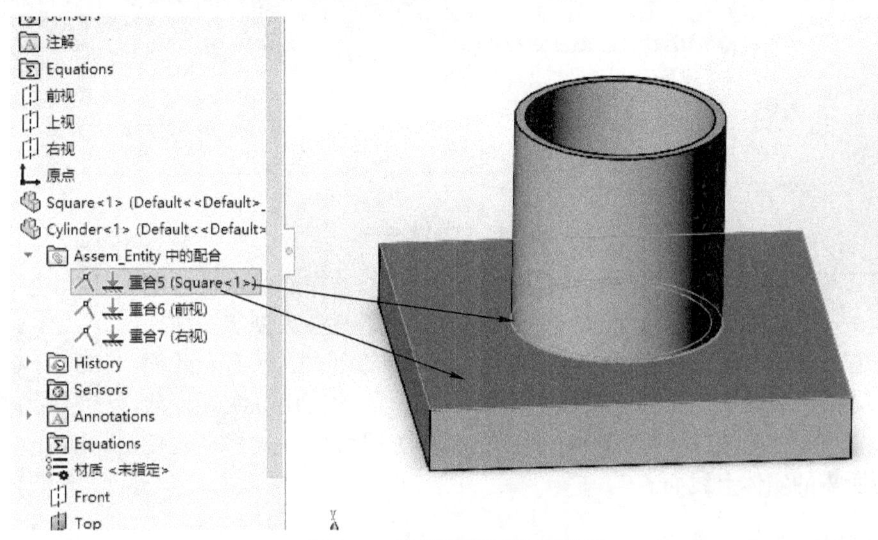

图 4-2　选择实体面进行装配

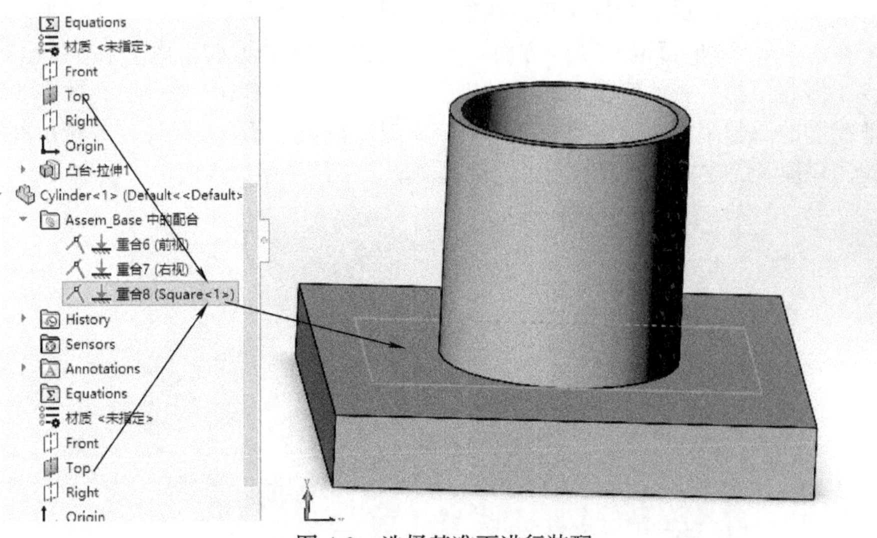

图 4-3　选择基准面进行装配

如果仅仅是图中场合，则选择实体装配比较方便。如果部分场合中接管与方块连接处需要增加一道 45° 的刀口，则选择实体面进行装配的装配体将会由于遗失装配面，导致装配报错，如图 4-4 所示。

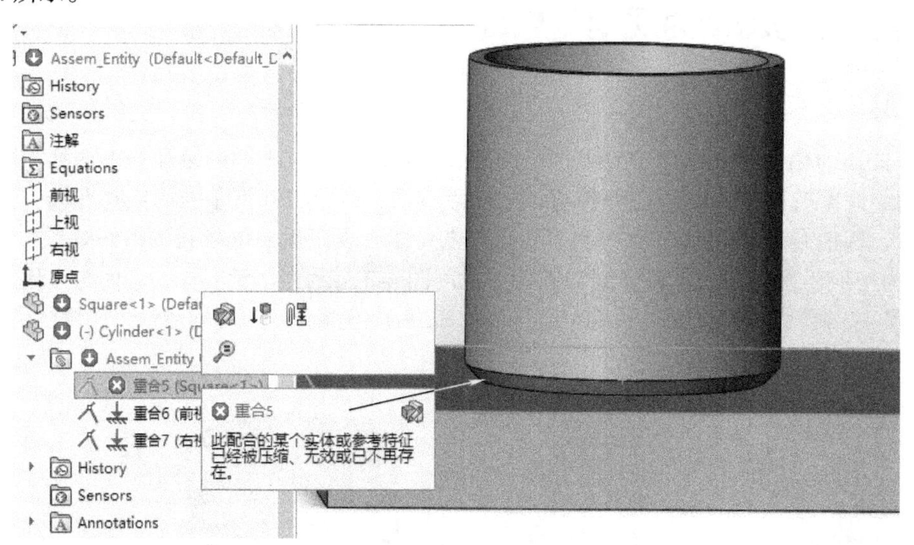

图 4-4　装配面遗失

由此可以看出，在装配过程中，需要考虑整个装配体在产品设计周期中可能产生的变化，合理规划装配方式，尽可能多地避免在大型装配中产生的连锁错误。此外，由于实体的点线面都由系统内部生成，所有点线面在文件中都有内部的 ID，用户一般无法了解 ID 值，因此使用二次开发建立与修改装配关系时，推荐使用图 4-3 所示的基准方式装配。这样也避免了循环遍历所需的实体点线面。

4.2.2　装配体层次与图纸

装配体在装配过程中的装配层次规划往往不会被关注。如图 4-5 所示，接线板所有的零件都并列装配在一个层级的装配体下。一方面，当该装配体需要修改时，由于未有效地规划模型，很可能出现很多相似的机械性修改，甚至引起连环错误，使得模型在修改时，效率非常低；另一方面，非模型的原创用户在使用模型时，很难直观地找到自己需要的零件或特征并修改，使用者很难猜测建模者的建模思路或意图，这使得模型被推广使用的难度进一步增大。

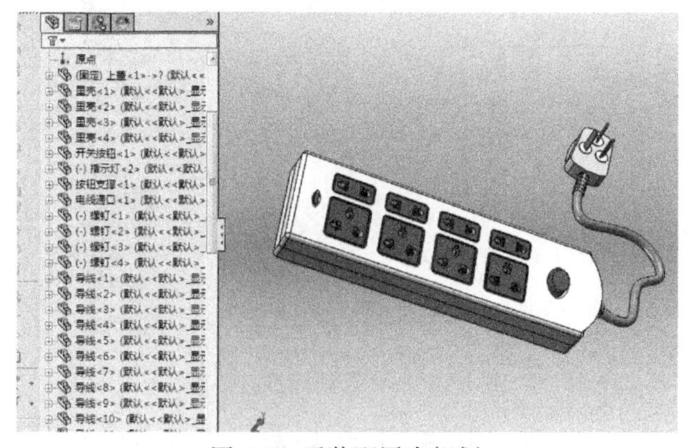

图 4-5　无装配层次规划

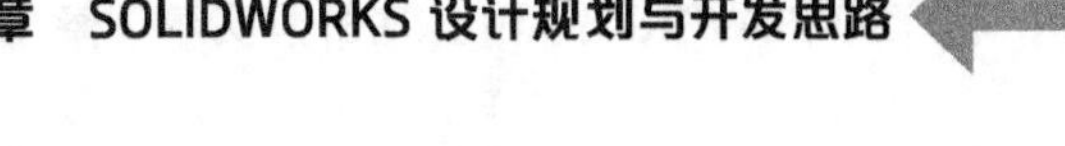

当使用二次开发对模型进行修改操作时，此类无装配层次、无命名规范的复杂模型就不推荐使用，否则会带来大量的开发工作量，而且模型不归类会使得开发效率非常低。

在 SOLIDWORKD 中，规范地命名零件，有效地架构装配体的层级关系，将为后期用户修改模型以及出工程图带来简化与良好的用户体验，并且有利于使用二次开发操作每个部件。如图 4-6 所示，接线板被划分成了很多个模块。这样规划的好处如下：

1）只要是相同模块的部件，就可以很容易地被识别。

2）在二次开发过程中，可以通过开发每个模块逐步实现整个接线板模型，最终不同类型的接线板仅仅体现在不同模块的拼装上。

3）当某个模块需要修改时，仅仅修改相应模块即可，对整体的装配体影响比较小，出现连环错误的概率也会降低很多。

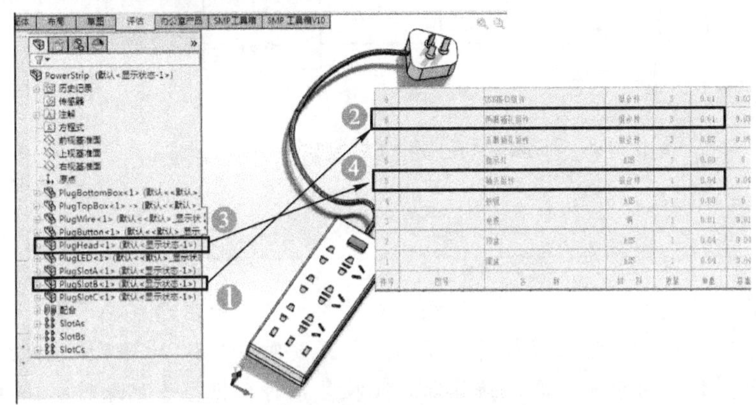

图 4-6　模型模块化分解

4.3　使用接口的思想规划模型与开发

装配体的模块化划分，对普通使用与二次开发都会起到关键作用。如图 4-7 所示，在完成模块拆分后，每个零件或子装配体都建立了一些基准面和基准轴。这些基准一方面便于用户理解其作用；另一方面，在二次开发中，可以很方便地使用 API 捕捉到这些对象，免去了循环遍历的搜索方式。同时这些命名标准化后，还有利于开发代码的优化与缩减，免去了大量 if 语句。

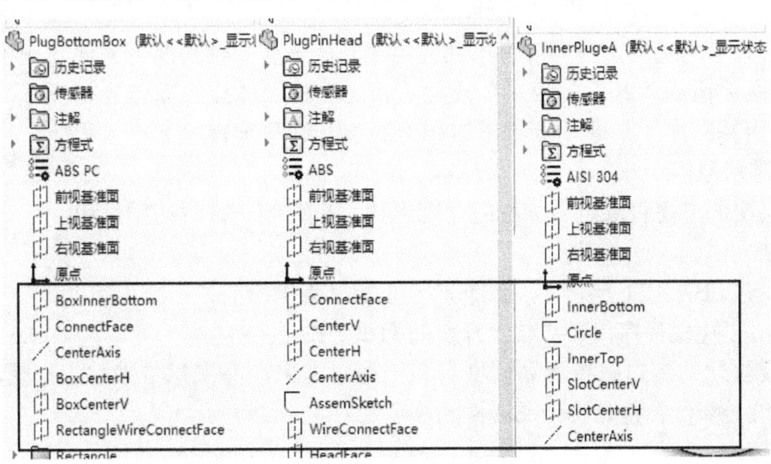

图 4-7　接口思想设计装配基准

如图 4-8 所示，其中的 a1，a2，b1，b2，…，e1，e2 分别为各零件与外部装配的基准接口。从图 4-8 中可以看出，B 零件与 C 零件分别通过各自的 b1、c1 进行装配连接，而 b2、c2 为其分别与 A 组件的相关装配基准。使用了标准化的基准接口与其他部件进行装配，其最大的好处在于：当 B 或 C 任意一个零件发生变化时，只要保证与外部关联的基准接口不发生变化，则零件的修改不会对其他部分产生过多的影响。

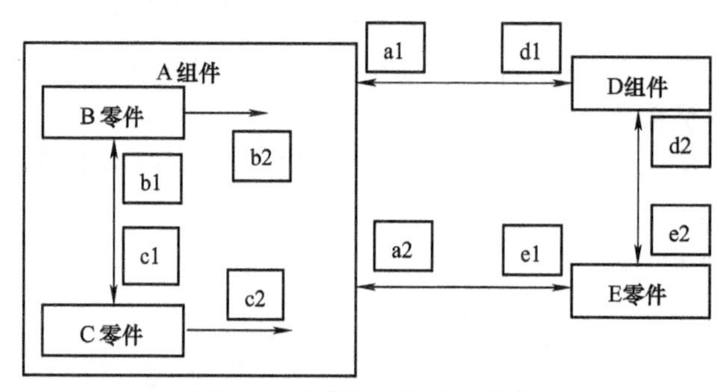

图 4-8　基准接口装配的优点

提示

并不是所有模型都推荐模块化拆分。如果模型只是简单示意，使用频率也不高，用完一次不会再使用，则可以不对模型的建模进行规划。如果要对 SOLIDWORKS 进行系统性的二次开发，当模型的使用频率很高，并且结构比较复杂时，推荐多花点时间在模型的模块化拆分及架构上，这将使后期的使用、维护、开发成本降低不少。在本书 10.3 节中，将有实例对比讲解此观点。

4.4　本章总结

通过本章的学习，在对需要使用二次开发进行操作的模型进行建模时，应充分考虑以下几个因素：

1）所建模型在使用过程中的通用性与变化性。

2）装配关系中的基准选择需要考虑其在整个装配体多变性情况下，该装配关系及其所使用的的基准是否永久成立。相比选择实体点线面作为基准，更推荐采用基准面、基准轴等参考体作为基准，有利于程序运行过程中快速获取所需对象。

3）装配层次的考虑将决定明细栏的展现形式，也有利于日常使用过程中的部件的寻找。

4）在建模过程中，对于特征、部件应尽可能规范化命名，一方面有利于日常人机交互体验；另一方面可以优化程序代码，减少开发的无效工作量。

5）使用模块化的接口思想规划模型有利于面对未来产品变化带来的工作量调整，变更所产生的消耗风险会降低，也是设计灵活性的体现之一。

第 5 章 应用程序对象

【学习目标】

1）了解 SldWorks 对象

2）学会创建 SOLIDWORKS 应用

3）学会获取 SOLIDWORKS 应用

4）掌握使用 SldWorks 的方法

从本章开始，将介绍一些常用的 SOLIDWORKS API 接口对象。本章先介绍 SOLIDWORKS 应用对象 SldWorks。

5.1 SldWorks 概述

如图 5-1 所示，SldWorks 对象即代表了图中看到的 SOLIDWORKS 应用程序。由此可以联想到，SOLIDWORKS 软件中的系统设置，以及对文档进行的打开、关闭、保存等操作都来自此对象的属性及方法。该对象是在 SOLIDWORKS 二次开发中第一个需要获取的对象。

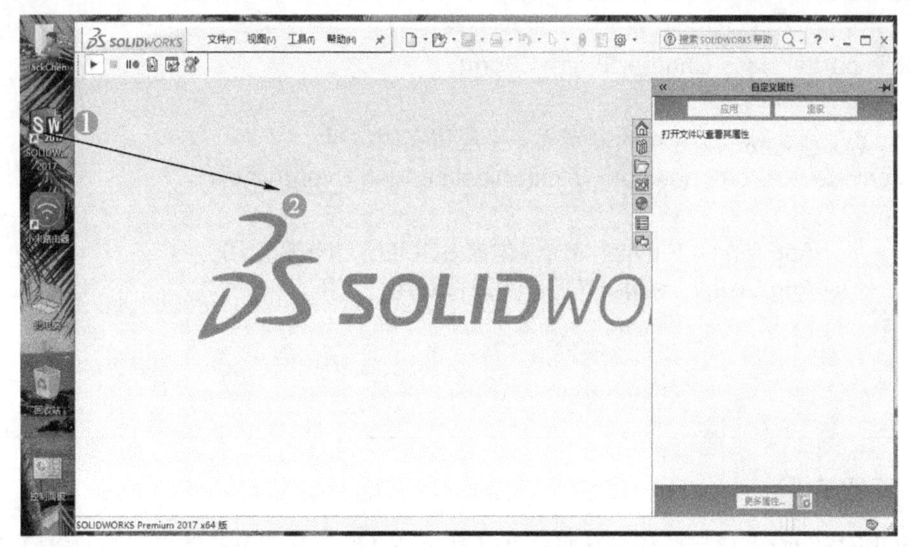

图 5-1 SldWorks 对象

5.2 创建与获取 SldWorks

如图 5-2 所示，通过 SOLIDWORKS API 帮助文档的索引工具，可以知道 SldWorks 对象在命名空间 SolidWorks.Interop.sldworks 下，故使用该接口对象时，需要先引用此命名空间。以 C# 文件为例子，需要在 C# 文件顶部添加引用 using SolidWorks.Interop.sldworks。此外，由于需要引用 SOLIDWORKS 的枚举对象，故在 C# 顶部还需添加引用 using SolidWorks.Interop.swconst。

在 C# 文件头部添加这两个引用之前，需要先将这两个引用相应的 DLL 文件添加到程序项目中。以 SOLIDWORKS 2017 为例，在路径 C:\Program Files\SolidWorks Corp\SOLIDWORKS\api\redist 下能找到 SolidWorks.Interop.sldworks.dll 和 SolidWorks.Interop.swconst.dll 两个文件，将它们添加到程序项目的引用中即可。

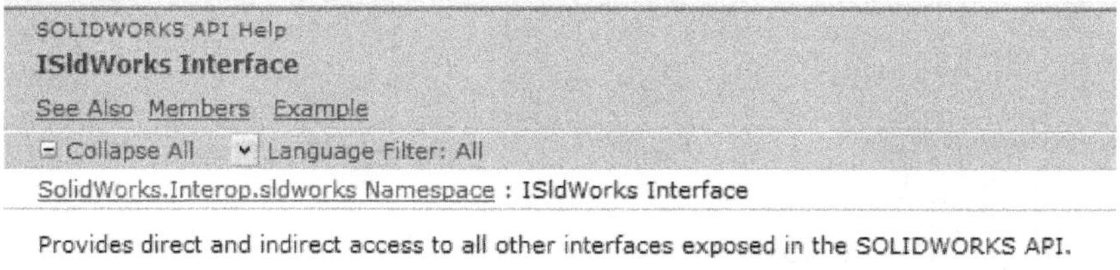

SOLIDWORKS API Help
ISldWorks Interface
See Also Members Example
Collapse All Language Filter: All
SolidWorks.Interop.sldworks Namespace : ISldWorks Interface
Provides direct and indirect access to all other interfaces exposed in the SOLIDWORKS API.

图 5-2　API 帮助文档中的 SldWorks

5.2.1　创建应用

创建 SOLIDWORKS 的应用，即平时双击应用图标打开应用的过程，相对比较简单。以 C# 为例，使用如下方式即可实现应用的创建。

```
using SolidWorks.Interop.sldworks; // 引用接口对象所在的命名空间
using SolidWorks.Interop.swconst; // 引用枚举对象所在的命名空间
namespace SolidworksApiProject.Chapter5
{
    public partial class Chapter5Form : Form
    {
        SldWorks swApp = null; // 定义一个应用实例
        private void btn_newapp_Click(object sender, EventArgs e)
        {
            swApp = new SldWorks(); // 创建 SOLIDWORKS 应用
            swApp.Visible = true; // 使应用窗体对用户可见
        }
    }
}
```

5.2.2　获取应用

当 SOLIDWORKS 应用已经存在时，可以通过 .Net 中的反射机制获得此时的应用对象 SldWorks。

1. 代码示例

```
using System.Diagnostics; // 引用进程相关对象所在的命名空间
using SolidWorks.Interop.sldworks; // 引用接口对象所在的命名空间
using SolidWorks.Interop.swconst; // 引用枚举对象所在的命名空间
```

```
namespace SolidworksApiProject.Chapter5
{
    public partial class Chapter5Form : Form
    {
        SldWorks swApp = null; // 定义一个应用实例
        ModelDoc2 ModleDoc = null; // 定义了一个文档

        private void btn_getapp_Click(object sender, EventArgs e)
        {
            open_swfile("",getProcesson("SLDWORKS"),
"SldWorks.Application"); // 使用了定制的方法获得目前的 SOLIDWORKS 对象
        }

        public int getProcesson(string processName)
        // 找 SOLIDWORKS 进程是否存在 ,0 为无进程，1 为存在进程，// 在由 1 变为 0 时，
可能会有延迟
        {
            int x = 0;
            System.Diagnostics.Process myproc = new
System.Diagnostics.Process(); // 得到所有打开的进程
            try
            {
                foreach (Process thisproc in
Process.GetProcessesByName(processName))
                // 循环遍历名为 processName 的进程集合
                {
                    x = 1; // 有进程打开
                    return x;
                }
            }
            catch
            {

            }
            return x;
        }

    public void open_swfile(string filepath, int x, string pgid)
    {
        if (x == 0) // 无进程
        {
```

```
                MessageBox.Show(" 当前无启动中的 Solidworks 应用 ");
            }
            else if (x == 1) // 有进程 , 得到进程的应用对象
            {
                System.Type swtype =
System.Type.GetTypeFromProgID(pgid);
                // 通过指定程序标识，获得与其关联的类型
                swApp =
(SldWorks) System.Activator.CreateInstance(swtype);
                // 获得应用对象
                ModleDoc = (ModelDoc2)swApp.ActiveDoc;
                // 得到当前应用中激活的文档对象，无文档打开，则为空
            }
            }
        }
}
```

在本书中，与已经打开的 SOLIDWORKS 连接都统一使用本代码示例中封装的 open_swfile() 方法，后续示例代码中将不再对 open_swfile() 展开。

提示

SOLIDWORKS 在常规使用中，建议用户使用一个应用程序，不要打开多个应用，防止打开的模型窜位，在使用程序新建应用前，建议先通过进程判断是否已经存在 SOLIDWORKS 应用。如果已经存在，则无须新建，可使用获取应用的方法直接得到 SOLIDWORKS 应用程序对象 SldWorks。

2. 代码解读

在代码示例中，程序标识即为 SldWorks.Application，无论 SOLIDWORKS 使用的是哪个版本，标识目前为止都未变化，可以通过此标识，按照上述方式获得已经存在的 SOLIDWORKS 应用对象。

提示

在 Windows 10 中兼容性可能需要进行一些设置：

在 Windows 10 中，若已经打开了一个 SOLIDWORKS 文档，但通过本例的代码无法获得打开的文档对象，则可能与 Windows 10 中的安装设置有关，需要设置 SOLIDWORKS 的兼容性。如图 5-3 所示，用鼠标右键单击 SOLIDWORKS 应用程序，选择“属性”，在弹出的“属性”对话框中选择“兼容性”选项卡，选中“以兼容模式运行这个程序”复选框，在下拉列表中选择“Windows 7”，并选中“以管理员身份运行此程序”复选框，单击“更改所有用户的设置”按钮，在弹出的对话框中选中“以兼容模式运行这个程序”复选框，在下拉列表中选择“Windows 7”，选中“以管理员身份运行此程序”复选框，设置完毕后单击“确定”按钮。

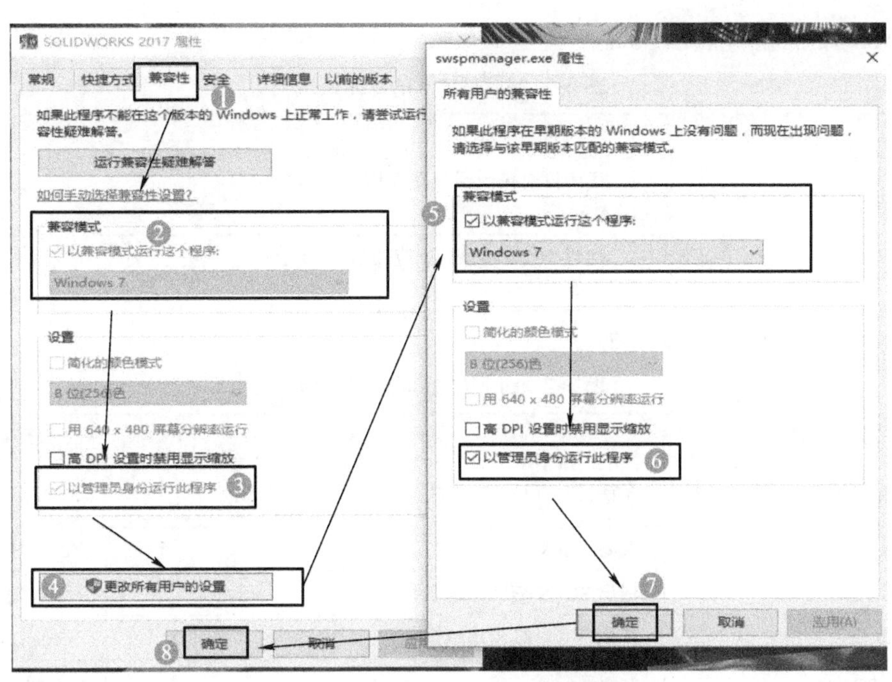

图 5-3 设置 Windows 10 兼容模式

5.3 SldWorks 的使用

5.3.1 常用方法与属性介绍

在获得 SOLIDWORKS 应用对象后，可以使用 SldWorks 提供的属性与方法对 SOLIDWORKS 应用进行程序化操作系统设置及文档处理。如图 5-4 所示，通过第 3 章介绍的 API 帮助文档索引方法，找到 SldWorks 接口对象的属性与方法。由于属性与方法比较多，这里列出一些常用的属性与方法，其余内容读者可以通过 API 帮助文档自主查询。

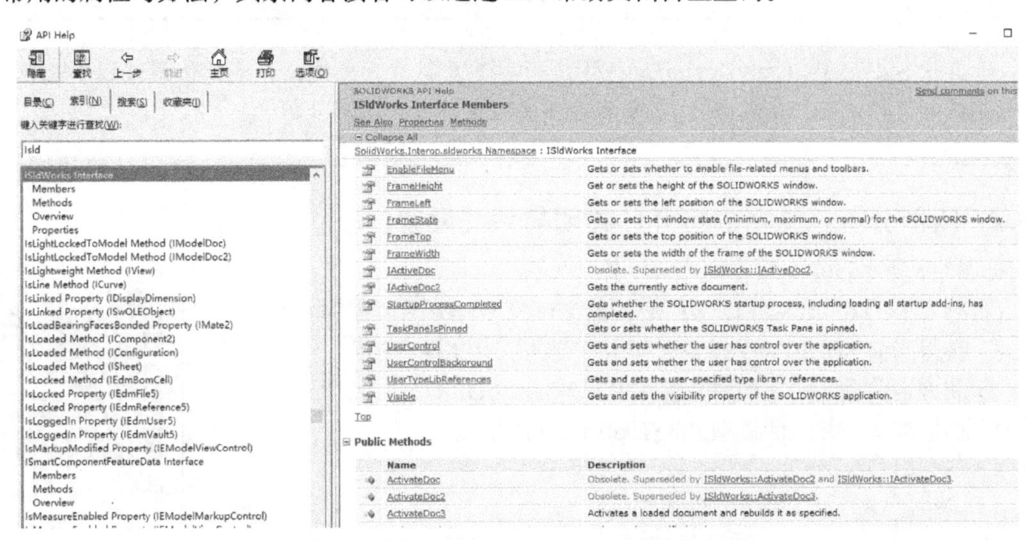

图 5-4 帮助文档中 SldWorks 的属性与方法

SldWorks 的常用属性见表 5-1。

表 5-1 SldWorks 的常用属性

属性名	作　用	取　值
ActiveDoc	获得目前被激活展现在用户面前的文档对象	ModelDoc2
Visible	设置 SOLIDWORKS 应用程序显示或隐藏	True 或 False

SldWorks 的常用方法见表 5-2。

表 5-2 SldWorks 的常用方法

方　法	作　用	返回值
ActivateDoc3()	激活目前打开的文档之一，并显示在用户面前	ModelDoc2
CloseDoc()	关闭指定文档	无返回值
ExitApp()	退出 SOLIDWORKS 应用	无返回值
GetDocuments()	得到所有当前 SOLIWORKS 进程中打开的文档对象	ModelDoc2 集合
NewDocument()	新建文档	ModelDoc2
OpenDoc6()	打开指定文档	ModelDoc2
CopyDocument()	带参考复制文档	返回成功与否
SetUserPreferenceToggle()	这 4 个方法都针对 SOLIDWORKS 选项中的系统设置内容。这些设置参数的设定可以通过录制宏的方式方便得到	
SetUserPreferenceStringValue()		
SetUserPreferenceDoubleValue()		
SetUserPreferenceIntegerValue()		

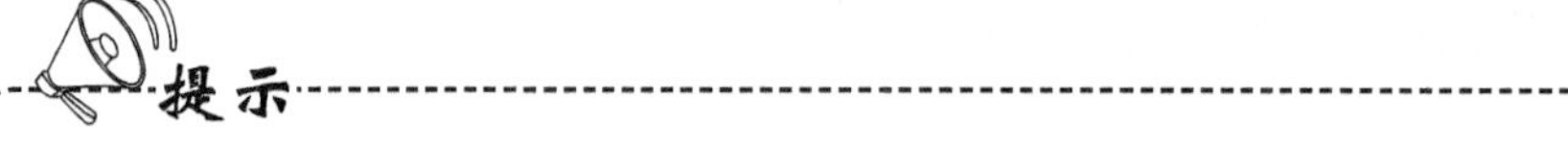

提示

其中 SldWorks::CopyDocument() 方法带参考复制所有文档，在实际使用过程中能极大地提高工作效率，在本书第 15 章的综合实例中将进行实例分析。

5.3.2 实例分析：文档的打开、关闭与系统设置

如图 5-5 所示，本实例将完成以下操作：

1）打开 PlugTopBox.SLDPRT 和 PlugWire.SLDPRT 两个零件。

2）获得当前 SOLIDWORKS 进程中打开的所有文件名称。

3）获得当前激活的文档对象名字 PlugWire.SLDPRT。

4）切换模型，并激活模型 PlugTopBox.SLDPRT。

5）得到当前被激活的文档名字。

6）系统设置示例，设置文件模板。

7）关闭当前激活的文档 PlugTopBox.SLDPRT。

SldWorks 属性方法简述 .mp4

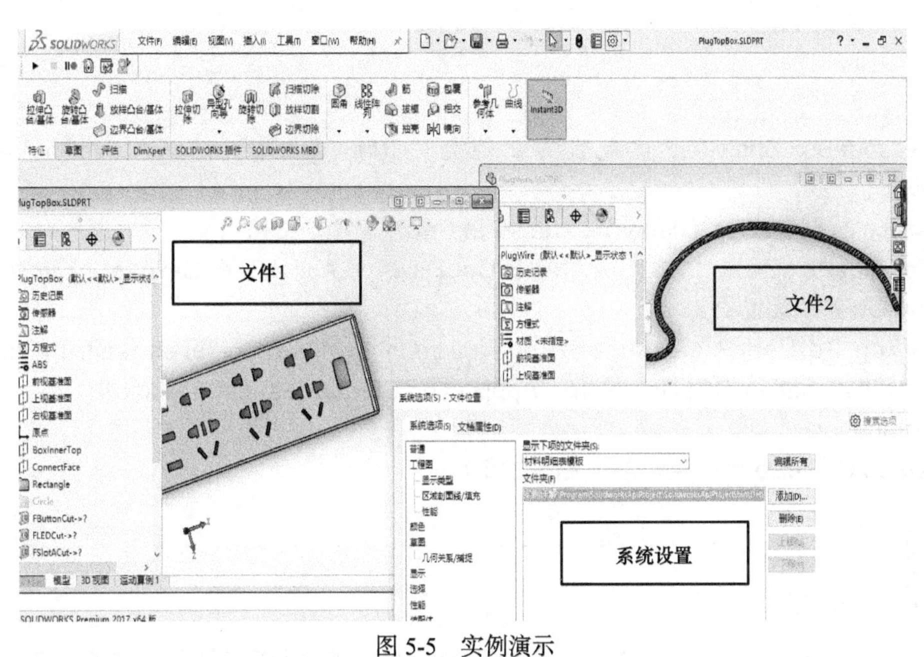

图 5-5　实例演示

代码示例如下：

```
private void button1_Click(object sender, EventArgs e)
{
    open_swfile("", getProcesson("SLDWORKS"), "SldWorks.Application");
    int IntError = -1;
    int IntWraning = -1;
    string filepath1 = ModleRoot + @" \RectanglePlug\PlugTopBox.SLDPRT";
    // 定义文件 1 路径
    string filepath2 =  ModleRoot + @" \RectanglePlug\PlugWire.SLDPRT";
    // 定义文件 2 路径
    swApp.OpenDoc6(filepath1, (int)swDocumentTypes_e.swDocPART, (int)swOpenDo-
    cOptions_e.swOpenDocOptions_LoadModel, "", ref IntError, ref IntWraning); // 打开
    文件 1 文档
    swApp.OpenDoc6(filepath2, (int)swDocumentTypes_e.swDocPART, (int)swOpenDo-
    cOptions_e.swOpenDocOptions_LoadModel, "", ref IntError, ref IntWraning); // 打开
    文件 2 文档
    object[] ObjModles = swApp.GetDocuments(); // 获得应用中打开的文档
    int i = 1;
    foreach (object objmodle in ObjModles)
    {
        ModelDoc2 mc = (ModelDoc2)objmodle; // 强制转化为文档对象
        MessageBox.Show("SW 进程打开的所有文档 -"+i.ToString()+":"+mc.GetTitle());
```

```
        i = i + 1;
    }
    MessageBox.Show(" 当 前 激 活 的 文 档 为 :"+((ModelDoc2)swApp.ActiveDoc).GetTi-
    tle());
    swApp.ActivateDoc3(filepath1, true, 2, IntError); // 激活文档 1
    MessageBox.Show(" 文档 :" + ((ModelDoc2)swApp.ActiveDoc).GetTitle()+" 被激活 !");
    #region 系统设置
    swApp.SetUserPreferenceStringValue((int)swUserPreferenceStringValue_
    e.swFileLocationsBOMTemplates, Application.StartupPath + @"\Modle");
    #endregion
    swApp.CloseDoc(filepath1); // 关闭文档 1
}
```

5.4 本章总结

Sldworks 对象的一个实例就是一个 SOLIDWORKS 应用程序进程。可以直接新建一个 Sldworks 实例，也可以通过程序获取打开的 SOLIDWORKS 应用程序相应的 Sldworks 实例。Sldworks 主要提供了系统级操作，如打开 / 关闭文件、系统设定等。

第 6 章 通用文档对象

【学习目标】

1）了解 ModelDoc2 对象

2）掌握常用获得 ModelDoc2 对象的方法

3）了解 ModelDoc2 的方法及属性

在 SOLIDWORKS 提供的 API 接口对象中，ModelDoc2 代表一个通用的文档对象。本章将详细解读这个在 SOLIDWORKS 中特别重要的对象。该对象的方法、属性能操控模型及图纸的变化。

6.1 ModelDoc2 概述

如图 6-1 所示，在 SOLIDWORKS 中打开了零件、装配体和工程图 3 种文件。虽然类型不一样，但是这些文件都是 SOLIDWORKS 的文档，每个文档都可以看成一个 ModelDoc2 对象实例。由此可以看出，零件、装配体、工程图 3 类文件中一些公共的特性与操作基本都被归纳在 ModelDoc2 对象的属性及方法中。

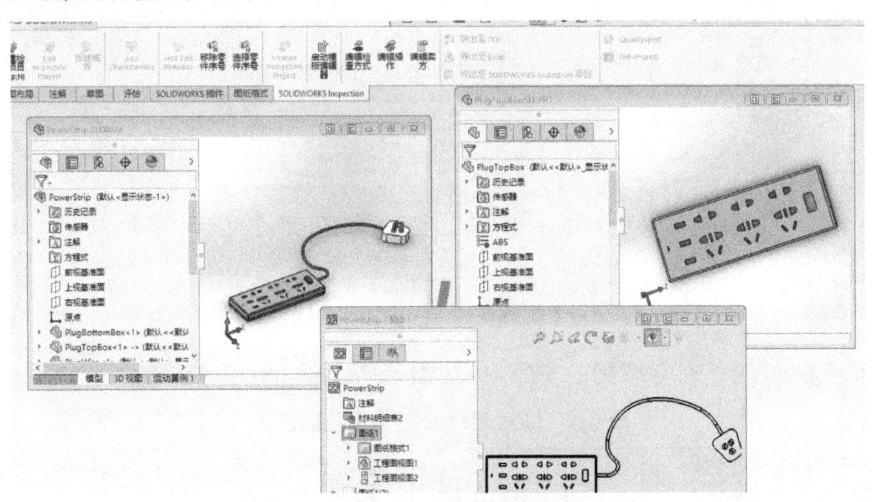

图 6-1 对 IModelDoc2 的直观认识

图 6-2 所示为在 SOLIDWORKS 二次开发实现自动化建模出图中最常用到的 6 个基础对象，所有的操作基本都来自这几个对象的属性和方法中，故用户需要对这 6 个对象非常熟悉。图 6-2 展现了在现实操作过程中它们之间的关系，可以看出本书后面几章需要讲到的 PartDoc、AssemblyDoc 和 DrawingDoc 对象都是 ModelDoc2 的细分，即三大类型的文档各自特有的特性与操作基本都在各自对象中的属性与方法中。

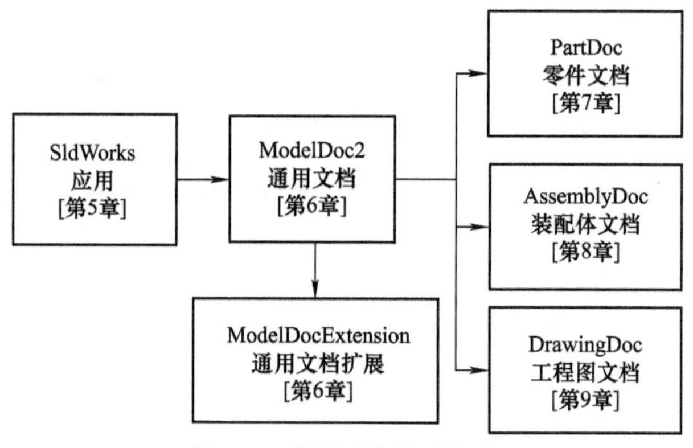

图 6-2　常用对象关系概览

6.2　得到对象

对文档进行操作，首先需要获得相应文档的对象，才可以使用其属性与方法对文档进行修改。如图 6-3 所示，在 SOLIDWORKS API 文档的 ModelDoc2 详细页中可以找到 Accessors 标签，其列出的即是获得当前介绍对象的方法。通常格式为对象 :: 方法或属性名，即告诉读者可以通过某个对象的某个方法或属性获得当前查看的对象。

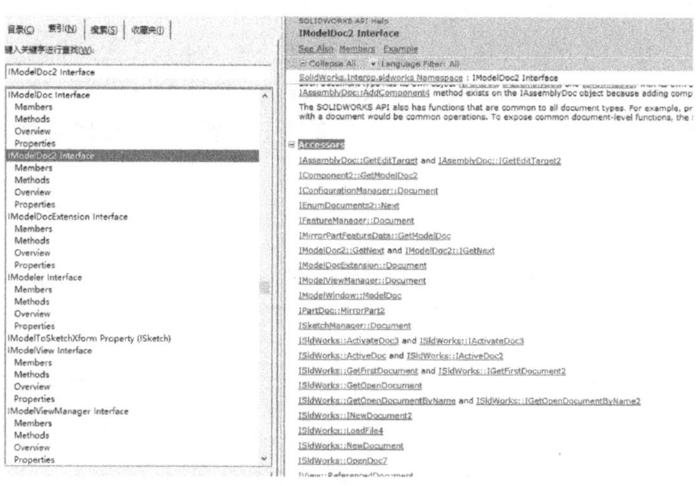

图 6-3　API 帮助文档 ModelDoc2 的获得方法

在二次开发过程中，比较常用的获得 ModelDoc2 对象的方法见表 6-1。

表 6-1　ModelDoc2 的常用获取方法

获得 ModelDoc2 的方法	描　　述	本书出现的章节
IAssemblyDoc :: GetEditTarget	获得装配体中正在被编辑的文档对象	8.2
IComponent2 :: GetModelDoc2	获得装配体中某个部件的文档对象	8.4
ISldWorks :: ActivateDoc3	获得应用当前激活的文档对象	5.3
ISldWorks :: GetOpenDocumentByName	通过文件名得到打开的文档对象	5.3
ISldWorks :: OpenDoc6	应用打开文档并获得该文档对象	5.3
ISldWorks :: NewDocument	应用新建文档并获得该文档对象	5.3
IView :: ReferencedDocument	获得工程图中某个视图关联的参考模型的文档对象	9.7

6.3　ModelDoc2 的使用

通过使用 ModelDoc2 的属性和方法，可以获得文档中的一些通用信息，以间接得到其他 API 对象进一步对文档进行操作。通过第 3 章的 API 帮助文档索引方式，能查询出很多此对象的方法与属性。

ModelDoc2 的常用属性见表 6-2。

表 6-2　ModelDoc2 的常用属性

属性名	作　用	取　值
ConfigurationManager	获得该文档的配置管理器对象，文档的配置信息即通过此对象的方法属性完成	ConfigurationManager
Extension	获得该文档的扩展对象，如文档中的属性操作需要通过得到此对象后，进行进一步操作	ModelDocExtension
FeatureManager	获得文档中的特征管理器对象，通过该对象的方法与属性，可以对特征树中的内容进行操作	FeatureManager
SelectionManager	获得文档的选择管理器对象	SelectionManager
SketchManager	获得文档的草图管理器对象，通过该对象可以对草图进行操作	SketchManager

ModelDoc2 的常用方法见表 6-3。此外，在方法中还能看到很多绘制草图、建特征的方法，但都已经不推荐使用，随着 SOLIDWORKS 的不断更新，实现类似操作的方法都渐渐地被纳入各分组对象中去，如表 6-2 所列的草图，特征管理器对象，以便更有层次感与模块化。故需要使用此类方法时，建议使用 SOLIDWROKS 的最新推荐方法。

表 6-3　ModelDoc2 的常用方法

方　法	作　用	返回值
AddConfiguration3 ()	给文档添加新配置，并返回新的配置对象 Configuration	Configuration
ClearSelection2()	清除文档中被选中的内容	
DeleteConfiguration2()	删除指定的配置	True 或 False
EditRebuild3()	重建文档	
GetDependencies2()	获得文档的参考引用	返回文件信息集合
GetDesignTable()	获得设计表	
GetPathName()	获得文档的完整路径	完成路径
GetTitle()	得到文档窗口的标题名	
GetType()	判断文档类型：零件、装配体还是工程图	文档类型的枚举
GetUnits()	获得该文档的单位设置等信息	
Parameter()	修改文档中指定的尺寸，该方法最为常用	
Save3()	保存文档	

由图 6-4 可以看出，一个普通的 SOLIDWORKS 文档由非常多的模块功能组成，通过 ModelDoc2 的属性和方法可以进入各个专有功能模块。例如，特征树区域可以看成由特征管理器 FeatureManager 和草图管理器 SketchManager 分别管理，配置区域由配置管理器 ConfigurationManager 管理，整个工作区域的选择由选择管理器控制，而属性由 Extension 的 CustomPropertyManager 属性进行管理。

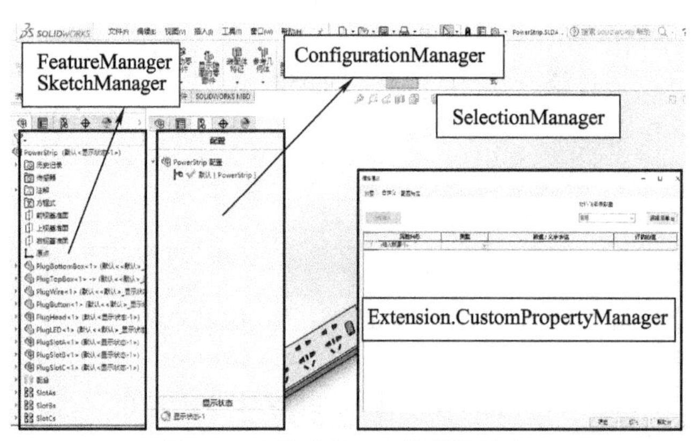

图 6-4　文档中的各功能模块简介

提示

当希望对文档的某部分进行自动化操作时，可以先确定操作内容属于哪类功能组，如特征类、属性类，然后通过 ModelDoc2 的属性与方法找到相关的功能模块，从而可以缩小 API 查找的范围，更易寻找到自己所需要的 API 方法与属性。

6.3.1　实例分析：获得文档的信息

本例将结合 ModelDoc2 的获得方法及其自身的方法与属性，获得文件的相关信息，如图 6-5 所示。具体实现以下功能操作。

1）打开 PowerStrip.SLDASM 装配体文档及其相对应的工程图文档 PowerStrip.SLDDRW。

2）通过工程图中的工程视图 3 获得其参考模型 PlugHead.SLDASM 的零件路径。

3）重新激活打开的 PowerStrip.SLDASM 装配体文档。

4）通过装配体获得 PlugTopBox.SLDPRT 零件的文档对象。

5）获得 PlugTopBox.SLDPRT 的零件路径。

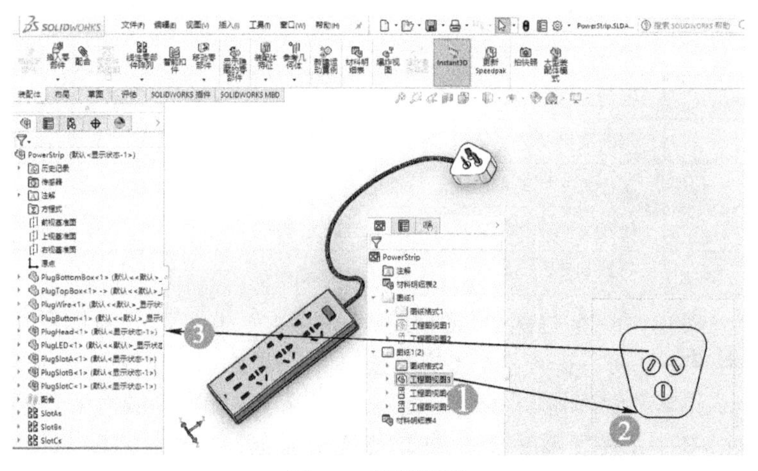

图 6-5　示例模型

代码示例如下：

```
SldWorks swApp = null;
ModelDoc2 swAssemModleDoc = null;
private void button1_Click(object sender, EventArgs e)
{
    #region 1 先后打开两个文档
    open_swfile("", getProcesson("SLDWORKS"), "SldWorks.Application");
    int IntError = -1;
    int IntWraning = -1;
    string filepath1= ModleRoot+
@"\RectanglePlug\PowerStrip.SLDASM"; // 文件 1 路径
    string filepath2 = ModleRoot +
@"\RectanglePlug\PowerStrip.SLDDRW"; // 文件 2 路径
    ModelDoc2 SwAssemDoc=swApp.OpenDoc6(filepath1,
    (int)swDocumentTypes_e.swDocASSEMBLY,
    (int)swOpenDocOptions_e.swOpenDocOptions_LoadModel, "", ref IntError, ref Int-
Wraning); // 打开获得装配体的文档对象
    ModelDoc2 SwDrawDoc = swApp.OpenDoc6(filepath2,
    (int)swDocumentTypes_e.swDocDRAWING,
    (int)swOpenDocOptions_e.swOpenDocOptions_LoadModel, "", ref IntError, ref Int-
Wraning); // 打开获得工程图的文档对象
    #endregion

    #region 2 通过工程图视图得到引用文档
    object[ ] SwViews = ((DrawingDoc)SwDrawDoc).Sheet[" 图纸 1(2) "].GetViews(); // 得
到图纸 1(2) 中的视图
    foreach (object ob in SwViews)
    {
        SolidWorks.Interop.sldworks.View SwView = (SolidWorks.Interop.sldworks.View)
ob; // 强制转化为视图
        if (SwView.Name == " 工程图视图 3")
        {
            ModelDoc2 ModleForView = SwView.ReferencedDocument;
            MessageBox.Show(" 工程图视图 3 的参考模型为：" + ModleForView.GetPath-
Name());
        }
    }
    #endregion
```

```
    #region 3
    swApp.ActivateDoc3(filepath1, true, 2, IntError);
    MessageBox.Show( " 重新激活 PowerStrip.SLDASM 装配体成功！");
    #endregion

    #region 4 得到装配体中部件对象
    Component2 Comp = ((AssemblyDoc)SwAssemDoc).GetComponentByName("Plug-
TopBox-1");
    // 获得装配体中指定名称的部件
    ModelDoc2 CompToDoc = Comp.GetModelDoc2();
    // 将部件转化为相应的文档
    MessageBox.Show(" 通过装配体中的部件获得：" + CompToDoc.GetPathName());
    #endregion
}
```

6.3.1 实例分析 .mp4

6.3.2 实例分析：通过对象获得常用管理器

如图 6-6 所示，本例将通过 ModelDoc2 获得的各功能模块操作 InnerPlugeA.SLDPRT 零件中的配置、特征以及选择工作，主要实现以下功能。

1）先打开 InnerPlugeA.SLDPRT。

2）通过该零件的文件对象给零件添加一个配置，名称为“文档添加配置示例”。

3）获得该文档的配置管理器。

4）通过配置管理器给零件再添加一个继承默认配置的子配置，配置名为“配置管理器添加配置示例”。

5）得到当前正被激活的配置名称。

6）删除“文档添加配置示例”配置。

7）获得该零件文档的特征管理器对象。

8）通过特征管理器得到所有特征的名字。

9）选中名称为 FFiveBaseTP1 的特征。

10）得到该零件的选择管理器。

11）得到目前选择集合中被选择的数量。

12）清除所有选择。

13）再次查询选择集的数量。

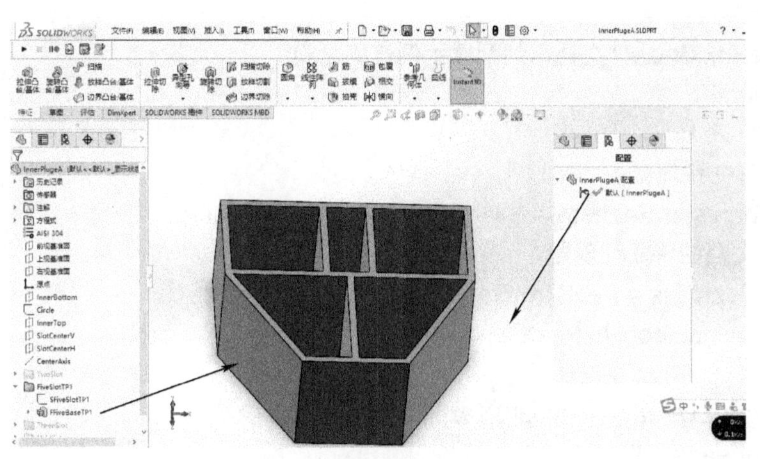

图 6-6　零件特征与配置

代码示例如下：

```
SldWorks swApp = null;
private void button2_Click(object sender, EventArgs e)
{
    open_swfile("", getProcesson("SLDWORKS"), "SldWorks.Application");
    int IntError = -1;
    int IntWraning = -1;
    string filepath1 =ModleRoot + @"
\RectanglePlug\SlotA\InnerPlugeA.SLDPRT"; // 文件 1 路径
    ModelDoc2 SwPartDoc = swApp.OpenDoc6(filepath1,
(int)swDocumentTypes_e.swDocPART,
(int)swOpenDocOptions_e.swOpenDocOptions_LoadModel, "", ref IntError, ref IntWran-
ing); // 打开文件 1 得到相关文档

    #region 配置管理器
    SwPartDoc.AddConfiguration3(" 文档添加配置示例 ", "", "",
(int)swConfigurationOptions2_e.swConfigOption_DontActivate);
    // 添加配置
    ConfigurationManager CfgMrg = SwPartDoc.ConfigurationManager;
    // 获得配置管理器
    CfgMrg.AddConfiguration(" 配置管理器添加配置示例 ", "", "",
(int)swConfigurationOptions2_e.swConfigOption_DontActivate, " 默认 ", "");
    // 添加配置
    Configuration cfgnow = CfgMrg.ActiveConfiguration; // 得到激活的配置
    MessageBox.Show(" 当前被激活的配置为 :"+cfgnow.Name);

    SwPartDoc.DeleteConfiguration2(" 文档添加配置示例 "); // 删除配置
```

```
    MessageBox.Show(" 文档添加配置示例被删除 ");
    #endregion

    #region 特征管理器
    FeatureManager FeatMrg = SwPartDoc.FeatureManager;
    // 获得该文档的特征管理器
    object[ ] FeatObjs = FeatMrg.GetFeatures(true); // 得到特征
    foreach (object feobj in FeatObjs)
    {
        Feature SwFeat = (Feature)feobj; // 强制转化为特征
        if (SwFeat!=null)
        {
            MessageBox.Show(SwFeat.Name);
            if (SwFeat.Name == "FFiveBaseTP1")
            {
                SwFeat.Select2(false, 0); // 选中特征
            }
        }
    }
    #endregion

    #region 选择管理器
    SelectionMgr SelMrg = SwPartDoc.SelectionManager;
    // 得到选择管理器
    MessageBox.Show(" 当前被选择的数量 :"+SelMrg.GetSelectedObjectCount2(0).To-
    String());SwPartDoc.ClearSelection2(true); // 清除选中的内容
    MessageBox.Show(" 清除选择集后 , 当前被选择的数量 :" + SelMrg.GetSelectedOb-
    jectCount2(0).ToString());
    #endregion
}
```

6.3.2 实例分析 .mp4

6.3.3 实例分析：修改与获得参数

在 SOLIDWORKS 中进行自动化建模时，最常用的方式就是修改模型尺寸。图 6-7 所示为

一个按钮零件，通过观察知道其长度为 20mm，导圆特征为 2mm。当需要修改模型尺寸时，无论在草图中还是特征中的尺寸，都能通过双击该尺寸，在弹出的修改对话框中进行尺寸修改。其在后台运行的实质即为通过指定的尺寸名称，获得与修改相关的尺寸。

在本例中，首先获得现有零件的长、宽、高及导圆数据，再对零件的长宽与导圆尺寸进行修改。

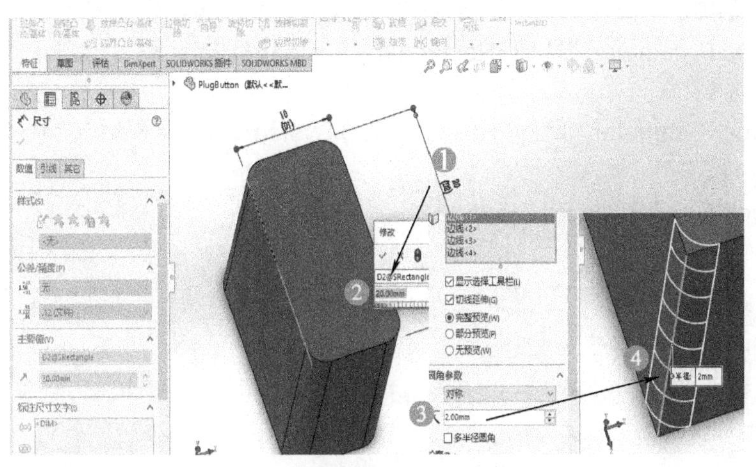

图 6-7　模型尺寸的获取与修改

1. 代码示例

```
SldWorks swApp = null;
private void button3_Click(object sender, EventArgs e)
{
    open_swfile(", getProcesson("SLDWORKS"), "SldWorks.Application");
    int IntError = –1;
    int IntWraning = –1;
    string filepath1 = ModleRoot + @"\RectanglePlug\PlugButton.SLDPRT";
    // 文件 1 路径
    ModelDoc2 SwPartDoc = swApp.OpenDoc6(filepath1,
(int)swDocumentTypes_e.swDocPART,
(int)swOpenDocOptions_e.swOpenDocOptions_LoadModel, "", ref IntError,
ref IntWraning); // 打开文件 1 获得相应文档

    double L =
SwPartDoc.Parameter("D2@SRectangle").SystemValue*1000; // 得到长
    double K = SwPartDoc.Parameter("D1@SRectangle").SystemValue *
1000; // 得到宽
    double H = SwPartDoc.Parameter("D1@FRectangle").SystemValue *
1000; // 得到高
    double R = SwPartDoc.Parameter("D1@FRRectangle").SystemValue * 1000; // 得到
倒角
```

```
    MessageBox.Show(" 长 =" + L.ToString() + " 宽 =" + K.ToString() + " 高 =" + H.ToString()
+ " 导圆 =" + R.ToString());

    SwPartDoc.Parameter("D2@SRectangle").SystemValue = 40 / 1000.0;
    // 修改为长 40
    SwPartDoc.Parameter("D1@SRectangle").SystemValue = 33 / 1000.0;
    // 修改为宽 33
    SwPartDoc.Parameter("D1@FRRectangle").SystemValue = 5 / 1000.0;
    // 修改为导圆 R5
    SwPartDoc.EditRebuild3();
}
```

2. 代码解读

获得与修改尺寸的方法如下：

ModelDoc2 :: Parameter(String DimName)

3. 参数与返回值说明 (见表 6-4)

表 6-4　参数与返回值说明

类型	意义及说明
DimName	即指定的尺寸名，如 D1@FRRectangle 表示 FRRectangle 特征中的 D1 尺寸
反馈值	返回值为 object，可以通过 SystemValue 进行转化。注意，在获取与赋予尺寸新值时，线性长度的单位为米，角度值的单位为弧度，需要注意转化

提示

在本例中没有对零件的高度进行赋值修改，原因在于此零件的高度关联一个方程式，所以可以被获取，但不能被修改。若需要修改，则需要对方程式进行操作。

6.3.3 实例分析 .mp4

6.4　ModelDoc2 扩展类 ModelDocExtension

通过 ModelDoc2 的 Extension 属性，可以获得 ModelDocExtension 对象。从字面上可以理解为，随着 SOLIDWORKS 版本的更新，其对原始 ModelDoc2 的功能扩充。如图 6-8 所示，文档中的属性操作及文档设置都需要通过此对象的属性或方法执行。

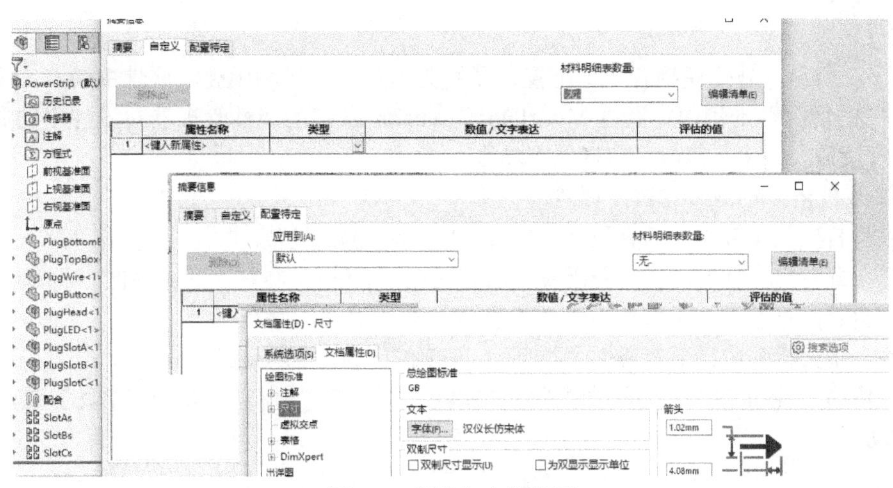

图 6-8　属性与文档设置

6.5　ModelDocExtension 对象的属性与方法

ModelDocExtension 的常用属性见表 6-5。

表 6-5　ModelDocExtension 的常用属性

属性名	作用	取值
CustomPropertyManager	获得属性管理器对象	CustomPropertyManager
Document	获得该文档的对象	ModelDoc2
NeedsRebuild2	文件是否需要重建	枚举值

ModelDocExtension 的常用方法见表 6-6。

表 6-6　ModelDocExtension 的常用方法

方法	作用	返回值
CreateMeasure()	得到测量工具对象	Measure
SelectByID2()	用于选择文档中的对象，此方法将在第 8 章 8.2.1 实例分析中同另一种选择方法进行对比讲解	
GetUserPreferenceInteger()	设置与获得文档设置	
GetUserPreferenceString()		
GetUserPreferenceTextFormat()		
GetUserPreferenceToggle()		
SetUserPreferenceInteger()		
SetUserPreferenceString()		
SetUserPreferenceTextFormat()		
SetUserPreferenceToggle()		

6.6　ModelDocExtension 使文档数据更丰富

6.6.1　实例分析：创建与读取文档属性

属性在 SOLIDWORKS 中非常重要，属性可以用于被关联工程图中的 BOM 表，也可以作为文件筛选的依据。文件中的属性基本可以无限增加。这使得属性在数字化设计中为零件提供了大量信息。

如图 6-9 所示，外壳模型有 3 个配置，分别为默认、方壳和圆壳。属性中既有纯文本，也有尺寸关联的情况。本例中将通过 ModelDocExtension 获得的属性管理器对零件中的属性及配置属性进行读取、写入与修改，实现如下操作：

1）打开 PlugTopBox.SLDPRT 零件。

2）获得自定义标签中的已有属性“单重”“类型”的属性值。

3）获得配置待定标签中，方壳配置下已有属性“名称”“材料”的属性值。

4）在自定义标签中，添加新属性名“连接方式”，值为“螺钉”。

5）在自定义标签中，更新属性“类型”，将值修改为“TopBox”。

6）在配置待定标签中，为圆壳配置添加属性“名称”“材料”，其中“名称”属性的值带有尺寸联动。

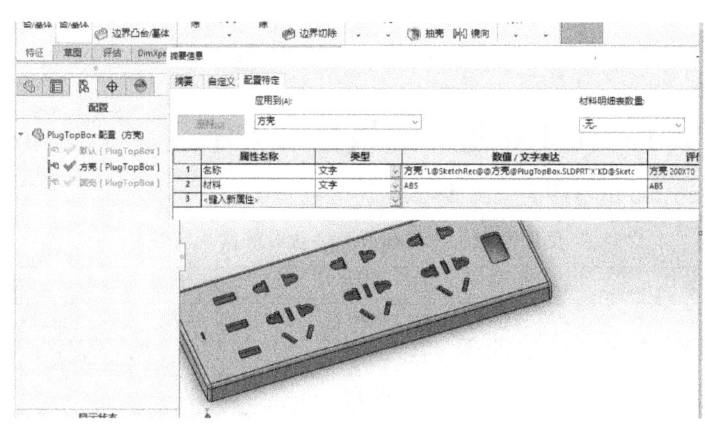

图 6-9　实例配置与属性

1. 代码示例

```
SldWorks swApp = null;
private void button4_Click(object sender, EventArgs e)
{
        open_swfile("", getProcesson("SLDWORKS"), "SldWorks.Application");
        #region A. 打开 PlugTopBox.SLDPRT 零件
        int IntError = -1;
        int IntWraning = -1;
        string filepath1 = ModleRoot + @"
\RectanglePlug\PlugTopBox.SLDPRT"; // 文件 1 路径
  ModelDoc2 SwPartDoc = swApp.OpenDoc6(filepath1,
(int)swDocumentTypes_e.swDocPART,
(int)swOpenDocOptions_e.swOpenDocOptions_LoadModel, "",ref IntError, ref IntWraning); // 打开零件并获得相应文档
  #endregion

  ModelDocExtension SwDocExten = SwPartDoc.Extension;
```

```
// 获得文档的扩展对象
string[ ] ConfigNames = SwPartDoc.GetConfigurationNames();
// 获得文档中存在的配置名集合
bool x = false;

#region B. 获得自定义标签中的已有属性“单重”“类型”的属性值
CustomPropertyManager
CuspMrg=SwDocExten.CustomPropertyManager[""];
// 自定义标签的属性管理器
string MassValue = "";
string ResolvedMass = "";
CuspMrg.Get5(" 单重 ", true, out MassValue, out ResolvedMass, out x);
// 获得单重属性
string TypeValue = "";
string ResolvedType = "";
CuspMrg.Get5(" 类型 ", true, out TypeValue, out ResolvedType, out x);
// 获得类型属性
MessageBox.Show(" 单重 =" + ResolvedMass + "\r\n" + " 类型 =" + ResolvedType, " 自
定义标签属性 ");
#endregion

#region C. 获得配置待定标签中，方壳配置下已有属性 " 名称 "" 材料 " 的属性值
CuspMrg = SwDocExten.CustomPropertyManager[" 方壳 "];
// 配置待定标签中方壳配置的属性管理器
string NameValue = "";
string ResolvedName = "";
CuspMrg.Get5(" 名称 ", true, out NameValue, out ResolvedName, out x);
// 获得方壳配置的名称属性
string MaterialValue = "";
string ResolvedMaterial = "";
CuspMrg.Get5(" 材料 ", true, out MaterialValue, out ResolvedMaterial, out x); // 获得方
壳配置中的材料属性
MessageBox.Show(" 名称 =" + ResolvedName + "\r\n" + " 材料 =" + ResolvedMaterial,
" 配置待定标签中方壳配置 ");
#endregion

#region D. 在自定义标签中，添加新属性名“连接方式”，值为“螺钉”
CuspMrg = SwDocExten.CustomPropertyManager[""];
CuspMrg.Add3(" 连接方式 ", 30, " 螺钉 ", 2);
```

```
  #endregion

  #region E. 在自定义标签中，更新属性“类型”，将值修改为 "TopBox"
  CuspMrg.Add3(" 类型 ", 30, "TopBox", 2); // 添加类型属性
  #endregion

  #region F. 在配置待定标签中，为圆壳配置添加属性“名称”“材料”，其中“名称”属性
的值带有尺寸联动
  CuspMrg = SwDocExten.CustomPropertyManager[" 圆壳 "];
  CuspMrg.Add3(" 名称 ", 30, " 圆壳 \"D1@SketchCircle\"X\"D2@CircleBox\"", 2); // 添加
圆壳的名称属性
  CuspMrg.Add3(" 材料 ", 30, "ABC", 2); // 添加圆壳的材料属性
  #endregion
}
```

2. 代码解读

（1）属性管理器的获得

ModelDocExtension :: CustomPropertyManager[ConfigName]

ConfigName 为配置名称，当其为 "" 时，得到的是自定义标签中的属性管理器。当为具体某个配置名时，得到的是配置待定标签中相应配置的属性管理器。

（2）获得属性的方法

CustomPropertyManager :: Get5(FieldName, UseCached,out ValOut, outResolvedValOut, outWasResolved)

FieldName 为属性名称，ValOut 为数值 / 文字表达，ResolvedValOut 为评估的值，如图 6-10 所示。在此方法中，ValOut，ResolvedValOut 之前都有 out，代表在使用该方法前需要先声明这几个变量，此方法运行完毕后，将传出需要的值。

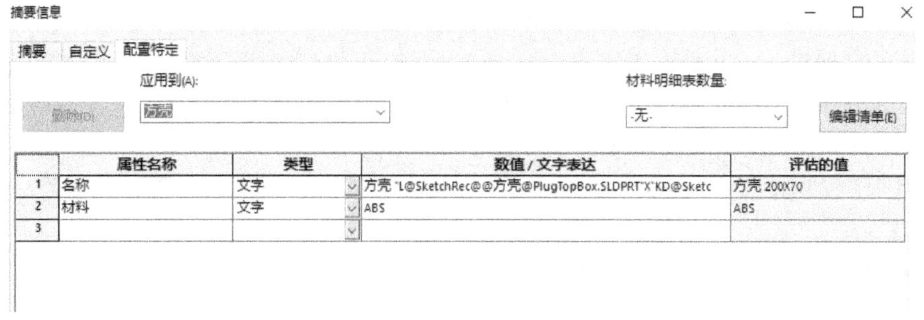

图 6-10　属性界面

（3）添加与更新属性的方法

CustomPropertyManager :: Add3(FieldName, FieldType, FieldValue, OverwriteExisting)

FieldName 为属性名称，FieldType 为类型，FieldValue 为数值 / 文字表达式；OverwriteExisting 代表添加属性的方法，一般情况下其值为 2，即表示当不存在相同属性名称时，添加属性，

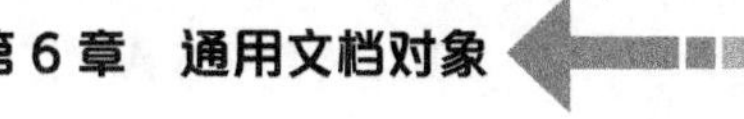

当存在相同属性名称时，则更新属性值。故此方法通用于添加属性和修改属性。

6.6.2　实例分析：文档的设置

如图 6-11 所示，在每个 SOLIDWORKS 文档中，都存在文档设置选项。在 API 中，对文档设置的操作就存在于 ModelDocExtension 的方法中。本例将简单做个示例，具体的文档设置方案可以通过 SOLIDWORKS 提供的宏录制方法（见 2.1 节）找到需要的参数。

本示例简要演示如下的文档设置：

1）新建一个零件文档。

2）将绘图标准从 ISO 修改为 GB。

3）选中所有出详图中的显示过滤器。

4）将质量的单位由克修改为公斤。

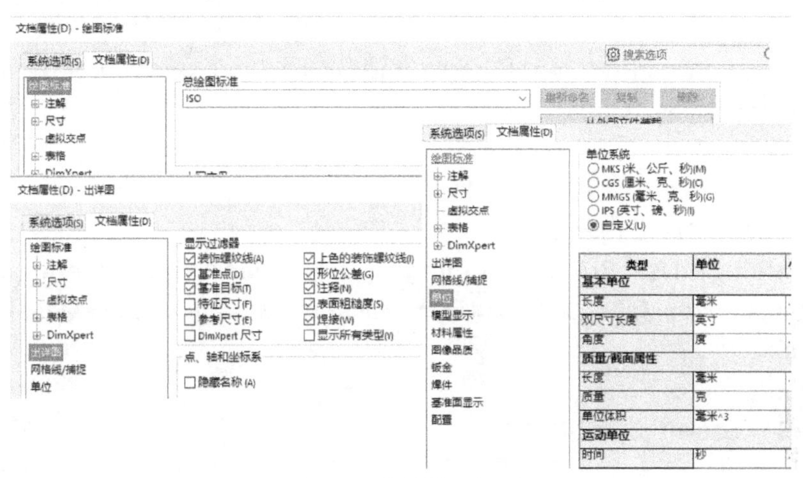

图 6-11　文档设置界面

代码示例如下：

```
SldWorks swApp = null;
private void button5_Click(object sender, EventArgs e)
{
        open_swfile("", getProcesson("SLDWORKS"), "SldWorks.Application");
        #region 新建文档
        ModelDoc2 SwPartDoc = swApp.NewDocument(@"C:\Program Files\SolidWorks
Corp\SOLIDWORKS\lang\chinese-simplified\Tutorial\part.prtdot",0,0,0); // 用模板新建文
档
   MessageBox.Show(" 新建文档成功，当前文档名为 :" + SwPartDoc.GetTitle());
   #endregion
   ModelDocExtension SwDocExten = SwPartDoc.Extension;
   // 获得文档扩展对象

   #region 设置绘图标准
```

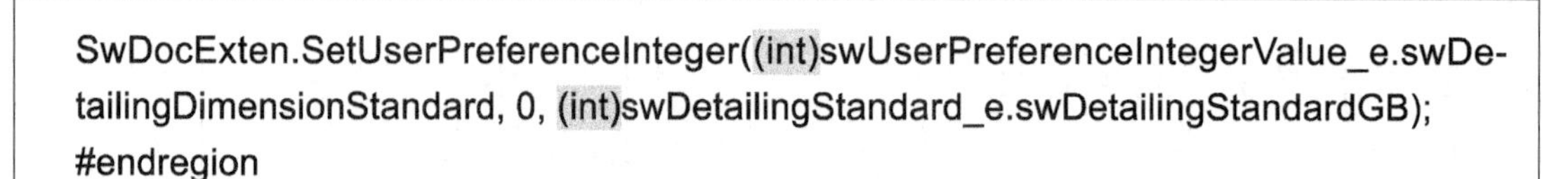

```
    SwDocExten.SetUserPreferenceInteger((int)swUserPreferenceIntegerValue_e.swDetailingDimensionStandard, 0, (int)swDetailingStandard_e.swDetailingStandardGB);
    #endregion

    #region 设置出详图显示过滤器
    SwDocExten.SetUserPreferenceToggle((int)swUserPreferenceToggle_e.swDisplayFeatureDimensions, 0, true);

    SwDocExten.SetUserPreferenceToggle((int)swUserPreferenceToggle_e.swDisplayReferenceDimensions, 0, true);

    SwDocExten.SetUserPreferenceToggle((int)swUserPreferenceToggle_e.swDisplayDimXpertDimensions, 0, true);
    #endregion

    #region 设置质量的单位为公斤
    SwDocExten.SetUserPreferenceInteger((int)swUserPreferenceIntegerValue_e.swUnitsMassPropMass, 0, (int)swUnitsMassPropMass_e.swUnitsMassPropMass_Kilograms);
    #endregion
    MessageBox.Show(" 文档设置完成 !");
}
```

提示

在应用中，为了统一企业的绘图设置，除了制作模板以外，还可以将所有的文档设置写在一个功能模块中，当新建文件或打开非来自企业内部的文件时，可以调用此功能模块，对文档进行自动设置。

6.7 本章总结

每个 ModelDoc2 对象的实例就是一个 SOLIDWORKS 文件，通过该对象的方法属性能操作 SOLIDWORKS 文件的一些公共特性与操作。该对象的获取方式可以通过 SOLIDWORKS API 文档 ModelDoc2 对象的 Accessors 标签进行查看。

6.6.2 实例分析 .mp4

ModelDocExtension 对象可以理解为是对原始 ModelDoc2 功能扩充的对象。文件级别的通用操作可以先在这两个对象中寻找方法及属性。

练习 6-1　文档操作

先手工打开 PlugHead.SLDASM 文件（见图 6-12），再结合第 5 章和第 6 章的知识，通过程

序完成以下工作：

1）获得当前打开的 SOLIDWORKS 应用程序对象。

2）获得当前激活的文档 PlugHead.SLDASM。

3）打开并激活 PlugPinHead.SLDPRT 零部件。

4）将 PlugPinHead 的草图 SShape1 中的尺寸 L1 由 30 修改为 35，将 L2 由 55 修改为 60。

5）对 PlugPinHead 文件添加或修改属性，将“名称”属性设置为“插头主体”。

6）重建 PlugPinHead 文档，并保存。

7）关闭 PlugPinHead.SLDPRT 文档。

8）关闭 PlugHead.SLDASM 装配体。

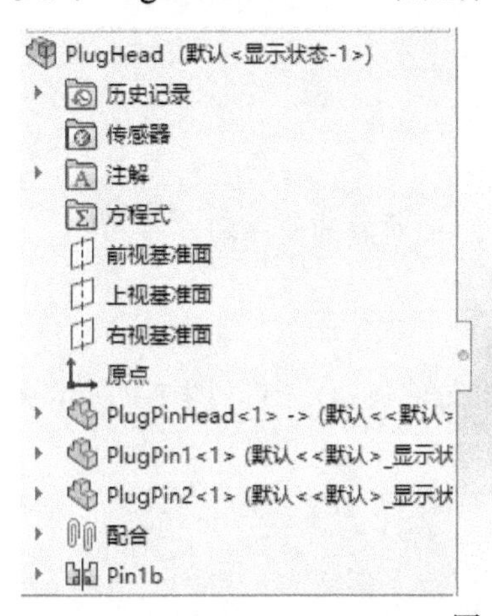

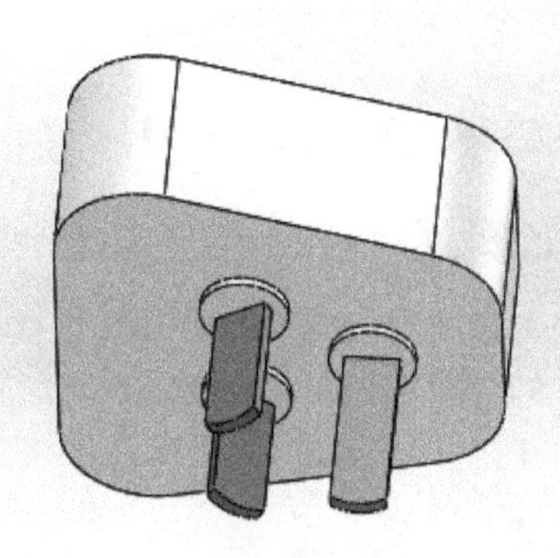

图 6-12　文档操作练习

第 7 章 零件文档对象

【学习目标】

1）了解 PartDoc 对象

2）掌握常用获得 PartDoc 对象的方法

3）了解 PartDoc 的常用方法及属性

PartDoc 是指零部件文件对象。本章将详细介绍 PartDoc 对象的使用。

7.1 PartDoc 概述

PartDoc 对象可以看作 SOLIDWORKS 中的零部件文件 .SLDPRT。图 7-1 所示为打开的 PlugTopBox.SLDPRT 文件。

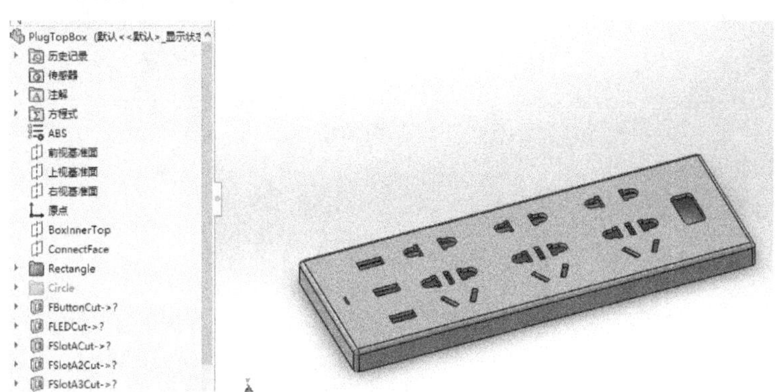

图 7-1　打开的 PlugTopBox.SLDPRT 文件

PartDoc 对象提供了操作零部件的方法，其来源于 ModelDoc2，属于文档的一种，可以访问 ModelDoc2 的所有功能。故能直接通过 ModelDoc2 得到 PartDoc 对象。

C# 中获得 PartDoc 的方法如下：

```
ModelDoc2 swDoc=swapp.ActiveDoc;
// 通过应用对象获得文档对象
If(swDoc.GetType()==1)
// 判断此文档是否属于零部件文档，见 6.3.1 节
{
    PartDoc swPartDoc=(PartDoc) swDoc;
    // 将文档强制转化为装配体文档
}
```

上述示例中，swPartDoc 即为 PartDoc 的实例对象，即是图 7-1 打开的 PlugTopBox.SLDPRT 文件。

注意

在强制转化对象类型时，必须先调用 ModelDoc2:: GetType() 方法检查文档类型，以免强制转化类型及后续使用 swPartDoc 时发生错误。

7.2 PartDoc 对象的属性与方法

PartDoc 对象提供了很多与零部件操作相关的方法与属性。

PartDoc 的常用方法见表 7-1。

表 7-1　PartDoc 的常用方法

方法	作用	取值
GetMaterialPropertyName2	得到特征树中零件的材料	材料名称
SetMaterialPropertyName2	赋予特征树中零件材料	无返回值
FeatureByName	通过特征名得到特征对象	Feature 对象
IsMirrored	得到零件是否属于镜像零件	
SetEntityName	获得与设置实体名字	在 12.2 节中将具体讲解该组方法的使用
GetEntityName		
GetNamedEntities	获得被命名的实体	
GetEntityByName	通过实体名字获得实体	

7.3 实例分析：获取零件的特征并设置材料

如图 7-1 所示，本实例将实现以下操作：

1）获得零件 PlugTopBox.SLDPRT 在特征树中的材料 ABS。

2）将零件在特征树中的材料设置为“PVC 僵硬”。

3）同时选中 BoxInnerTop 平面及 RectangleR 特征。

1. 代码示例

```
SldWorks swApp = null;
private void button1_Click(object sender, EventArgs e)
{
    open_swfile("", getProcesson("SLDWORKS"), "SldWorks.Application");
    #region 打开 PlugTopBox.SLDPRT 零件
    int IntError = –1;
    int IntWraning = –1;
    string filepath1 = ModleRoot + @" \RectanglePlug\PlugTopBox.SLDPRT"; // 文件路径
    ModelDoc2 SwPartDoc = swApp.OpenDoc6(filepath1,
(int)swDocumentTypes_e.swDocPART,
(int)swOpenDocOptions_e.swOpenDocOptions_LoadModel, "", ref IntError, ref IntWran-
```

```
ing); // 打开文件获得相应的文档对象
    #endregion

    #region 强制转化
    PartDoc swPart = null;
    if (SwPartDoc.GetType() == 1) // 判断文档是否是零部件文档
    {
        swPart = (PartDoc)SwPartDoc; // 强制转化为零部件文档
    }
    #endregion

    #region A. 得到零件的材料
    string MtDateBaseName="";
    string mt = swPart.GetMaterialPropertyName2("", out MtDateBaseName); // 获得零件
材料及对应的材料数据库名
    MessageBox.Show(" 零件材料为：" + mt + "--> 所在材料数据库为 :" +
MtDateBaseName);
    #endregion

    #region B. 赋予零件的材料
    swPart.SetMaterialPropertyName2("", MtDateBaseName, "PVC 僵硬 ");
    #endregion

    #region C. 选中特征
    Feature swFeat1 = swPart.FeatureByName("BoxInnerTop");
    swFeat1.Select2(false, 0); // 清空之前
    Feature swFeat2 = swPart.FeatureByName("RectangleR");
    swFeat2.Select2(true,0); // 保留之前选择
    #endregion
}
```

2. 代码解读

（1）材料获得

PartDoc :: GetMaterialPropertyName2 (ConfigName, Database)

ConfigName 为获得指定配置名称的材料，当零件只存在一个默认配置时，ConfigName 可以为空，即 ""。

Database 为材料库的名称，材料 ABS 所在的材料库为 solidworks material，则 Database 的值就是 solidworks material，如图 7-2 所示。在材料获取方法中，此参数之前加了一个 out 作为方法的输出之一。

此方法返回材料名称，即以图 7-2 为例，返回 ABS。

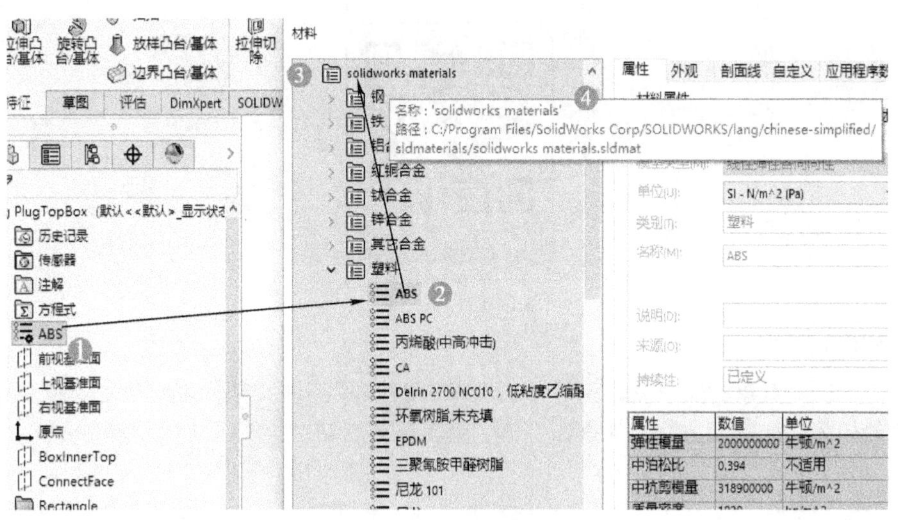

图 7-2　材料库名称

（2）赋值材料

PartDoc::SetMaterialPropertyName2 (ConfigName, Database, Name)

ConfigName，Database 的定义同材料获取方法中的定义一致，不同的是 Database 不再是输出值，而是用户告知。Name 为要赋予的材料名称。

整个方法可以理解为，给特定配置赋予某特定材料库中的某个材料。

（3）获得特征对象

PartDoc::FeatureByName(Name)

Name 即为在特征数中看到的名称。

（4）特征选择

Feature::Select2 (Append, Mark)

Append 为 true，代表以附加的形式将选择的内容添加到选择集合中，若为 False 则代表清空之前所有选择内容后再选择当前选择内容。本示例中同时选择两个特征，则选择 swFeat1 时，清空之前所有选择；而选择 swFeat2 时，不清空之前选择的内容，以追加的方式加入到了选择集合中。

Mark 为整型，常规情况下没用，一般用在对选择有先后顺序的情况下。具体赋值方法需要根据相关功能需求赋值。

提示

对比 6.3.2 节实例分析中使用特征管理器对象循环遍历特征，从而选中需要特征的方法。在已知特征名的情况下，使用本章中的 PartDoc：：FeatureByName 方法得到特征对象，效率更高。而遍历方式适用于对特征名称未知的情况。从这里可以看出，在模型规划中，合理考虑命名规则也很重要，这将有利于直接使用 FeatureByName 获得所需要的特征。

7.3 实例分析 .mp4

7.4 本章总结

每个 PartDoc 对象的实例就是一个 SOLIDWORKS 零部件文件，该对象主要提供了针对零部件特色的相关功能实现方法，如操作实体、编辑修改材料。

第 8 章 装配体文档相关对象

8

【学习目标】

1）掌握 AssemblyDoc 对象的作用和使用方法

2）掌握在装配体中对部件进行各项设置的方法

3）掌握在装配体中进行部件装配的方法

4）掌握在装配体中获得部件的配合信息

8.1 AssemblyDoc 概述

AssemblyDoc 对象可以看作 SOLIDWORKS 中的装配体文件 .SLDASM。图 8-1 所示为打开的 PowerStrip.SLDASM 文件。

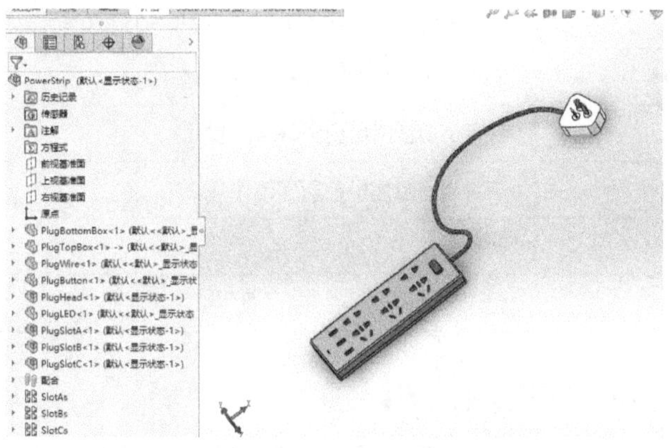

图 8-1　打开的 PowerStrip.SLDASM 文件

AssemblyDoc 对象提供了操作装配体的方法，其来源于 ModelDoc2，属于文档的一种，可以访问 ModelDoc2 的所有功能。故能直接通过 ModelDoc2 得到 AssemblyDoc 对象。

C# 中获得 AssemblyDoc 的方法如下：

```
ModelDoc2 swDoc=swapp.ActiveDoc; // 通过应用对象获得文档对象
If(swDoc.GetType()==2)
// 判断此文档是否属于装配体文档，见第 6.3.1 节
{
        AssemblyDoc swAssemDoc=(AssemblyDoc) swDoc;
        // 将文档强制转化为装配体文档
}
```

上述代码中，swAssemDoc 即为 AssemblyDoc 的实例对象，即是图 8-1 中打开的 PowerStrip.SLDASM 文件。

注意

在强制转化对象类型时，必须先调用 ModelDoc2:: GetType() 方法检查文档类型，以免强制转化类型及后续使用 swAssemDoc 发生错误。

AssemblyDoc 的常用方法见表 8-1。

表 8-1 AssemblyDoc 的常用方法

方　法	作　用	返回值
AddComponent5()	往装配体中添加部件	Component2 对象
AddMate4()	添加配合	Mate2 对象
FeatureByName()	根据特征名称寻找特征	Feature 对象
FixComponent()	固定选中部件	
UnfixComponent()	浮动部件	
GetBox()	获得装配体边界盒子坐标	
GetComponentByName()	获得指定名称的部件对象	
GetComponentCount()	获得当前激活配置中部件的数量	
GetComponents()	获得当前配置中的所有部件对象	
ReplaceComponents()	替换部件	
MirrorComponents()	镜像部件	

8.2 IAssemblyDoc 对象的使用

AssemblyDoc 对象提供了很多和装配体操作相关的方法与属性。下面将通过实例介绍部分常用的装配体操作方法。

8.2.1 实例分析：装配体中部件的操作

本例将打开图 8-1 对应的装配体文件，并向其中插入外部零件，同时添加固定，最后在装配体中打开一个部件，具体操作如下：

1）打开装配体 PowerStrip.SLDASM。

2）往装配体中插入零件 PlugButton.SLDPRT。

3）将插入的零件固定。

4）选中装配体中的部件 PlugLED.SLDPRT。

5）打开该部件。

向装配体中插入部件，手工操作分解步骤如图 8-2 所示。

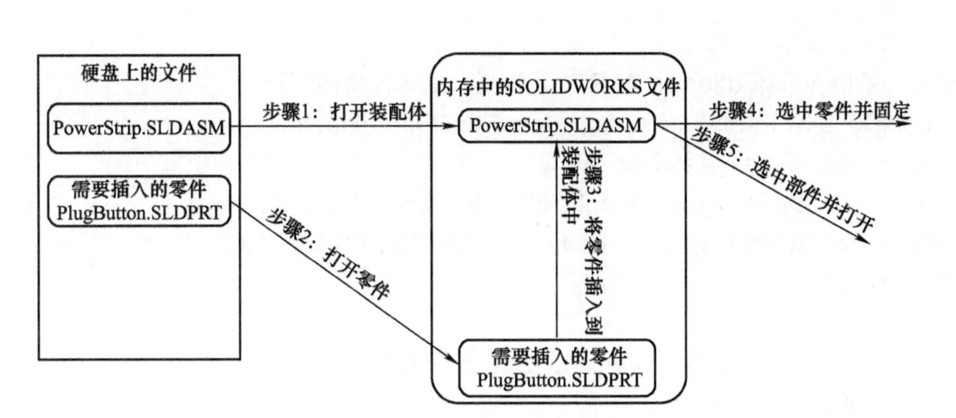

图 8-2　手工操作分解步骤

1. 代码示例

```
SldWorks swApp = null;
private void button1_Click(object sender, EventArgs e)
{
    open_swfile("", getProcesson("SLDWORKS"), "SldWorks.Application");
    #region 打开 PowerStrip.SLDASM
    int IntError = −1;
    int IntWraning = −1;
    string filepath1 = ModleRoot + @"\ 第 8 章
\RectanglePlug\PowerStrip.SLDASM"; // 装配体路径
    ModelDoc2 SwAssemDoc = swApp.OpenDoc6(filepath1,
(int)swDocumentTypes_e.swDocASSEMBLY,
(int)swOpenDocOptions_e.swOpenDocOptions_LoadModel, "", ref IntError,
ref IntWraning); // 打开装配体文档
    #endregion

    #region 强制转化
    AssemblyDoc swAssem = null;
    if (SwAssemDoc.GetType() == 2) // 判断文档是否是装配体
    {
        swAssem = (AssemblyDoc)SwAssemDoc; // 得到装配体文档
    }
    string assemname =SwAssemDoc.GetTitle().Substring(0,
SwAssemDoc.GetTitle().LastIndexOf(".")); // 得到装配体名字
    #endregion

    #region 打开需要被插入的零件
    string parttoinsert = ModleRoot + @"\ 第 8 章
```

```
\RectanglePlug\PlugButton.SLDPRT"; // 被插入的零件文件路径
    ModelDoc2 SwPartDoc = swApp.OpenDoc6(parttoinsert,
(int)swDocumentTypes_e.swDocPART,
(int)swOpenDocOptions_e.swOpenDocOptions_LoadModel, "",
ref IntError, ref IntWraning); // 打开零件文档并得到相应的文档对象
    #endregion

    #region B. 往装配体中插入零件 PlugButton.SLDPRT
    Component2 SwComp =
swAssem.AddComponent5(parttoinsert,0,"",false,"",50,100,150);
    // 装配体中插入指定路径的零件
    MessageBox.Show(" 插入零件成功 !");
    swApp.CloseDoc(SwPartDoc.GetTitle()); // 关闭该零件
    #endregion

    #region 选择操作
    SwAssemDoc.ClearSelection2(true); // 装配体文档清除选择
    MessageBox.Show(" 已清除当前所有选择 ");
    SwAssemDoc.Extension.SelectByID2(SwComp.Name2 + "@" +
assemname,"COMPONENT",0,0,0,false,0,null,0); // 选中插入的零件
    #endregion

    #region C. 将插入的零件固定
    swAssem.FixComponent();
    #endregion

    #region 选中装配体中的部件 PlugLED.SLDPRT
    SelectData SwData =
((SelectionMgr)SwAssemDoc.SelectionManager).CreateSelectData();
    // 得到装配体的选择数据库
    SwComp = null;
    for (int i = 1; i < 20; i++)
    {
        SwComp = swAssem.GetComponentByName("PlugLED-" +
i.ToString().Trim()); // 获得指定名称的部件
        if (SwComp != null)// 如果部件成功获得，则退出循环
        {
            break;
        }
    }
```

```
        if (SwComp != null)
        {
            SwComp.Select4(false, SwData, false); // 选中该部件
        }
        #endregion

        #region E. 并打开选中的部件
        swAssem.OpenCompFile(); // 打开该部件
        #endregion
    }
```

2. 代码解读

（1）添加部件的方法

AssemblyDoc:: AddComponent5

(CompName, ConfigOption, NewConfigName, UseConfigForPartReferences, ExistingConfigName, X, Y, Z)

参数名及其含义见表 8-2。

表 8-2　参数名及其含义

参数名	参数含义
CompName	PlugLED<1> (默认<<默认>_显示状态 值 = 组件名 + “–” + 实例号，如上图，写法为 PlugLED-1
ConfigOption	添加部件的方式选项，0 代表添加零件最新保存的配置状态；1 代表添加子部件时，其子零件都为正常加载状态；2 代表添加子部件时，其子零件都为压缩状态
NewConfigName	在添加子部件时，子部件的配置名称
UseConfigForPartReferences	是否使用配置参考
ExistingConfigName	加载部件的配置名称
X	零部件插入到装配体中的 X 坐标
Y	零部件插入到装配体中的 Y 坐标
Z	零部件插入到装配体中的 Z 坐标

（2）部件的固定与浮动

提示

对部件进行的固定、浮动、打开操作，都需要先选中部件，再对其进行操作。从这点上看，程序的操作轨迹与手工标准操作方式的轨迹是一致的。故读者在写一些功能程序时，可以先想想手工如何操作，然后顺着手工操作的脉络寻找相应的 API 函数。

（3）打开部件

AssemblyDoc :: OpenCompFile()

（4）部件的选择

方法一：

ModelDoc2. Extension:: SelectByID2(Name, Type, X, Y, Z, Append, Mark, Callout, SelectOption)

参数名及其含义见表 8-3。

表 8-3 参数名及其含义

参数名	参数含义
Name	被选择对象的名称（其中尺寸、特征等类型的名称需要拼接），类似平时使用的文件地址，主要表达了需要选中的对象相对于当前激活的文档的相对位置的名称。如图 8-3 所示，选中装配体 PowerStrip 下组件 PlugHead 中零件 PlugPinHead 的草图尺寸 H@AssemSketch，相对于当前激活的 PowerStrip 装配体，其 Name="H@AssemSketch@PlugHead-1@PowerStrip/PlugPinHead-1@PlugHead"，按照图中箭头使用“/”对 Name 分解，可以总结出公式：A@B1/B2/B3…其中 A 代表最终被选中对象在其所在部件中的名称，如示例中 H@AssemSketch 为 PlugPinHead 零件的草图尺寸。而 B1,B2…的通用格式为零件名 - 实例数 @ 父零件名。B1 到 Bn 的次序为从当前激活的顶层部件到选择对象所在部件的顺序排列。 此外，若 Name 已知，则可以使用 Name 直接选择，忽略本方法中的参数 X,Y,Z 的取值，任取即可
Type	被选择对象的类型。如图 8-4 所示，使用帮助文档搜索到 SelectByID2 方法，单击 Type 中的 swSelectType_e，帮助文档将链接到 swSelectType_e 的枚举页面，在该页面中找到 IModelDocExtension::SelectByID2 String 列，该列中的值即是 Type 可选的值，如 "FACE""PLANE"
X	当参数 Name 为空时，即 Name 未知时，可以结合 Type，通过 X,Y,Z 坐标选择通过此空间坐标的相关类型的对象。这里需要事先确保所取的 X，Y，Z 只被同类型的一个对象通过，这样才能通过此方法选中唯一的对象
Y	
Z	
Append	是先附加到原先的选择集中，还是清空当前选择集后再添加
Mark	选择多个对象时赋予的记号，一般用于一些特殊场景的方法中
Callout	选中后调用的函数
SelectOption	枚举选择的选项

此外，还可以结合 FeatureByName 得到特征，再通过 Feature :: GetNameForSelection() 方法直接得到本方法中的参数 Name。

当模型层次不深时，比较适合使用拼接方式拼出名称，否则可以使用 Feature::GetNameForSelection() 方法获得名称。

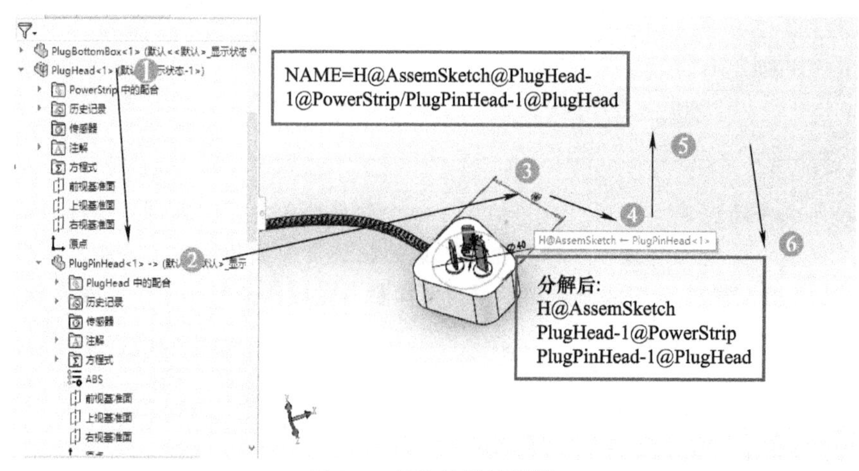

图 8-3 名称的拼接规律

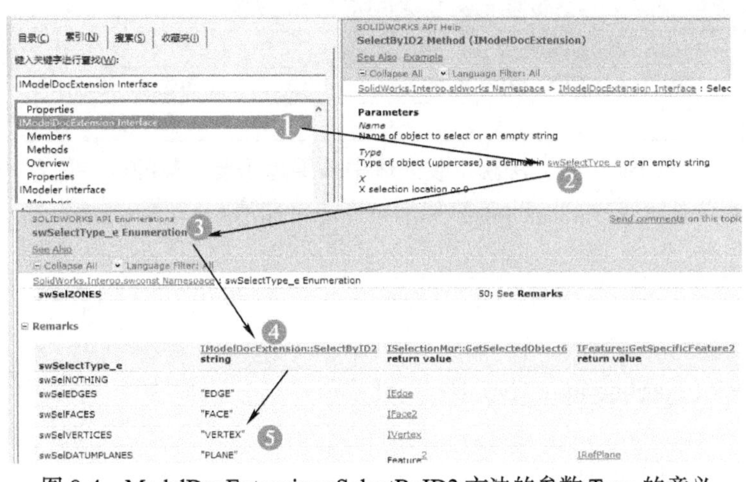

8.2 SelectByID2 方法参数详解 .mp4

图 8-4　ModelDocExtension::SelectByID2 方法的参数 Type 的意义

方法二：

Component2 :: Select4(Append, Data, ShowPopup)

参数名及其含义见表 8-4。

表 8-4　参数名及其含义

参数名	参数含义
Append	是先附加到原先的选择集中，还是清空当前选择集后再添加
Data	一个选择集合对象，通过文档对象属性 SelectionManager：：CreateSelectData()方法创建
ShowPopup	选中后，是否弹出快捷菜单

本例对常用的两种选择方式做了介绍，它们的优缺点和使用场合见表 8-5。

表 8-5　选择方法对比

选择方法	优缺点	适用场合
SelectByID2	优点：可以选择的对象范围比较广 缺点：选择参数 Name 需要拼接，对于未知的零件层次，不怎么适用	当所需选择的全名能较容易拼接出来时，可以使用该方法
Select	优点：与对象所在层次无关 缺点：依赖性，此类方法一般存在于特定对象中的方法中，如 Feature 特征对象和 Component2 对象	当相关对象存在此方法时，推荐使用，可以避免烦琐的名称拼接与未知的对象层次

8.2.2　实例分析：在装配体中获得所有部件

本实例将介绍如何使用 AssemblyDoc 对象获得装配体中所有的部件，以及获得指定部件的方法。

通过 AssemblyDoc 获得其中的部件通常有以下两种方法：遍历方法和精确定位方法。两者的缺点和适用场合见表 8-6。

8.2.1 实例分析：装配体中部件操作 .mp4

表 8-6　遍历方法与精确定位方法的缺点和适用场合

方法名称	缺点	适用场合
遍历	扫描装配体特征树中的所有部件，较消耗系统资源	事先不知道部件名
精确定位	必须知道部件名	事先知道部件名

本实例将介绍遍历方法，通过遍历的方法获得装配体中顶层为子装配体的部件信息，即图 8-1 中的子装配体 PlugHead 及其子零件 PlugPin2, 精确定位方法将在第 8.4.2 节中介绍。

1. 代码示例

```
SldWorks swApp = null;
ModelDoc2 swAssemModleDoc = null;
private void button2_Click(object sender, EventArgs e)
{
    string TopCompToFind = "PlugHead";
    string InnerCompToFind = "PlugPin2";
    open_swfile("", getProcesson("SLDWORKS"), "SldWorks.Application");
    string filepath1 = ModleRoot + @"\ 第 8 章
\RectanglePlug\PowerStrip.SLDASM"; // 装配体文件路径
    int IntError = -1;
    int IntWraning = -1;
    swAssemModleDoc = swApp.OpenDoc6(filepath1,
(int)swDocumentTypes_e.swDocASSEMBLY,
(int)swOpenDocOptions_e.swOpenDocOptions_LoadModel, "", ref IntError,
ref IntWraning); // 打开装配体并获得相应的文档对象

    AssemblyDoc SwAssem = null;
    if (swAssemModleDoc.GetType() == 2) // 判断文档是否为装配体
    {
        SwAssem = (AssemblyDoc)swAssemModleDoc; // 得到装配体文档
    }
    else
    {
        return;
    }

    #region 得到零件级部件 -- 类似于明细表中的仅限顶层
    int n = SwAssem.GetComponentCount(false);
        // 获得顶层部件的数量，包含阵列等部件
    MessageBox.Show(" 零件级部件数量 :" + n.ToString().Trim());
    string compname = "";
    if (n > 0)
    {
```

```
        object[] ObjComps = SwAssem.GetComponents(false);
        // 获得部件数组
        for (int i = 0; i < ObjComps.Length; i++) // 循环得到每个部件
        {
            Component2 swComp = (Component2)ObjComps[i];
            // 得到部件
            compname = swComp.Name2;
            // 记录部件名，获得的 compname 非顶层时，含有路径
            string compbase = compname;
            if (compbase.Contains("/"))
            // 名称存在路径时，截取获得最终所需的模型名
            {
                compbase =
compbase.Substring(compbase.LastIndexOf("/") + 1, compbase.Length -
compbase.LastIndexOf("/") –1);
            }
            if (compbase.Substring(0, compbase.LastIndexOf("-")) ==
TopCompToFind)
            {
                compname = TopCompToFind + " 搜索结果 :\r\n 部件名称 :" + compname
+ "\r\n 部件地址 :" + swComp.GetPathName();
            }
            else if (compbase.Substring(0, compbase.LastIndexOf("-")) ==
InnerCompToFind)
            {
                compname = TopCompToFind + " 搜索结果 :\r\n 部件名称 :" + compname
+ "\r\n 部件地址 :" + swComp.GetPathName();
            }
            MessageBox.Show(compname);
        }
    }
    #endregion
    // 遍历零件级别效率低，能不用就不用
    #region 得到顶层部件 -- 类似于明细表中的仅限零件
    n = SwAssem.GetComponentCount(true);
    // 获得顶层部件的数量，包含阵列等部件
    MessageBox.Show(" 顶层部件数量 :" + n.ToString().Trim());
    #endregion
}
```

2. 代码解读

（1）获得装配体中的部件数量

AssemblyDoc::GetComponentCount (bool topORnot)

（2）获得装配体中所有部件的集合

AssemblyDoc::GetComponents (bool topORnot)

参数说明：

topORnot=true 表示只获得顶层部件，topORnot=false 表示获得装配体下面的所有零件。

从程序的运行效果可以看出，获得所有零件级别的部件数量比获得顶层部件数量所需等待的时间更多，程序在后台不断地逐个搜索部件，资源消耗比较大。通常在所要寻找的部件名称不确定，需要结合其属性等信息综合筛选时，会采用这种遍历方式。若在部件名称已知的情况下，更推荐使用 AssemblyDoc::GetComponentByName（CompName）方法精确定位所需要的部件。此方法将在 8.4.1 实例中进行介绍。

8.2.2 实例分析：在装配体中获得所有部件 .mp4

提示

在 API 帮助文档中特别说明，采用 AssemblyDoc:: GetComponents() 获得的部件顺序是随机的，即不是按照左边特征树从上到下的次序获取。

若对获取的部件需要按照特征树从上到下的次序获取，则需要使用到第 11 章介绍的使用 Feature 对象遍历方式获得部件。

8.3 Component2 概述

Component2 对象即是图 8-1 打开的装配体中，左边特征树中的每个部件。

提示

Component2 是存在于 AssemblyDoc 的，以 AssemblyDoc 为参照。

可以通过 Component2::GetModelDoc2() 的方法获得该部件的文档对象，从而得到更多的文档信息。

代码示例：

```
Component2 swComp;
ModelDoc2 CompDoc=swComp.GetModelDoc2(); // 转化为了文档对象
```

Component2 对象可以通过表 8-7 列举的常用方法获得，更多的方法还需读者参考 SOLIDWORKS 的 API 文档。

表 8-7　Component2 的常用获取方法

获得 Component2 方法	描述	本书出现章节
AssemblyDoc::AddComponent4	添加部件	8.2.1
AssemblyDoc::GetComponentByName	通过部件名获得部件	8.4.2
Component2::GetChildren	获得部件中的子部件	8.4.2
DrawingComponent::Component	通过图样视图中的部件获得	9.7.2
BomTableAnnotation::GetComponents2	通过工程图明细表获得	9.13.2
Feature::GetSpecificFeature2	通过特征获得	11.2

Component2 提供了在装配体中对部件进行设置的方法及属性。

8.4　Component2 部件对象的使用

Component2 的常用属性见表 8-8。

表 8-8　Component2 的常用属性

属性名	作用	取值
ExcludeFromBOM	排除在明细表以外	True 或 False
IsVirtual	是否是虚件	True 或 False
Name2	返回部件在装配体中的名字	部件在装配体中的名字
Visible	部件状态是否隐藏	True 或 False

Component2 常用方法见表 8-9。

表 8-9　Component2 的常用方法

方法	作用	返回值
GetChildren()	获得部件中所有的子部件	得到 Component2 数组
GetMates()	得到部件在所在装配体中的配合对象	得到 Mate2 数组
GetModelDoc2()	获得部件对应的文档对象	得到 ModelDoc2
GetParent()	获得部件的父部件	得到 Component2
GetPathName()	得到部件的路径	路径名
GetSuppression()	获得部件在装配体中的压缩或解压状态	0~4 的数值 0= 压缩，1= 轻化
SetSuppression2()	设置部件在装配体中的压缩或解压，轻化状态	
SetVisibility()	设置显示状态	
IsMirrored()	是否是镜像实例部件	True 或 False
IsPatternInstance()	是否是阵列实例部件	True 或 False

8.4.1　实例分析：查看与设置部件状态

如图 8-1 所示，本实例将获取与设置 PowerStrip.SLDASM 装配体中子部件 PlugHead.SLDASM 的零件 PlugPin1.SLDPRT 的部件状态信息与相关设置。本实例主要实现以下功能。

1）获得 PlugPin1 部件对象。

2）获得该部件的所有状态，包括是否是虚件、父部件名、SelectByID2 参数 Name、是否排除在明细栏、是否固定、是否为镜像实例、是否为阵列实例、是否为顶层部件、零件状态（压缩、还原、轻化）。

3）将部件隐藏、设置排除在明细栏、设置为轻化。

4）再次使用步骤 2）中的方法查询部件修改后的状态信息。

1. 代码示例

```
SldWorks swApp = null;
ModelDoc2 swAssemModleDoc = null;
private void button3_Click(object sender, EventArgs e)
{
    string CompToDo = "PlugPin1";
    open_swfile("", getProcesson("SLDWORKS"), "SldWorks.Application");
    string filepath1 = ModleRoot + @"\第 8 章
\RectanglePlug\PowerStrip.SLDASM"; // 装配体路径
    int IntError = −1;
    int IntWraning = −1;
    swAssemModleDoc = swApp.OpenDoc6(filepath1,
(int)swDocumentTypes_e.swDocASSEMBLY,
(int)swOpenDocOptions_e.swOpenDocOptions_LoadModel, "", ref IntError, ref
IntWraning); // 打开装配体得到文档对象

    AssemblyDoc SwAssem = null;
    if (swAssemModleDoc.GetType() == 2) // 判断是否为装配体文档
    {
        SwAssem = (AssemblyDoc)swAssemModleDoc; // 得到装配体文档
    }
    else
    {
        return;
    }

    SelectData Seldate =
((SelectionMgr)swAssemModleDoc.SelectionManager).CreateSelectData();
    // 通过选择管理器创建选择集
    Component2 SwComp = null;
    for (int i = 1; i < 20; i++)
    {
        SwComp = SwAssem.GetComponentByName(CompToDo + "-" +
i.ToString().Trim()); // 获得指定名称的部件
        if (SwComp != null)
        {
            break;
        }
    }
```

```
        if (SwComp != null)
        {
            GetCompData(SwComp, CompToDo); // 自定义方法得到部件信息
            #region 设置部件信息与状态
            SwComp.Select4(false, Seldate, false); // 选中部件
            swAssemModleDoc.HideComponent2(); // 隐藏部件
            SwComp.ExcludeFromBOM = true; // 将部件排除明细表
            SwComp.SetSuppression2(1); // 将部件设置为轻化
            #endregion
            GetCompData(SwComp, CompToDo); // 重新获得部件信息
        }
}

public void GetCompData(Component2 SwComp, string CompToDo)
// 获取部件信息
{
    StringBuilder sb = new StringBuilder(" 部件状态 :\r\n");
    bool isVirtual = SwComp.IsVirtual;
    sb.Append(" 是否是虚件 :" + isVirtual.ToString() + "\r\n");
    string ParentCompname = ((Component2)SwComp.GetParent()).Name2;
    sb.Append(" 父部件名 :" + ParentCompname + "\r\n");
    string SelectByIDString = SwComp.GetSelectByIDString();
    // 没有零件中的元素时，即没有 A 元素
    sb.Append("SelectByID2 参数 Name:" + SelectByIDString + "\r\n");
    bool NoBom = SwComp.ExcludeFromBOM; // 是否排除在明细栏
    sb.Append(" 排除在明细栏 :" + NoBom.ToString() + "\r\n");
    bool isfixed = SwComp.IsFixed();
    sb.Append(" 是否固定 :" + isfixed.ToString() + "\r\n");
    bool isMirrored = SwComp.IsMirrored(); // 是否是镜像出来的实例
    sb.Append(" 是否为镜像实例 :" + isMirrored.ToString() + "\r\n");
    bool isPatternInstance = SwComp.IsPatternInstance();
    // 是否是阵列出来的实例
    sb.Append(" 是否为阵列实例 :" + isPatternInstance.ToString() + "\r\n");
    bool isRoot = SwComp.IsRoot(); // 是否是顶层部件（即装配体特征树中顶层部件）
    sb.Append(" 是否为顶层部件 :" + isRoot.ToString() + "\r\n");
    int CompState = SwComp.GetSuppression(); // 获得部件的状态
    sb.Append(" 零件状态 :" + CompState.ToString() + "\r\n");
    MessageBox.Show(sb.ToString(), CompToDo + " 部件信息 ");
}
```

2. 代码解读

（1）隐藏部件

ModelDoc2:: HideComponent2()

在使用此方法之前，先要将需要被隐藏的部件选中。

（2）部件状态的获得与设置

Component2:: GetSuppression()

Component2:: SetSuppression2(State)

其中 State 为枚举对象 swComponentSuppressionState_e，其取值与含义见表 8-10。

表 8-10　State 的取值与含义

取　值	含　义
0	完全压缩，部件以及该部件的子部件都压缩
1	仅使该部件轻化，不处理其子部件
2	完全还原，部件以及该部件的子部件都还原
3	仅使该部件还原，不处理其子部件
4	完全轻化，部件以及该部件的子部件都轻化

提示

部件对象 Component2 有一个方法 GetModelDoc2()，可以从部件对象得到其对应的文档对象 ModelDoc2，通过文档对象可以进一步获得部件的属性等文档对象信息。

当部件处于压缩或轻化状态时，通过 GetModelDoc2() 无法得到部件对应的文档对象。因为处于这两种状态时，SOLIDWORKS 为了性能，只加载了表层人眼能观察到的信息，其余都未加载。

故在处理大型装配体时，用户若需要进一步使用部件的文档对象相关操作时，先要判断部件的状态，如果部件处于压缩或轻化状态，则可以先将部件设置为还原状态，然后通过 GetModelDoc2() 方法获得文档对象。

8.4.1 实例分析 .mp4

8.4.2　实例分析：替换装配体中的部件

本实例将通过对装配体中原有的部件 PlugLED.SLDPRT 方形 LED 进行替换，替换成 PlugLEDForReplace.SLDPRT 圆形结构，如图 8-5 所示。

1）获得打开的装配体对象 PowerStrip.SLDASM。

2）选中零件 PlugLED.SLDPRT。

3）替换为零件 PlugLEDForReplace.SLDPRT。

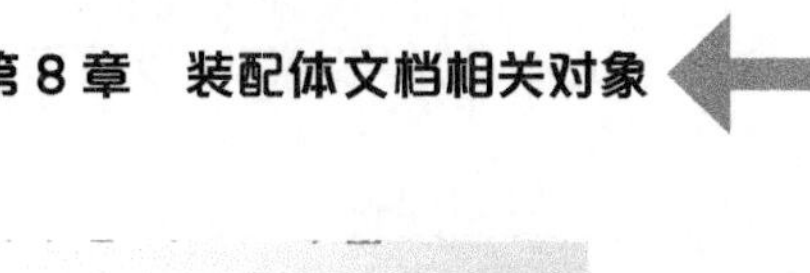

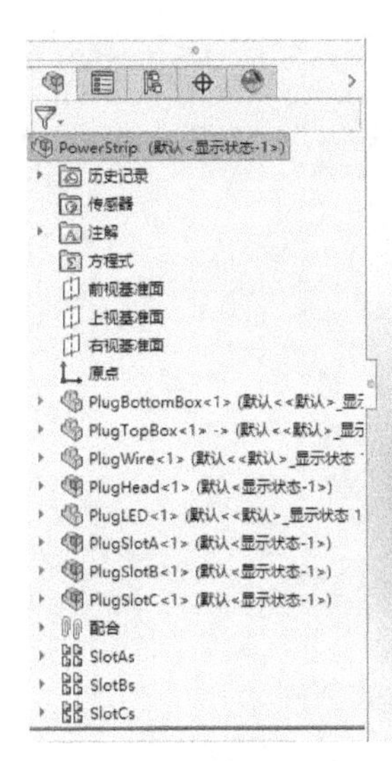

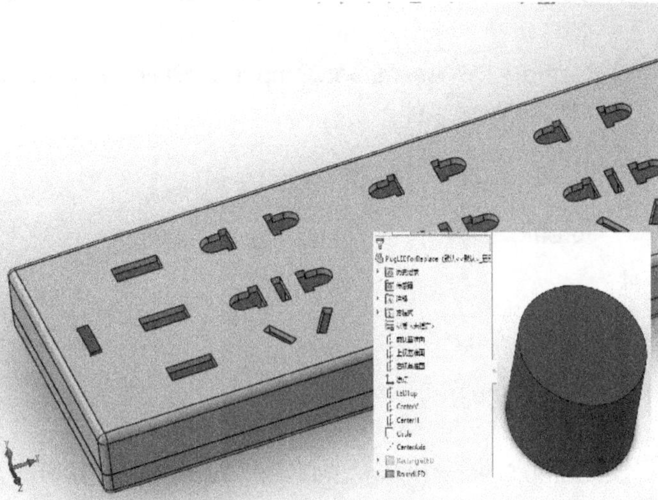

图 8-5　LED 零件替换

代码示例如下：

```
SldWorks swApp = null;
ModelDoc2 swAssemModleDoc = null;
private void button4_Click(object sender, EventArgs e)
{
    string OldSub = "PlugLED";
    string NewSubPath = ModleRoot + @" \第 8 章
\RectanglePlug\PlugLEDForReplace.SLDPRT";
    open_swfile("", getProcesson("SLDWORKS"), "SldWorks.Application");
    // 获得打开的装配体文档对象
    AssemblyDoc SwAssem = null;
    if (swAssemModleDoc.GetType() == 2)
    {
        SwAssem = (AssemblyDoc)swAssemModleDoc;
        // 转化为装配体对象
    }
    else
    {
        return;
    }

    SelectData Seldate =
    ((SelectionMgr)swAssemModleDoc.SelectionManager).CreateSelectData();
    Component2 SwComp = null;
    for (int i = 1; i < 20; i++)
```

```
    {
        SwComp = SwAssem.GetComponentByName(OldSub + "-" +i.ToString().Trim());
        // 寻找要替换的零件
        if (SwComp != null)
        {
            break;
        }
    }

    if (SwComp != null)
    {
        SwComp.Select4(false, Seldate, false); // 选中需要替换的部件
        SwAssem.ReplaceComponents(NewSubPath, "默认" , true, true);
        // 替换零件
    }
}
```

注意

1）替换前后的部件名称不能相同，即使部件在不同的文件夹下，也不可以。

2）替换部件仅对当前激活文档中的顶层部件有效，若需要替换的部件不属于当前激活文档的顶层部件（即属于子装配体中的部件），则需要打开该部件所在的子装配体，在子装配体的环境下对该部件进行替换。

3）替换部件需要先将要替换的部件选中。

8.4.2 实例分析

8.5 Mate2 概述

在装配体中，零部件之间的相对位置关系和自由度由配合关系决定。本节将要介绍配合对象 Mate2，如图 8-6 所示。Mate2 对象即为平时 SOLIDWORKS 操作中的配合。配合对象可以通过对部件添加配合得到，配合也属于特征的一种。此外，通过配合对象还可获得每个配合中的配合信息。

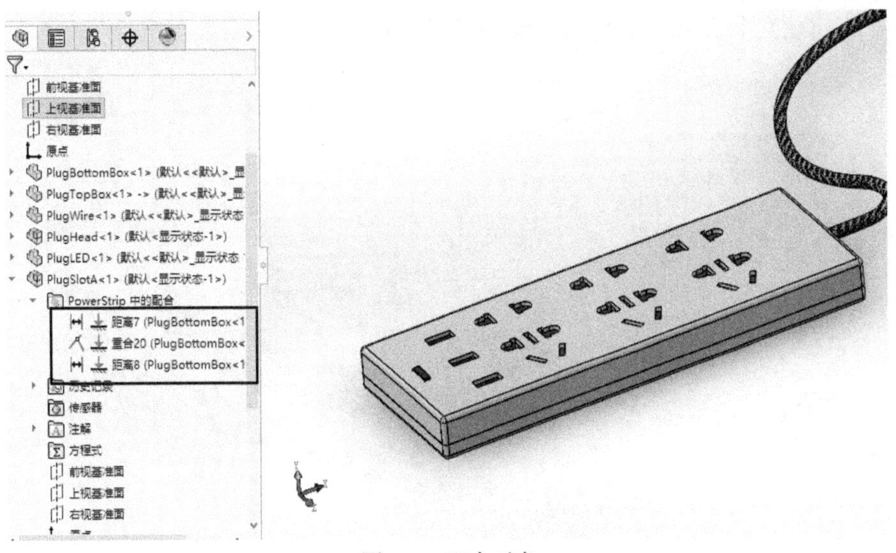

图 8-6　配合对象

8.6　Mate2 配合对象的获得与使用

在常规使用中，一般会通过 Mate2 对象获得配合的一些信息。Mate2 常用属性见表 8-11。

表 8-11　Mate2 的常用属性

属 性 名	作　用	取　值
Type	配合类型	配合类型枚举
Alignment	配合对齐	配合对齐枚举值
Flipped	是否选中反向尺寸	True 或 False
DisplayDimension2	获得与此配合关联的尺寸	DisplayDimension 展示尺寸对象

8.6.1　实例分析：零部件装配

如图 8-7 所示，接线板组件中缺少一个按钮。本实例将使用装配体对象中添加配合的方法 AssemblyDoc :: AddComponent5，对接线板添加一个按钮部件 PlugButton.SLDPRT，并进行装配。操作步骤如下。

1）获得打开的接线板装配体 PowerStrip.SLDASM。

2）插入零部件 PlugButton.SLDPRT。

3）关闭 PlugButton.SLDPRT 零件。

4）选中 PlugButton.SLDPRT 中用于装配的基准面 CenterV。

5）同时再选中 PlugBottomBox.SLDPRT 中，与步骤 4）中选择的部件基准 CenterV 进行配合的基准 RectangleWireConnectFace。

6）添加距离配合，配合距离为 20mm。

7）对配合进行重命名，完成一组配合的创建。

8）重复步骤 4）~7），对这两个部件的 BoxCenterH 与 CenterH 基准面添加重合配合。

9）重复步骤 4）~7），将 PlugButton.SLDPRT 的 ButtonTop 基准面与 PlugTopBox.SLDPRT 的 BoxInnerTop 基准面添加距离配合 6mm。

10）刷新重建整个装配体文档，达到图 8-7 所示的效果。

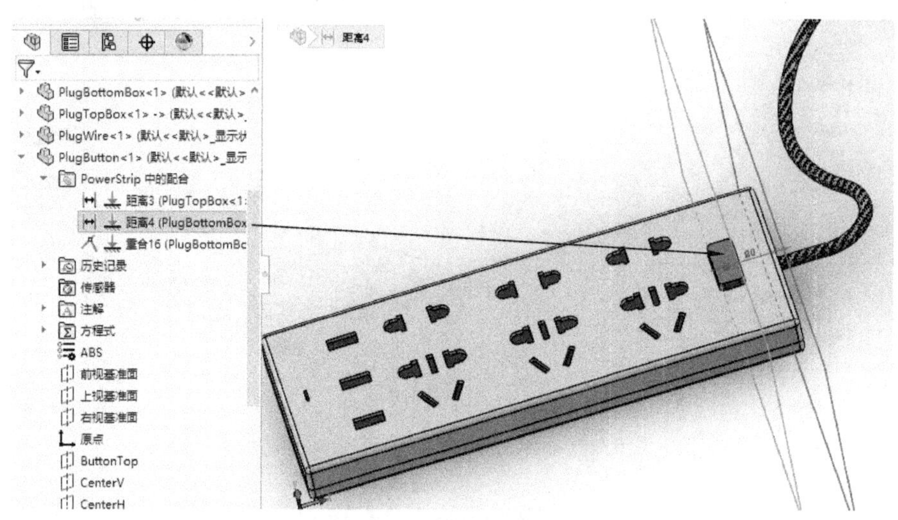

图 8-7　添加装配关系

1. 代码示例

```
SldWorks swApp = null;
ModelDoc2 swAssemModleDoc = null;
private void button5_Click(object sender, EventArgs e)
{
    open_swfile("", getProcesson("SLDWORKS"), "SldWorks.Application");
    // 获得当前打开的装配体文档
    AssemblyDoc SwAssem = null;
    if (swAssemModleDoc.GetType() == 2)
    {
        SwAssem = (AssemblyDoc)swAssemModleDoc;
    }
    else
    {
        return;
    }

    #region 打开需要被插入的零件
    string parttoinsert = ModleRoot + @"\ 第 8 章
\RectanglePlug\PlugButton.SLDPRT"; // 要插入的零件路径
    int IntError = -1;
    int IntWraning = -1;
    ModelDoc2 SwPartDoc = swApp.OpenDoc6(parttoinsert,
(int)swDocumentTypes_e.swDocPART,
```

```
(int)swOpenDocOptions_e.swOpenDocOptions_LoadModel, "", ref IntError,
ref IntWraning); // 打开零件文档
    #endregion

    #region 往装配体中插入零件 PlugButton.SLDPRT
    Component2 SwComp = SwAssem.AddComponent5(parttoinsert, 0, "",
false, "", 0, 0, 0); // 将零件添加到装配体中
    swApp.CloseDoc(SwPartDoc.GetTitle()); // 关闭零件
    #endregion

    #region 装配一对基准
    string MateBaseName1 = "CenterV@PlugButton-1@PowerStrip";
    string MateBaseName2 = "RectangleWireConnectFace@PlugBottomBox-
1@PowerStrip";
    // 定义需要装配的一组基准对应的 SelectByID2 的字符串名称
    swAssemModleDoc.Extension.SelectByID2(MateBaseName1, "PLANE",
0, 0, 0, false, 1, null, 0); // 清空选择集后，选中基准面
    swAssemModleDoc.Extension.SelectByID2(MateBaseName2, "PLANE",
0, 0, 0, true, 1, null, 0); // 在选择集中附加选择与之配对的基准
    int x = -1;
    Mate2 SwMate = SwAssem.AddMate5(5, 1, true, 0.02, 0.02, 0.02, 0, 0, 0, 0, 0,
false, true, 0, out x); // 添加两个基准之间距离为 20mm 的距离配合
    Feature swMateFeature = (Feature)SwMate;
    // 配合也是特征，将其转化为特征对象
    if (swMateFeature != null)
    {
        swMateFeature.Name = " 测试距离配合 ";
        // 对配合特征进行重命名
    }
    #endregion

    #region 装配第二对基准
    MateBaseName1 = "CenterH@PlugButton-1@PowerStrip";
    MateBaseName2 = "BoxCenterH@PlugBottomBox-1@PowerStrip";
    swAssemModleDoc.Extension.SelectByID2(MateBaseName1, "PLANE",
0, 0, 0, false, 1, null, 0);
    swAssemModleDoc.Extension.SelectByID2(MateBaseName2, "PLANE",
0, 0, 0, true, 1, null, 0);
    x = -1;
    SwMate = SwAssem.AddMate5(0, 1, true, 0.02, 0.02, 0.02, 0, 0, 0, 0, 0,
```

```
false, true, 0,out x); // 添加两个面的重合配合
    swMateFeature = (Feature)SwMate;
    // 配合也是特征，将其转化为特征对象
    if (swMateFeature != null)
    {
        swMateFeature.Name = " 测试重合配合 ";
        // 对配合特征进行重命名
    }
    #endregion

    #region 装配第三对基准
    MateBaseName1 = "ButtonTop@PlugButton-1@PowerStrip";
    MateBaseName2 = "BoxInnerTop@PlugTopBox-1@PowerStrip";
    swAssemModleDoc.Extension.SelectByID2(MateBaseName1, "PLANE", 0, 0, 0,
false, 1, null, 0);
    swAssemModleDoc.Extension.SelectByID2(MateBaseName2, "PLANE", 0, 0, 0, true,
1, null, 0);
    x = -1;
    SwMate = SwAssem.AddMate5(5, 0, true, 0.006, 0.006, 0.006, 0, 0, 0, 0, 0, false,
true, 0,out x);
    swMateFeature = (Feature)SwMate;
    // 配合也是特征，将其转化为特征对象
    if (swMateFeature != null)
    {
        swMateFeature.Name = " 测试重合 2 配合 ";
        // 对配合特征进行重命名
    }
    #endregion
    swAssemModleDoc.EditRebuild3(); // 需要刷新
}
```

2. 代码解读

添加配合方法如下：

AssemblyDoc：：AddMate5(MateTypeFromEnum, AlignFromEnum, Flip, Distance, DistanceAbsUpperLimit, DistanceAbsLowerLimit, GearRatioNumerator, GearRatioDenominator, Angle, AngleAbsUpperLimit, AngleAbsLowerLimit, ForPositioningOnly, LockRotation, WidthMateOption, ErrorStatus)

在 SOLIDWORKS 中，几乎所有添加配合的操作都由此方法完成。实现的效果主要由方法中的参数组合决定。参数名及其见表 8-12。

表 8-12　参数名及其含义

参 数 名	参数含义
MateTypeFromEnum	配合类型的枚举。如图 8-8 所示，该参数枚举了配合对话框中“标准配合”与“高级配合”中的所有配合类型，传递给该方法将添加何种配合。在 API 文档中单击该枚举，将会在 Member 下列举出所有的配合类型。在 Description 列下列出了各配合类型的数值，该参数的取值就来自 Description 列 例如，选择角度配合 swMateANGLE，则该参数就取对应的数值 6
AlignFromEnum	配合对齐枚举。如图 8-9 所示，该参数主要枚举了配合对话框中的“配合对齐”，最常用的即为同向对齐和反向对齐，其取值也对应 Description 列中的数值，0 为同向对齐，1 为反向对齐 无论是轴还是面，在空间中都存在方向性。以面为例，面的法向可以存在两个方向。一组采用反向对齐的配合基准，如图 8-10 所示。其中使用反向对齐的原因可从图 8-11 中看出，两个面生成时，在预览效果中显示了两个面的正向法向箭头，由此可以看出，由于两个面的方向不同，因此在装配中使用反向对齐 同样，轴也有方向性，但没有面的方向明显，轴的方向通常与建立基准轴时，选择的参照顺序有关
Flip	取值为 true 或 false。如图 8-12 所示，其意义代表是否选中配合对话框中的“反转尺寸”复选框
Distance	只有在采用距离配合时有效，代表配合的距离值。在其他配合情况下，随便取值即可
DistanceAbsUpperLimit	只有在采用距离配合时有效，代表配合的最大距离值。在其他配合情况下，随便取值即可
DistanceAbsLowerLimit	只有在采用距离配合时有效，代表配合的最小距离值。在其他配合情况下，随便取值即可
GearRatioNumerator	在采用齿轮配合时有效
GearRatioDenominator	在采用齿轮配合时有效
Angle	只有在采用角度配合时有效，代表配合的角度，注意这里的角度单位为弧度。其他配合情况下，随便取值即可
AngleAbsUpperLimit	只有在采用角度配合时有效，代表配合的最大角度。其他配合情况下，随便取值即可
AngleAbsLowerLimit	只有在采用角度配合时有效，代表配合的最小角度。其他配合情况下，随便取值即可
ForPositioningOnly	针对配合对话框中，“选项”中是否勾选“只用于定位”，取值为 True 或 False
LockRotation	是否锁定部件旋转
WidthMateOption	对于“高级配合”中宽度配合的选项枚举
ErrorStatus	反馈装配结果信息，采用枚举的方式列举了各种情况

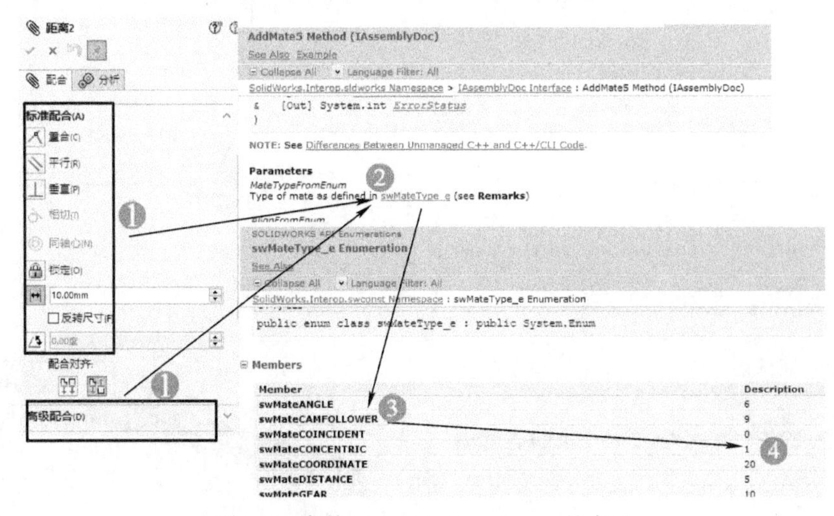

图 8-8　参数 MateTypeFromEnum 的意义

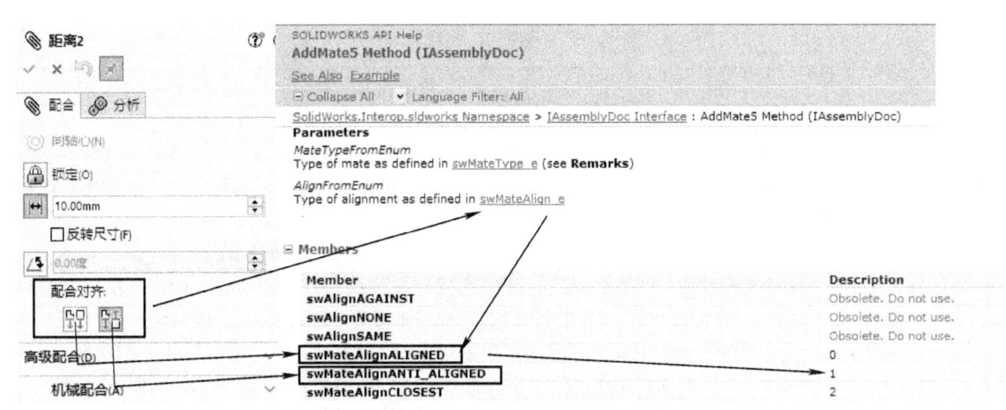

图 8-9　参数 AlignFromEnum 的意义

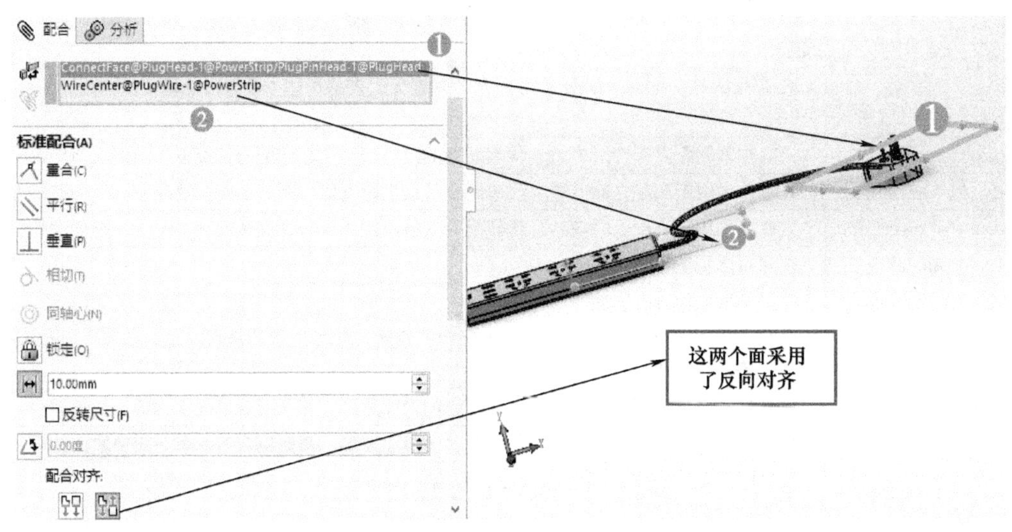

图 8-10　配合对齐

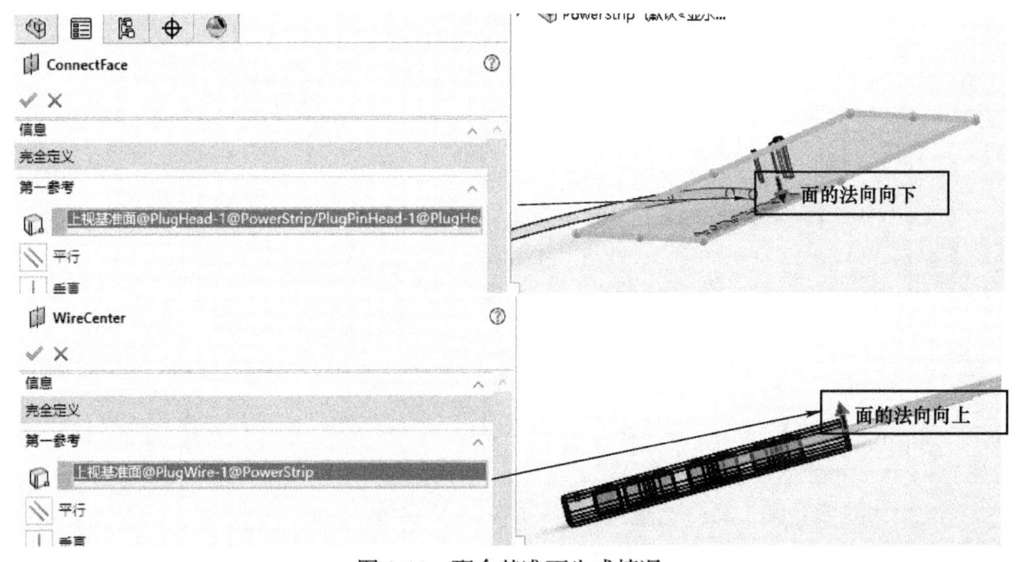

图 8-11　配合基准面生成情况

注意

距离配合同时存在于“标准配合”与“高级配合”中，在使用“标准配合”中的距离配合时，除了设置参数 Distance 以外，还要同时设置参数 DistanceAbsUpperLimit 与 DistanceAbsLowerLimit，它们的值等于 Distance。这里可以理解为“标准配合”中的距离配合是“高级配合”中的特殊情况。如图 8-13 所示，当标准距离配合切换到“高级配合”中的距离配合时，其实质即为 Distance=DistanceAbsUpperLimit=DistanceAbsLowerLimit。

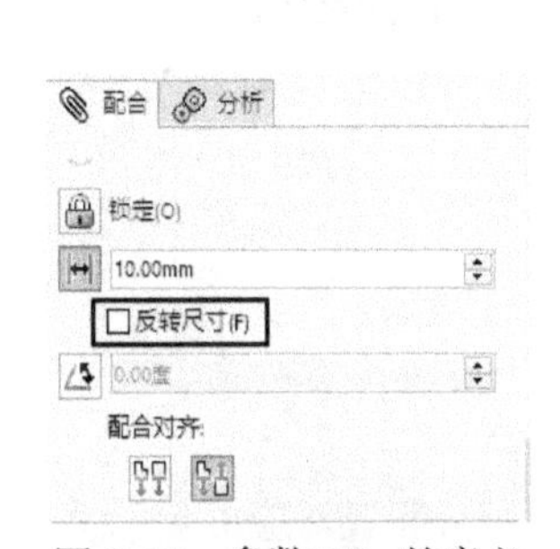

图 8-12　参数 Flip 的意义

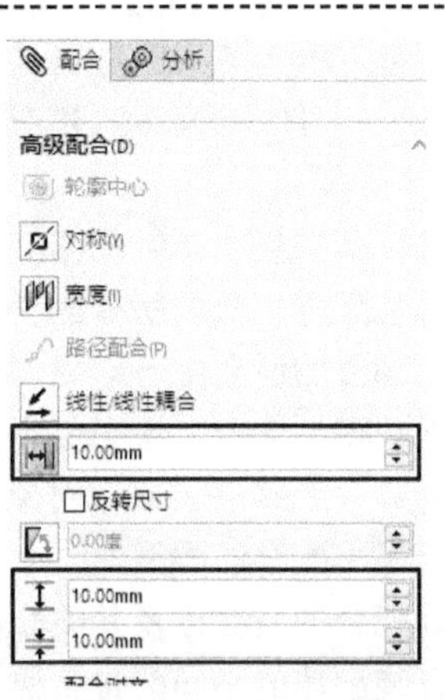

图 8-13　距离配合

提示 1

在使用添加配合的方法时，其中参数 AlignFromEnum（配合对齐）与 Flip（反向尺寸）的设置需要了解基准的方向，这样才能准确定义。如果无法明确基准的方向，也没关系。当自动化建模装配来自同一模板源头时，这些基准的配合正反都是一致的。即在程序调试中，将配合调试正确后，在后续的使用中都不会再出现问题。

在建模与规划模型的时候，好好考虑一下各部件通用的基准，可以减少不同情况下代码的组合种类。

提示 2

添加配合关系的前提是，先选中用于配合的两个基准。在本例中，由于模型相对简单，因此直接采用了 ModelDocExtension：：SelectByID2 方法选择基准，这种方法需要准确拼写带路径的基准名称，其中还含有部件的实例数，如 BoxInnerTop@PlugTopBox-1@PowerStrip。若拼写错误，就无法选中所需基准。故在某些多变的情况下，可以通过 PartDoc 或 AssemblyDoc 的 FeatureByName 方法得到特征对象，再使用特征中的选择方法，可以规避掉拼写字符串。

8.6.1 实例分析

8.6.2 实例分析：通过部件对象获得装配信息

如图 8-14 所示，本实例将通过 API 获得装配体中部件 PlugSlotA 的配合信息，其中装配体含有两个配置，部件 PlugSlotA 的配合为“距离 8”，在两个配置情况下的数值分别为 140mm 与 120mm。具体步骤如下：

1）获得打开的接线板装配体 PowerStrip.SLDASM 及其中的部件对象。

2）获得装配体文档的所有配置名称。

3）获得部件的所有配合对象集合。

4）判断获得的集合对象中每个元素是否为 Mate2 对象。

5）如果集合元素是 Mate2 对象，则强制转化为 Mate2 对象。

6）分析每个配合的类型。

7）获得配合的名称以及其关联的尺寸。

8）结合装配体的不同配置名称，获得指定配置下或所有配置对应的尺寸值集合。

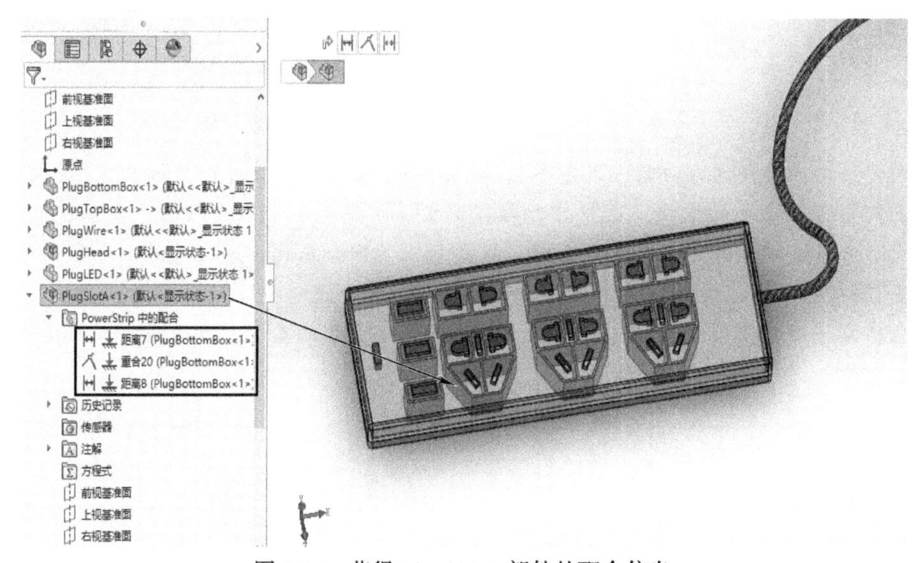

图 8-14　获得 PlugSlotA 部件的配合信息

1. 代码示例

```
SldWorks swApp = null;
ModelDoc2 swAssemModleDoc = null;
private void button6_Click(object sender, EventArgs e)
{
```

```
    string Compname = "PlugSlotA"; // 指定寻找配合的部件
    open_swfile("", getProcesson("SLDWORKS"), "SldWorks.Application");
    AssemblyDoc SwAssem = null;
    if (swAssemModleDoc.GetType() == 2)
    {
        SwAssem = (AssemblyDoc)swAssemModleDoc;
    }
    else
    {
        return;
    }
    string[] Configs = swAssemModleDoc.GetConfigurationNames();
    // 获得装配体配置名称集合

    Component2 SwComp = null;
    for (int i = 1; i < 20; i++)
    {
        SwComp = SwAssem.GetComponentByName(Compname + "-" +i.ToString().
Trim());
        // 获得部件
        if (SwComp != null)
        {
            break; // 成功获得部件，跳出循环
        }
    }

    if (SwComp != null)
    {
        object[] ObjCompMates = SwComp.GetMates();
        // 获得部件中的配合对象集合
        if (ObjCompMates != null)
        {
            StringBuilder sb = new StringBuilder(" 部件 " + SwComp.Name2 + " 存在如下
配合关系 :\r\n");
            foreach (object ObjCompMate in ObjCompMates)
            // 循环检查每一个元素
            {
                if (ObjCompMate is Mate2)
                // 判断集合元素是否为 Mate2 对象
                {
```

```
                    Mate2 swmate = (Mate2)ObjCompMate;
                    // 强制转化为 Mate2 对象
                    sb.Append(" 配合 " + ((Feature)swmate).Name + ":");
                    if (swmate.Type == 6)// 是否为角度配合
                    {
                        sb.Append(" 类型为角度 ;");
                        DisplayDimension disdim =
swmate.DisplayDimension2[0]; // 默认取第一个参数，第二个参数仅齿轮情况下才会用
                              // 到
                        Dimension swDim = disdim.GetDimension2(0);
                        // 双尺寸情况下，取第一个尺寸，见 APIRemark
                        double[] dimcollect =
swDim.GetValue3((int)swInConfigurationOpts_e.swSpecifyConfiguration, " 配 置 2"); // 指
定配置
                        sb.Append(" 指 定 配 置 [" + " 配 置 2" + "] 尺 寸 为 " +dimcollect[0].
ToString() + ";");
                    }
                        else if (swmate.Type == 5)// 是否为距离配合
                        {
                            sb.Append(" 类型为距离 ;");
                            DisplayDimension disdim =
swmate.DisplayDimension2[0]; // 默认取第一个参数，第二个参数仅齿轮情况下才会用到
                            Dimension swDim = disdim.GetDimension2(0);
                            double[] dimcollect =
swDim.GetValue3((int)swInConfigurationOpts_e.swAllConfiguration, ""); // 所有配置
                            for (int i = 0; i < Configs.Length; i++)
                            {
                                sb.Append(" 配置 [" + Configs[i] + "] 尺寸为 " +dimcollect[i].
ToString() + ";");
                            }
                        }
                        else if (swmate.Type == 0)// 是否为重合配合
                        {
                            sb.Append(" 类型为重合 ");
                        }
                        sb.Append("\r\n");
                }
            }
```

```
            MessageBox.Show(sb.ToString());
        }
    }
}
```

2. 代码解读

（1）获得配合对象

一般需要 3 个步骤，依次使用 Component2::GetMates()、Object is Mate2、（Mate2）Object 获得每个配合对象。

从 API 文档可知，通过 Component2::GetMates() 获得的配合对象集合为 Object[] 数组，而非 Mate2[] 数组。原因在于获得的元素集合中除了属于 Mate2 对象外，还有可能是 MateInPlace 对象。MateInPlace 为在位配合，一般情况下产生于将部件插入到装配体时。

使用 Object is Mate2 方式，进一步过滤掉 MateInPlace 对象。

当验证元素是 Mate2 对象时，则通过（Mate2）Object 方法强制将元素转化为 Mate2 对象。

（2）获得展示尺寸对象

Mate2.DisplayDimension2[Index] 属性

该属性会最多得到两个 DisplayDimension 展示尺寸对象，其中第一个 DisplayDimension 是针对所有配合的，第二个 DisplayDimension 是仅用于齿轮配合的，所以在一般情况下，如果配合类型不是齿轮配合，则获得展示尺寸对象可以直接设 index 参数为 0，即取第一个展示尺寸对象。

DisplayDimension 展示尺寸对象的属性和方法在此不做展开。如图 8-15 所示，在 SOLIDWORKS 中，任意选中一个尺寸，在窗口左边会显示该尺寸的属性对话框，里面的所有设置可以通过 DisplayDimension 的方法与属性实现。

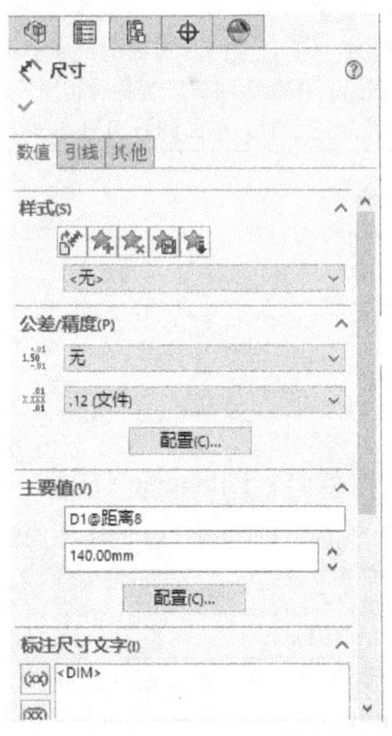

图 8-15　DisplayDimension 控制尺寸属性

（3）获得尺寸对象

DisplayDimension：：GetDimension2（Index）

如图 8-16 所示，在 SOLIDWORKS 中可以实现“双制尺寸”，即同时使用两种标注方式。当 Index=0 时，获得的尺寸对象为第一尺寸对象；当 Index=1 时，获得图中的第二尺寸对象。常规情况下，不使用“双制尺寸”时，可以默认设置 Index=0，获得尺寸对象 Dimension。

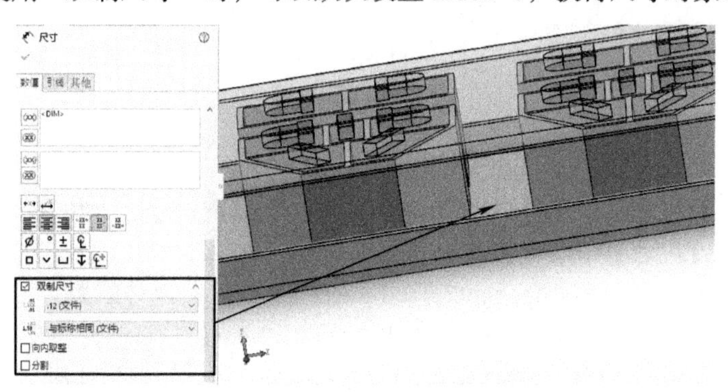

图 8-16　双制尺寸

(4) 通过 Dimension 对象获取尺寸值

Dimension：：GetValue3(WhichConfigurations, Config_names)

参数名及其含义见表 8-13。

表 8-13　参数名及其含义

参数名	参数含义
WhichConfigurations	swInConfigurationOpts_e Enumeration 枚举对象。如图 8-17 所示，其意义代表通过该方法获得所有配置情况下相应尺寸值还是指定配置的相应尺寸值
Config_names	当 WhichConfigurations=3，即指定配置时有效，值为所需的配置名称
返回值	无论 WhichConfigurations 为指定配置还是所有配置，此方法都将返回一个尺寸值的数组 当得到所有配置时，返回的尺寸数组与使用文档对象 ModleDoc2::GetConfigurationNames() 获得的配置名称数组次序一致 当指定配置时，返回的数组只有一个元素

Members

Member	Description
swAllConfiguration	2
swConfigPropertySuppressFeatures	0
swLinkedToParent	4 = Valid only for derived configurations; if specified for non-derived configurations, then the active configuration is used
swSpecifyConfiguration	3
swThisConfiguration	1

图 8-17　WhichConfigurations 枚举值

此外，在获得与设置文档尺寸数据时，Dimension 还有一些有用的属性和方法，见表 8-14。

表 8-14　Dimension 的常用属性

属性名	作　用	取　值
DrivenState	是否是驱动尺寸	True 或 False
FullName	尺寸完整名称	包含了尺寸名、尺寸所在特征名、尺寸所在零件名，如“D1@ 草图 1@ 零件 .Part”
Name	尺寸名称	在尺寸属性对话框中的尺寸名称，如“D1@ 草图 1”
Tolerance	获得公差对象	DimensionTolerance 公差对象

Dimension 的常用方法见表 8-15。

表 8-15　Dimension 的常用方法

方　法	作　用	取　值
GetValue3()	获得尺寸值	尺寸值数组
SetValue3()	设置尺寸值	可以针对某个配置下的该尺寸设置尺寸值

提示

在通用文档对象中，有一个设置与获得尺寸的方法 ModelDoc2::Parameter()，这里又介绍了 Dimension::GetValue3() 与 Dimension::SetValue3() 设置与获得尺寸的方法。两者的最大区别在于，ModelDoc2::Parameter() 方法对尺寸值统一修改与获得当前激活配置，不考虑其他配置。而 Dimension 对象的方法可以直接获得与设置指定配置下该尺寸的值，即使指定的配置未在当前文档中被激活。

在日常使用中，如果不存在配置的情况，则推荐直接使用 ModelDoc2::Parameter() 方法，获得文档对象即可直接进行尺寸修改与获取。若使用 Dimension 的方法，则需要几步前置工作先获得 Dimension 对象，这样与 ModelDoc2::Parameter() 相比较，影响速度。Dimension 对象的方法推荐使用在有配置要求的环境中。

8.6.2 实例分析

8.7　本章总结

一个装配体文件可以通过图 8-18 获得自身及所有子零件的文档对象及细分对象，从而实现对每个零件数据的访问与修改。各部件 Component2 之间则通过配合特征 Mate2 进行互相之间的定位。

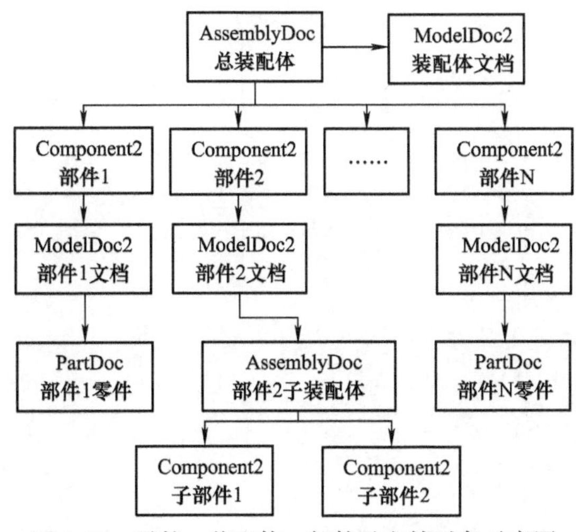

图 8-18　零件、装配体、部件及文档对象示意图

练习 8-1　零件与装配体

如图 8-19 所示，启动 SOLIDWORKS 应用程序后，结合第 7 章与第 8 章的知识，通过程序完成以下操作：

1）打开空的装配体文档 PlugHead.SLDASM。

2）打开插头零件 PlugPinHead.SLDPRT。

3）对插头零件赋予材料“PVC 僵硬”，并保存该零件。

4）将零件 PlugPinHead.SLDPRT 插入到装配体 PlugHead.SLDASM 中，并将其与装配体进行装配，达到自由度为 0°。

5）将 PlugPinHead.SLDPRT 零件文档关闭。

6）再依次打开 PlugPin1.SLDPRT 零件与 PlugPin2.SLDPRT 零件，分别装配到装配体中。

7）最终装配成图 8-19 所示结果，保存并关闭所有文档。

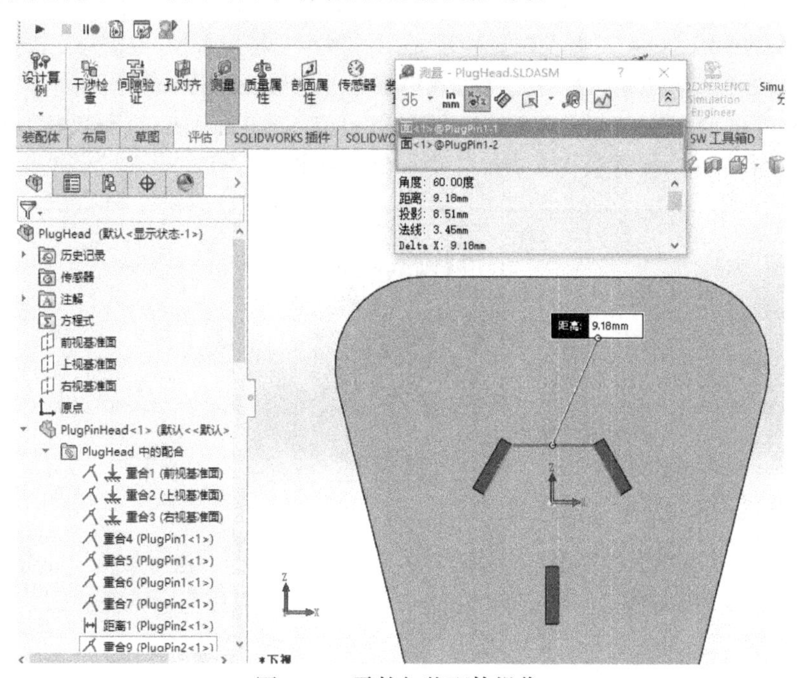

图 8-19　零件与装配体操作

第 9 章 工程图文档相关对象

【学习目标】

1）掌握 DrawingDoc 对象的作用和使用方法
2）了解图纸中的坐标系与坐标比例
3）掌握 Sheet 图纸对象与 View 视图对象的使用
4）了解图层控制
5）掌握工程图中对表格的操作

9.1 DrawingDoc 概述

DrawingDoc 对象可以看作 SOLIDWORKS 中的工程图文件 .SLDDRW。图 9-1 所示为打开的 PowerStrip.SLDDRW 文件。从图 9-1 中可以看出，图纸、视图、材料表等都可以通过 DrawingDoc 对象直接或间接得到，并进行进一步操作。

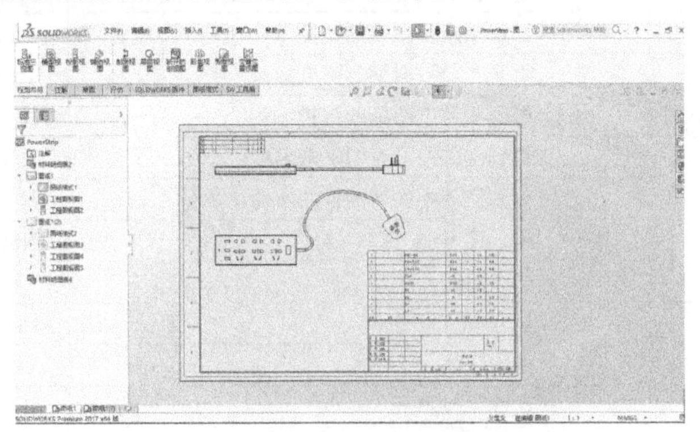

图 9-1　打开的 PowerStrip.SLDDRW 文件

DrawingDoc 对象提供了操作工程图的方法，其来源于 ModelDoc2，也属于文档的一种，可以访问 ModelDoc2 的所有功能，故可以直接通过 ModelDoc2 得到 DrawingDoc 对象。

C# 中获得 DrawingDoc 的方法如下：

```
ModelDoc2 swDoc=swapp.ActiveDoc; // 通过应用对象获得文档对象
If(swDoc.GetType()==3)
// 判断此文档是否属于工程图文档，见第 6.3.1 节
{
    DrawingDoc swDrawDoc=(DrawingDoc) swDoc;
    // 将文档强制转化为装配体文档
}
```

上述代码中，swDrawDoc 即为 DrawingDoc 的实例对象，即是图 9-1 打开的 PowerStrip.SLDDRW 文件。

注意

在强制转化对象类型时，必须先调用 ModelDoc2:: GetType() 方法检查文档类型，以免强制转化类型及后续使用 swDrawDoc 发生错误。

DrawingDoc 的常用属性见表 9-1。

表 9-1 DrawingDoc 的常用属性

属性名	作　用	返 回 值
ActiveDrawingView	获得当前激活的视图	
Sheet	获得指定图纸名称的图纸对象	Sheet 对象

DrawingDoc 的常用方法见表 9-2。

表 9-2 DrawingDoc 的常用方法

方　法	作　用	返 回 值
ActivateSheet ()	激活指定名称的图纸	True 或 False
ActivateView()	激活指定名称的视图	True 或 False
ChangeComponentLayer()	将视图中选中的部件放到指定图层	无返回
CreateLayer2()	新建图层	True 或 False
FeatureByName()	获得指定特征名的特征	Feature
GetCurrentSheet()	得到当前被激活的图纸	True 或 False
GetSheetCount()	得到文件中图纸的数量	图纸数量
GetSheetNames()	得到文件中所有图纸的名称	图纸名称数组
GetViewCount()	得到文件中所有的视图及图纸数量	所有视图与图纸数量的总和
CreateText2()	添加注解	Note 对象
InsertRevisionCloud()	插入修改云线	RevisionCloud 对象
InsertRevisionSymbol()	插入修订符号	Note 对象
InsertTableAnnotation2()	插入表格	TableAnnotation 对象
NewSheet4()	新建一张图纸	True 或 False
PasteSheet()	复制、粘贴图纸，能实现将 A 文档中选中并复制的图纸粘贴到到 B 文档中	True 或 False
ReplaceViewModel()	替换视图中的部件	True 或 False
SetCurrentLayer()	切换到指定图层	True 或 False
SetupSheet6()	设置图纸格式及图纸属性	True 或 False
SheetNext()	用于图纸遍历时，得到下一张图纸对象	Sheet 图纸对象
SheetPrevious()	用于图纸遍历时，得到上一张图纸对象	Sheet 图纸对象
EditTemplate()	进入编辑图纸格式状态	无返回
EditSheet()	进入编辑图纸状态（即退出编辑图纸格式）	无返回
CreateDrawViewFromModelView3()	在当前激活的图纸中插入指定视角的视图	View 视图对象
DrawingViewRotate()	旋转选中的视图	True 或 False
InsertModelAnnotations3 ( )	插入模型项目	Annotation 注解集合
CreateAutoBalloonOptions()	自动拉件号	
AutoBalloon5()		

从以上 DrawingDoc 的属性和常用方法中可以看出，其可以管理图纸、视图、注解、图纸格式、普通表格和修订等大多数功能模块。通过这些方法得到的各模块对象，可以进一步操作相关功能。

此外，工程图中部分功能可能无法在 DrawingDoc 的方法或属性中找到，如图层管理，由于 DrawingDoc 来自通用文档 ModleDoc2，因此图层管理在 ModleDoc2 中能找到获得方法。

9.2 图纸中坐标体系介绍

9.2.1 工程图中的各个元素

在 SOLIDWORKS 工程图中，可以看成同时存在三种坐标系：图纸格式坐标系、图纸坐标系、视图坐标系。每张图有一个图纸坐标系（其比例即为图纸比例）、一个图纸格式坐标系（其比例为 1:1）和一个视图坐标系（其比例为视图比例）。在 9.2.2 节中将对此进行验证。

图 9-2 所示是一张铺了桌布，上面盖了块玻璃的桌面。其中桌布相当于工程图中的图纸格式，玻璃相当于进入和退出编辑图纸格式的隔离层，玻璃上表面即为工程图图纸。而桌上放置的物品相当于工程图中的视图、注解、表格、草图等绘制元素。若将果盆看作视图，则果盆中的水果相当于视图中的元素，其可跟随果盆在桌面上移动位置。

图 9-2　工程图元素分解类比

在工程图中画草图、添加注解、插入块可分别通过添加到图纸、图纸格式、视图 3 种方法实现。三者的区别在于添加到图纸或图纸格式的元素不会因视图位置变化改变相对图纸的位置；添加到视图的元素，则会随着视图位置变化而改变相对图纸的位置（相对视图位置不变）。

9.2.2 工程图中的坐标系与坐标比例

在 SOLIDWORKS 工程图中充分了解坐标系及相应比例规律，将有助于工程图的自动化，可以有效控制视图、注解、图块、表格位置的放置。在 SOLIDWORKS 中执行这些功能的方法一般存在于 **DrawingDoc**（工程图文档对象）、**SketchManager**（草图管理器对象）和 **View**（视图）3 个对象中。

图 9-3 所示为一个用于研究的工程图文件。图 9-3 中有两个视图，视图名称分别为“工程图视图 1”和“工程图视图 2”。其中在左边“视图属性”中显示视图比例为 1∶2。用鼠标右键单击工程图，在弹出的快捷菜单中单击“属性”，在弹出的“图纸属性”对话框中可以看见，图纸比例为 1∶1。在图纸右上角有一个 50mm × 50mm 的 1∶1 对比块，用于实验中的对比。

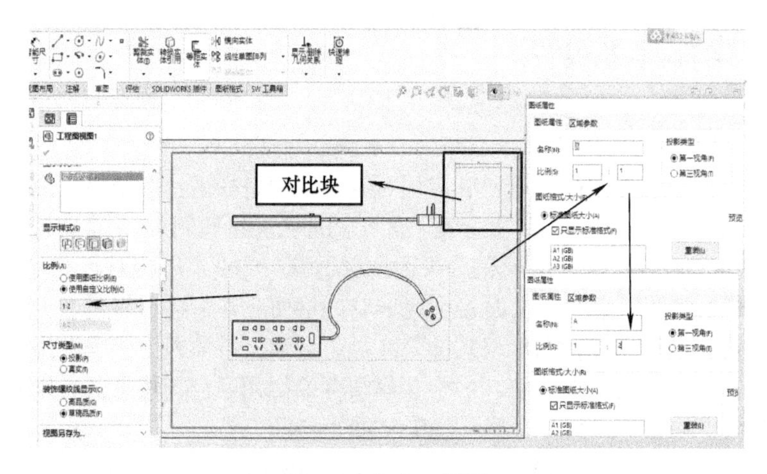

图 9-3　实验工程图

本节将分别对图纸比例 1∶1 和 1∶2 两种情况进行以下操作（单位为 mm，在步骤分解中提到的坐标点为执行相应功能使用的 API 方法中对象的坐标参数）：

1）获得打开的图纸文件，编辑图纸格式。

2）在图纸格式中绘制一条直线，起点坐标为（0,0），终点坐标为（50,50）。

3）在图纸格式中插入图块“1 比 1 左下基点 .SLDBLK”（形状与图 9-3 中的对比块一样），插入点坐标为（25,25）（此块在制作过程中插入点在左下角点）。

4）退出编辑图纸格式。

5）在图纸中再绘制一条直线，起点坐标为（0,0），终点坐标为（50,50）。

6）分别获得图中“工程图视图 1”和“工程图视图 2”的位置坐标，默认在视图的中心。

7）在图纸中分别绘制两条直线，起点坐标都为（0,0），终点坐标分别为步骤 6）中获得的视图位置坐标。

8）在图纸中插入一个注解，注解值为“图纸注解”，插入点坐标为（25,25）。

9）在图纸中插入一个普通表格“TopRightBaseTable.sldtbt”，插入点坐标为（25,25）（此表模板的基点在右上角点）。

10）在图纸中插入图块“1 比 1 右上基点 .SLDBLK”（形状与图 9-3 中的对比块一样），插入点坐标为（25,25）（此块在制作过程中插入点在右上角点）。

11）激活“工程图视图 1”。

12）在工程图视图 1 中绘制一条直线，起点坐标为（0,0），终点坐标为（50,50）。

13）在工程图视图 1 中插入一个注解，注解值为“视图注解 1× ×”，插入点坐标为（25,25）。

14）在工程图视图 1 中插入一个普通表格“TopRightBaseTable.sldtbt”，插入点坐标为（25,25）（此表模板的基点在右上角点）。

15）在工程图视图 1 中插入图块“1 比 1 右上基点 .SLDBLK”（形状与图 9-3 中的对比块

一样），插入点坐标为（25,25）（此块在制作过程中插入点在右上角点）。

16）在工程图视图 1 中插入一个 BOM 表 “BomTopRight.sldbomtbt”，插入点坐标为（25,25）（此表模板的基点在右上角点）。

17）激活 “工程图视图 2”。

18）在工程图视图 2 中绘制一条直线，起点坐标为（0,0），终点坐标为（50,50）。

19）在工程图视图 2 中插入一个注解，注解值为 “视图注解 2YYYYYY”，插入点坐标为（25,25）。

20）在工程图视图 2 中插入一个普通表格 “TopLeftBaseTable.sldtbt”，插入点坐标为（25,25）（此表模板的基点在左上角点）。

21）在工程图视图 2 中插入图块 “1 比 1 左下基点 .SLDBLK”（形状与图 9-3 中的对比块一样），插入点坐标为（25,25）（此块在制作过程中插入点在左下角点）。

22）在工程图视图 2 中插入一个 BOM 表 “BomTopLeft.sldbomtbt”，插入点坐标为（25,25）（此表模板的基点在左上角点）。

1. 代码示例

本段代码仅针对图纸比例为 1∶1 的情况下执行以上实验操作。实验图纸比例为 1∶2 的操作，仅需将代码中的 SwSheet.SetScale(1, 1, false, false) 的语句修改为 SwSheet.SetScale(1, 2, false, false)，在此运行一遍程序即可。

```
SldWorks swApp = null;
ModelDoc2 DrawModleDoc = null;
private void button1_Click(object sender, EventArgs e)
{
    string rootpath=ModleRoot+@"\ 工程图模板 ";
    string SheetName = "A";
    string ViewTestName1 = " 工程图视图 1";
    string ViewTestName2 = " 工程图视图 2";
    string TableTempName1 = rootpath+@"\TopRightBaseTable.sldtbt";
    string TableTempName2 = rootpath + @"\TopLeftBaseTable.sldtbt";
    string Block1 = rootpath + @"\1 比 1 右上基点 .SLDBLK";
    string Block2 = rootpath + @"\1 比 1 左下基点 .SLDBLK";
    string Bom1 = rootpath + @"\BomTopRight.sldbomtbt";
    string Bom2 = rootpath + @"\BomTopLeft.sldbomtbt";

    open_swfile("",getProcesson("SLDWORKS"), "SldWorks.Application");
    DrawModleDoc = swApp.ActiveDoc; // 获得当前激活的文档
    SketchManager SwSketchMrg = DrawModleDoc.SketchManager;
    SelectionMgr SwSelMrg = DrawModleDoc.SelectionManager;
    MathUtility SwMathUtility =swApp.GetMathUtility();
    MathPoint SwMathPoint = null;
    DrawingDoc SwDrawing = null;
    if (DrawModleDoc.GetType() == 3) // 说明是工程图
```

```
    {
        SwDrawing = (DrawingDoc) DrawModleDoc; // 得到工程图文档
    }
    else
    {
        return;
    }
    Sheet SwSheet = SwDrawing.Sheet[SheetName]; // 得到指定名称的图纸
    SwDrawing.ActivateSheet(SheetName); // 激活指定名称的图纸

    #region 得到视图对象
    SolidWorks.Interop.sldworks.View SwView1 = null;
    SolidWorks.Interop.sldworks.View SwView2 = null;
    Feature SwFeat1 = SwDrawing.FeatureByName(ViewTestName1);
    SwFeat1.Select2(false, 0); // 得到指定名称的视图特征
    Feature SwFeat2 = SwDrawing.FeatureByName(ViewTestName2);
    SwFeat2.Select2(true, 0); // 得到指定名称的视图特征
    if (SwSelMrg.GetSelectedObjectCount2(-1) > 0)
    {
        for (int i = 1; i <= SwSelMrg.GetSelectedObjectCount2(-1); i++)
        {
            SolidWorks.Interop.sldworks.View SwView =
SwSelMrg.GetSelectedObjectsDrawingView2(i, -1);
            if (SwView != null) // 说明选中的是视图
            {
                if (SwView.GetName2() == ViewTestName1)
                {
                    SwView1 = SwView;
                }
                else if (SwView.GetName2() == ViewTestName2)
                {
                    SwView2 = SwView;
                }
            }
        }
    }
    #endregion

    #region 图纸比例为 1：1
```

```
    SwSheet.SetScale(1, 1, false, false); // 设置图纸比例为 1∶1
    SwSketchMrg.AddToDB = true; // 开启草图直接加入数据库
    SwMathPoint = SwMathUtility.CreatePoint(new double[] { 25 / 1000.0, 25 /
1000.0, 0 }); // 创建数学点

    #region [ 图纸格式 ]
    SwDrawing.EditTemplate(); // 进入编辑图纸格式
    SwSketchMrg.CreateLine(0, 0, 0, 50 / 1000.0, 50 / 1000.0, 0);
    // 图纸左下角为原点，线画在图纸格式坐标系中，按照图纸格式比例
    SwSketchMrg.MakeSketchBlockFromFile(SwMathPoint, Block2, false, 1, 0);
    // 按照图纸格式坐标系，图块定义时的基点将与方法中的坐标点重合，按图纸格式比例
    // 为 1∶1
    SwDrawing.EditSheet(); // 退出编辑图纸格式
    #endregion

    #region [ 图纸 ]
    SwSketchMrg.CreateLine(0, 0, 0, 50 / 1000.0, 50 / 1000.0, 0);
    // 图纸左下角为原点，线画在图纸坐标系中，比例按照图纸比例

    #region 获得视图相对图纸的位置坐标，并绘制图纸原点到视图位置的直线
    double[] ViewPos1 = SwView1.Position; // 获得视图位置坐标
    double[] ViewPos2 = SwView2.Position; // 获得视图位置坐标
    SwSketchMrg.CreateLine(0, 0, 0, ViewPos1[0], ViewPos1[1], 0);
    SwSketchMrg.CreateLine(0, 0, 0, ViewPos2[0], ViewPos2[1], 0);
    #endregion

    #region 图纸插入注解
    Note SwNote = SwDrawing.CreateText2(" 图 纸 注 解 ", 25 / 1000.0, 25 / 1000.0, 0,
0.003, 0);
    // 证明按图纸坐标系，比例按照图纸格式比例
    #endregion

    #region 图纸插入普通表格
    TableAnnotation swTable = SwDrawing.InsertTableAnnotation2(false, 25 /
1000.0, 25 / 1000.0,
(int)swBOMConfigurationAnchorType_e.swBOMConfigurationAnchor_TopRight,
TableTempName1, 3, 0);
    // 证明按图纸格式坐标系，方法中 Anchor 设置无效与表格模板设置有关，模板定义的
Anchor 点将与方法中的坐标点重合，比例按照图纸格式比例
    #endregion
```

```
#region 图纸插入图块
SwSketchMrg.MakeSketchBlockFromFile(SwMathPoint, Block1, false, 1, 0);
// 按照图纸坐标系，图块定义时的基点将与方法中的坐标点重合，比例按照图纸比例
#endregion
#endregion

#region [ 视图 ]
#region 激活的视图上画线
SwDrawing.ActivateView(SwView1.Name); // 激活工程视图 1
SwSketchMrg.CreateLine(0, 0, 0, 50 / 1000.0, 50 / 1000.0, 0);
// 视图中心为原点，线画在视图坐标系中，比例按照视图比例
SwNote = SwDrawing.CreateText2(" 视图注解 1XX", 25 / 1000.0, 25 / 1000.0, 0, 0.003,
0);
// 插入注解，证明按图纸格式坐标系，比例按照图纸格式比例
swTable = SwDrawing.InsertTableAnnotation2(false, 25 / 1000.0, 25 / 1000.0,
(int)swBOMConfigurationAnchorType_e.swBOMConfigurationAnchor_TopLeft,
TableTempName1, 3, 0);
// 证明按照图纸格式坐标系，方法中 Anchor 设置无效与表格模板设置有关，模板定义
的 Anchor 点将与方法中的坐标点重合，比例按照图纸格式比例
SwSketchMrg.MakeSketchBlockFromFile(SwMathPoint, Block1, false, 1, 0);
// 按照视图坐标系，图块定义时的基点将与方法中的坐标点重合，比例按照视图比例
SwView1.InsertBomTable4(false, 25 / 1000.0, 25 / 1000.0,
(int)swBOMConfigurationAnchorType_e.swBOMConfigurationAnchor_TopLeft,
(int)swBomType_e.swBomType_TopLevelOnly, " 默认 ", Bom1, false,
(int)swNumberingType_e.swNumberingType_Flat, false);
// 图纸格式坐标系，Anchor 与模板制作定义的无关，在此方法上定义的点与给定的坐
标重合，比例按照图纸格式比例

SwDrawing.ActivateView(SwView2.Name); // 激活工程视图 2
SwSketchMrg.CreateLine(0, 0, 0, 50 / 1000.0, 50 / 1000.0, 0);
// 视图中心为原点，线画在视图坐标系中，比例按照视图比例
SwNote = SwDrawing.CreateText2(" 视图注解 2YYYYYY", 25 / 1000.0, 25 /
1000.0, 0, 0.003, 0);
// 插入注解，证明按图纸格式坐标系，比例按照图纸格式比例
swTable = SwDrawing.InsertTableAnnotation2(false, 25 / 1000.0, 25 / 1000.0,
(int)swBOMConfigurationAnchorType_e.swBOMConfigurationAnchor_BottomLeft,
TableTempName2, 3, 0);
// 证明按图纸格式坐标系，方法中 Anchor 设置无效与表格模板设置有关，模板定义的
// Anchor 点将与方法中的坐标点重合，比例按照图纸格式比例
SwSketchMrg.MakeSketchBlockFromFile(SwMathPoint, Block2, false, 1, 0);
```

```
    // 按照视图坐标系，图块定义时的基点将与方法中的坐标点重合，比例按照视图比例
    SwView2.InsertBomTable4(false, 25 / 1000.0, 25 / 1000.0,
(int)swBOMConfigurationAnchorType_e.swBOMConfigurationAnchor_TopRight,
(int)swBomType_e.swBomType_TopLevelOnly, " 默认 ", Bom2, false,
(int)swNumberingType_e.swNumberingType_Flat, false);
    // 图纸格式坐标系，Anchor 与模板制作定义的无关，在此方法上定义的点与给定的坐
    标重合，比例按照图纸格式比例
    #endregion
    #endregion
    SwSketchMrg.AddToDB = false;
    #endregion
}
```

2. 执行效果对比

图 9-4 所示为图纸比例分别为 1∶1 与 1∶2 的情况下，在图纸格式中插入直线与图块的效果对比。可以看到图纸格式中执行这些操作与图纸比例无关，按照图纸格式中的比例运行，图纸格式中的比例为 1∶1，坐标系原点为图纸左下角点。

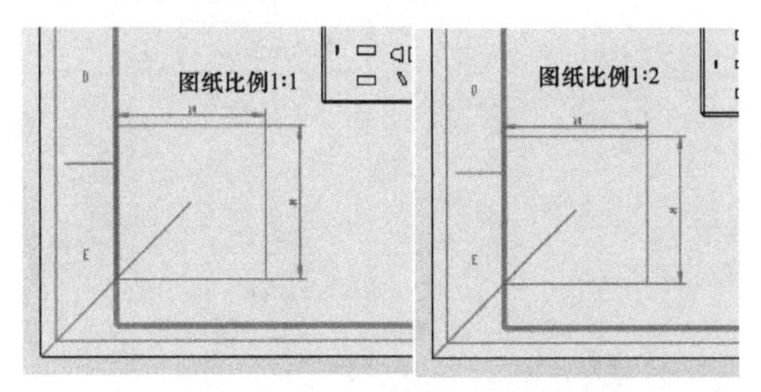

图 9-4　图纸格式中执行效果对比

图 9-5 所示为图纸比例分别为 1∶1 与 1∶2 的情况下，在图纸中插入的 2 条直线，在 1:2 图纸比例中视觉长度变成了 1∶1 图纸比例的一半，同样方形图块右上点的坐标位置在视觉上 1∶2 也比 1∶1 的情况少了一半。但是注解和表格的定位坐标一致，坐标系原点为图纸左下角点。

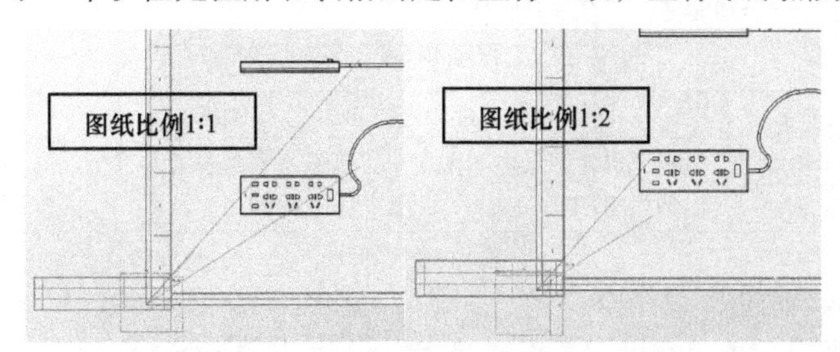

图 9-5　图纸中执行效果对比

图 9-6 所示为图纸比例 1∶1 与 1∶2 的情况下，在工程图视图 1 中插入一条直线和方形图块，形状与位置都一致，按照视图比例，且坐标系原点为视图中心。普通表格、注解、Bom 表、形状与位置也一致，并且与图 9-5 一致，可以看出其遵循的是图纸格式坐标系。

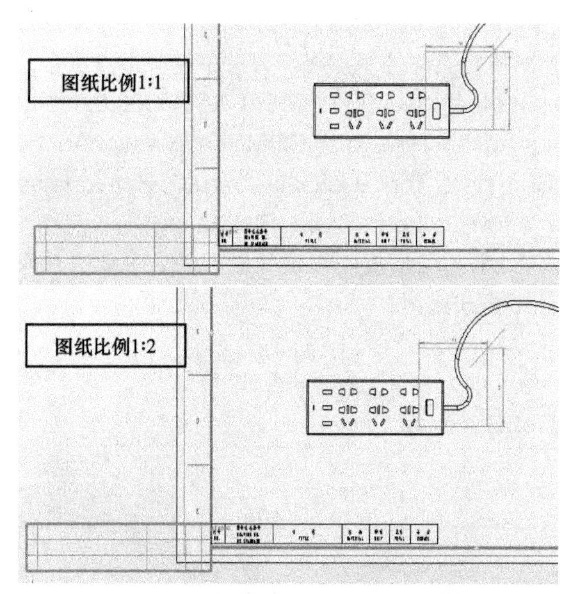

图 9-6　工程图视图 1 中执行效果对比

如图 9-7 所示，对工程图视图 2 的操作效果同工程图视图 1。

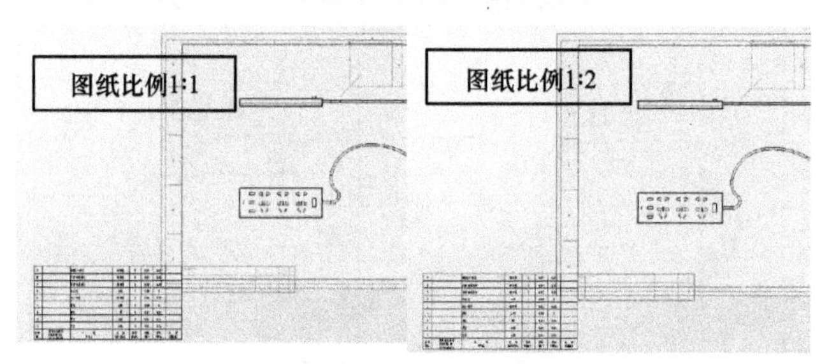

图 9-7　工程图视图 2 中执行效果对比

9.2.3　工程图中坐标系的使用总结

通过 9.2.2 节，可知，在工程图中绘制草图、插入图块、插入表格、插入注解、插入 BOM 的方法都来自 **DrawingDoc**（工程图文档对象）、**SketchManager**（草图管理器对象）、**View**（视图）三大类对象。工程图中坐标系使用对比见表 9-3。

表 9-3　工程图中坐标系使用对比

<table>
<tr><th>动作</th><th>方法所在对象</th><th>图纸格式</th><th>图纸</th><th>视图</th></tr>
<tr><td>绘制草图</td><td>SketchManager</td><td rowspan="2">坐标原点在图纸左下角点
比例为 1：1</td><td rowspan="2">坐标原点在图纸左下角点
图纸比例</td><td rowspan="2">坐标原点在视图中心
视图比例</td></tr>
<tr><td>插入图块</td><td>SketchManager</td></tr>
<tr><td>插入注解</td><td>DrawingDoc</td><td colspan="3" rowspan="4">坐标原点在图纸左下角点
比例为 1：1</td></tr>
<tr><td>插入表格</td><td>DrawingDoc</td></tr>
<tr><td>插入 BOM</td><td>View</td></tr>
<tr><td>插入视图</td><td>DrawingDoc</td></tr>
</table>

从表 9-3 中还能发现，使用 SketchManager 对象的方法创建的元素，坐标点参数与其所在环境（图纸格式、图纸、视图）有关，而使用 DrawingDoc 和 View 对象的方法创建的元素，与

图纸属性、视图属性无任何关系，只遵循图纸格式坐标系（即坐标原点在图纸左下角点，比例为 1∶1）。

注意

在了解了坐标系及比例后，可以通过这些规律有效地控制图纸中的各类元素。

本例虽然用于研究图纸中坐标系与比例问题，但代码中囊括了工程图中大多数主要操作，可作为综合查询使用。各方法的进一步解析在本章后面进行介绍。

9.3　DrawingDoc 对象的使用

9.3.1　实例分析：图纸的新建、设置、添加、激活与遍历

在企业中，二维图纸都会设置统一的绘图格式，以达到图面的统一。本实例将通过 API 实现图纸的新建、图纸格式设置、添加图纸与图纸之间的切换，从而完成图纸的初始化。本例将实现以下手工操作的自动化。

9.2 图纸中坐标体系

1）选择工程图模板“A1 模板 .DRWDOT”，新建图纸。

2）将“绘图标准 .sldstd”文件导入工程图，最新的绘图标准。

3）对新建的图纸“图纸 1”设置图纸格式，按照“A1 图纸格式 .slddrt”模板。

4）新建一张图纸。

5）再次激活第一张图纸。

1. 代码示例

```
SldWorks swApp = null;
ModelDoc2 DrawModleDoc = null;
private void button2_Click(object sender, EventArgs e)
{
    string rootpath = ModleRoot + @"\ 第 9 章 \9.3.1";
    string TemplateName =rootpath+ @"\A1 模板 .DRWDOT";
    // 工程图模板路径
    string DwgFormatePath =rootpath+ @"\A1 图纸格式 .slddrt";
    // 图纸格式模板
    string DwgFormateAddedPath  =rootpath+ @"\A3 图纸格式 .slddrt";
    // 图纸格式模板
    string DrawStdPath = rootpath + @"\ 绘图标准 .sldstd";

    #region 使用工程图模板新建工程图文件
    open_swfile("", getProcesson("SLDWORKS"), "SldWorks.Application");
    DrawModleDoc = swApp.NewDocument(TemplateName, 10, 0, 0);
    #endregion

    #region 设置绘图标准
```

```
    DrawModleDoc.Extension.LoadDraftingStandard(DrawStdPath);
    #endregion

    DrawingDoc SwDraw = (DrawingDoc)DrawModleDoc; // 得到工程图文档
    string[] SheetNames = SwDraw.GetSheetNames();
    // 获得工程图文件中所有的图纸名

    #region 设置图纸格式
    SwDraw.SetupSheet5(SheetNames[0], 12, 12, 1, 10, true, DwgFormatePath, 0.841,
0.594, " 默认 ", true);
    #endregion

    region 添加图纸
    SwDraw.NewSheet3(" 新建图纸 1", 12, 12, 1, 1, true,
DwgFormateAddedPath, 0.42, 0.297, " 默认 ");
    MessageBox.Show(" 新增图纸成功 !");
    #endregion

    #region 重新激活第一张图
    SwDraw.ActivateSheet(SheetNames[0]);
    #endregion
}
```

2. 代码解读

（1）新建工程图文档

SldWorks::NewDocument(TemplateName, PaperSize, Width, Height)

参数名及其含义见表 9-4。

表 9-4　参数名及其含义

参数名	参数含义
TemplateName	需要新建的工程图模板名，完整路径含扩展名
PaperSize	枚举图纸大小
Width	图纸宽，当 PaperSize 为用户自定义大小时有效
Height	图纸高，当 PaperSize 为用户自定义大小的时有效

（2）设置绘图标准

ModelDocExtension:: .LoadDraftingStandard(FileName)

其中 FileName 是绘图标准的模板完整路径。

（3）设置图纸格式

DrawingDoc：：SetupSheet5(Name, PaperSize, TemplateIn, Scale1, Scale2, FirstAngle, TemplateName, Width, Height, PropertyViewName, RemoveModifiedNotes)

参数名及其含义见表 9-5。

表 9-5　参数名及其含义

参数名	参数含义
Name	需要设置图纸格式的图纸名
PaperSize	图纸尺寸枚举，当 TemplateIn 枚举设置为 swDwgTemplateNone 时有效
TemplateIn	模板的枚举
Scale1	比例的分子部分
Scale2	比例的分母部分
FirstAngle	是否采用第一视角
TemplateName	图纸格式模板的完整路径，含后缀名
Width	图纸宽度与高度，只有当 TemplateIn 设置为 swDwgTemplateNone 或者 PaperSize 被设置为 swDwgPapersUserDefined 时才有效
Height	
PropertyViewName	采用显示模型中的自定义属性
RemoveModifiedNotes	是否移除注解

（4）添加图纸

DrawingDoc：：NewSheet3(Name, PaperSize, TemplateIn, Scale1, Scale2, FirstAngle, TemplateName, Width, Height, PropertyViewName, ZoneLeftMargin, ZoneRightMargin, ZoneTopMargin, ZoneBottomMargin, ZoneRow, ZoneCol)

参数名及其含义见表 9-6。

表 9-6　参数名及其含义

参数名	参数含义
Name	将要新建的图纸名称
PaperSize	图纸尺寸枚举，当 TemplateIn 枚举设置为 swDwgTemplateNone 时有效
TemplateIn	模板的枚举
Scale1	比例的分子部分
Scale2	比例的分母部分
FirstAngle	是否采用第一视角
TemplateName	图纸格式模板的完整路径，含扩展名
Width	图纸宽度与高度，只有当 TemplateIn 设置为 swDwgTemplateNone 或者 PaperSize 被设置为 swDwgPapersUserDefined 时才有效
Height	
PropertyViewName	使用模型中此处使用的

9.3.1 实例分析

9.3.2　实例分析：插入注解、表格与图块

如图 9-8 所示，图块的定义中有一个插入点的设置，表格定位中有一个恒定边角设置（即为表格的插入点位置设置），而注解最常用的功能应该为链接到属性。本实例将介绍插入注解及链接属性的方法，以及插入图块与普通表格时，插入坐标与模板的关系。

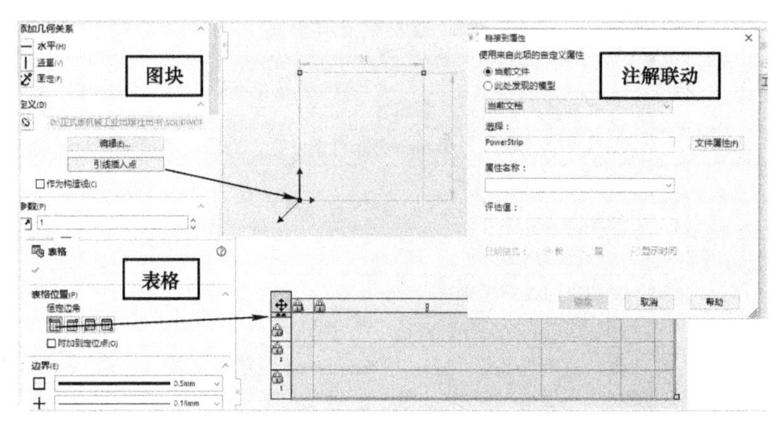

图 9-8　注解、表格、图块特性

图 9-9 所示为本实例分析的装配体及工程图文件，其中多个文件都存在名为“注解联动”的属性，其对应的值与其所在的位置见表 9-7。

表 9-7　注解联动属性值

属性所在位置	属性值
文件 PowerStrip.SLDASM 属性	接线板装配体
文件 PlugTopBox.SLDPRT 属性	顶盒
文件 PowerStrip.SLDDRW 属性	接线板工程图文件
工程图文件中图纸 A 属性	图纸 A 的图纸属性中被绑定于 PowerStrip.SLDASM 模型
PlugHead.SLDASM	插头组件

本实例将完成以下操作：

1）获得打开的工程图文档 PowerStrip.SLDDRW。

2）插入一个普通的注解，内容为“无属性联动注解”，插入位置坐标（50,50）。

3）获得该注解的尺寸角点坐标。

4）绘制直线，起点坐标为图纸 {0,0}，终点坐标为该注解的左上角点坐标。

5）插入一个带链接注解，内容为图纸 A 的图纸属性“注解联动”，插入位置坐标（100,100）。

6）获得该注解的尺寸角点坐标。

7）绘制直线，起点坐标为前一个注解的左上角点坐标，终点坐标为该注解的左上角点坐标。

8）插入一个带链接注解，内容为视图“插头视图”中引用的模型属性“注解联动”，插入位置坐标（150,150），再重复步骤 6）和步骤 7）。

9）插入一个带链接注解，内容为视图“接线板俯视”中部件“PlugTopBox”的模型属性“注解联动”，插入位置坐标（200,200），再重复步骤 6）和步骤 7）。

10）插入一个带链接注解，内容为当前工程图文档的属性“注解联动”，插入位置坐标（250,250），再重复步骤 6）和步骤 7）。

11）在图纸坐标点（300,100）处插入两个图块，两个图块的区别在于图 9-8 中图块文件设置的插入点位置不同。

12）在图纸坐标点（500,200）处插入两个普通表格，两个表格的区别在于图 9-8 中表模板的“恒定边角”不同。

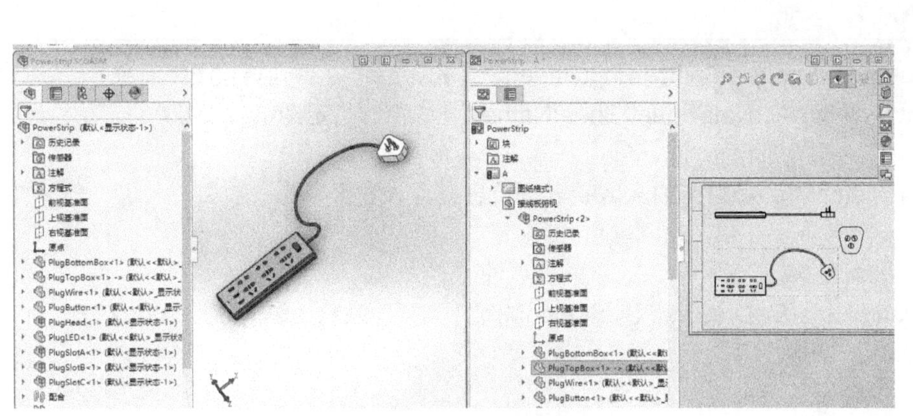

图 9-9　实例分析文件

1. 代码示例

```
SldWorks swApp = null;
ModelDoc2 DrawModleDoc = null;
double[ ] LineStartPointXY =new double[2];
public void DoInsert()
{
    string SheetName = "A";
    string ViewName = " 插头视图 ";
    string CompName = "PlugTopBox";
    string ViewName1 = " 接线板俯视 ";

    string rootpath = ModleRoot+@"\ 工程图模板 ";
    string TableTempName1 = rootpath + @"\TopRightBaseTable.sldtbt";
    string TableTempName2 = rootpath + @"\TopLeftBaseTable.sldtbt";
    string Block1 = rootpath + @"\1 比 1 右上基点 .SLDBLK";
    string Block2 = rootpath + @"\1 比 1 左下基点 .SLDBLK";

    open_swfile("", getProcesson("SLDWORKS"), "SldWorks.Application");
    SketchManager SwSketchMrg = DrawModleDoc.SketchManager;
    DrawingDoc SwDrawing = null;
    SelectionMgr SwSelMrg = DrawModleDoc.SelectionManager;
    if (DrawModleDoc.GetType() == 3)// 说明是工程图
    {
        SwDrawing = (DrawingDoc)DrawModleDoc;
    }
    else
    {
        return;
    }
```

```
    Sheet SwSheet = SwDrawing.Sheet[SheetName]; // 得到指定图纸对象
    SwDrawing.ActivateSheet(SheetName); // 切换到指定图纸

    SwSketchMrg.AddToDB = true; // 开启直接写入数据库

    #region 注解
    CreateNote(SwDrawing, SwSketchMrg, " 无属性联动注解 ", 50 / 1000.0, 50
/ 1000.0); // 普通注解

    CreateNote(SwDrawing, SwSketchMrg, "$PRPSHEET:\" 注解联动 \"", 100 /
1000.0, 100 / 1000.0); // 联动图纸属性

    SwDrawing.ActivateView(ViewName); // 需要激活视图
    CreateNote(SwDrawing, SwSketchMrg, "$PRPVIEW:\" 注解联动 \"", 150 /
1000.0, 150 / 1000.0); // 联动视图属性

    CreateNote(SwDrawing, SwSketchMrg, "$PRPSMODEL:\" 注解联动 \"" + "
$COMP:\"PowerStrip-2@ 接线板俯视 /PlugTopBox-1@PowerStrip\"", 200 /
1000.0, 200 / 1000.0); // 联动视图中指定的模型 PlugTopBox

    CreateNote(SwDrawing, SwSketchMrg, "$PRP:\" 注解联动 \"", 250 / 1000.0,
250 / 1000.0); // 联动工程图文档属性
    #endregion

    #region 插入图块
    SwDrawing.EditSheet();
    MathUtility SwMathUtility = swApp.GetMathUtility();
    MathPoint SwMathPoint = null;
    SwMathPoint = SwMathUtility.CreatePoint(new double[] { 300 / 1000.0, 100 /
1000.0, 0 }); // 确定图块的插入点坐标
    SwSketchMrg.MakeSketchBlockFromFile(SwMathPoint, Block1, false, 1, 0); // 从文件
插入图块
    SwSketchMrg.MakeSketchBlockFromFile(SwMathPoint, Block2, false, 1, 0);
    #endregion

    #region 插入表格
    TableAnnotation swTable1 = SwDrawing.InsertTableAnnotation2(false, 500 / 1000.0,
200 / 1000.0,
(int)swBOMConfigurationAnchorType_e.swBOMConfigurationAnchor_TopRight,
TableTempName1, 3, 0);
```

```
    TableAnnotation swTable2 = SwDrawing.InsertTableAnnotation2(false, 500 /
1000.0, 200 / 1000.0,
(int)swBOMConfigurationAnchorType_e.swBOMConfigurationAnchor_TopRight,
TableTempName2, 3, 0);
    // 证明按图纸格式坐标系，方法中 Anchor 设置无效，而与表格模板设置有关，
    // 模板定义的 Anchor 点将与方法中的坐标点重合，比例按照图纸格式比例
    #endregion

    SwSketchMrg.AddToDB = false; // 关闭直接写入数据库
}

public void CreateNote(DrawingDoc SwDrawing, SketchManager SwSketchMrg, string
inputtext, double x, double y)
{
    Note SwNote = SwDrawing.CreateText2(inputtext, x, y, 0, 0.03, 0);
    double[] NoteSizes = SwNote.GetExtent();
    // 得到左下点和右上点
    SwDrawing.EditSheet();
    // 要重新激活图纸，否则直线就会画在视图上，从属视图坐标和比例
    SwSketchMrg.CreateLine(LineStartPointXY[0], LineStartPointXY[1], 0,
NoteSizes[0], NoteSizes[4], NoteSizes[2]); // 注解左上点坐标

    LineStartPointXY[0] = NoteSizes[0];
    LineStartPointXY[1] = NoteSizes[4];
}
```

2. 代码解读

（1）插入注解的方法

DrawingDoc :: CreateText2(TextString, TextX, TextY, TextZ, TextHeight, TextAngle)

参数名及其含义见表 9-8。

表 9-8　参数名及其含义

参数名	参数含义
TextString	注解中的文本内容（含属性链接的表达式）。如图 9-10 所示，选中注解“插头组件”，在弹出的快捷菜单中单击“在窗口中编辑文字”，弹出“编辑文字窗口”对话框，对话框中的内容即为 TextString 的取值
TextX	注解左上角点相对于图纸格式坐标系的坐标点
TextY	
TextZ	
TextHeight	注解的字高
TextAngle	注解的旋转角度，单位为弧度

提示

插入的注解若需要与某视图引用的顶层模型属性联动，则在插入前需要先激活相应视图。插入的注解若需要链接视图中引用的顶层模型下某个部件的属性，则需要拼接属性的路径，如图 9-11 所示。从图 9-11 中可以看到，注解链接“接线板俯视”中 PowerStrip-2 部件下 PlugTopBox 部件的属性，故链接表达式为

$PRPSMODEL:" 注解联动 " $COMP:"PowerStrip-2@ 接线板俯视 /PlugTopBox-1@PowerStrip"

其中，$PRPSMODEL:" 注解联动 " 表示注解链接模型属性。$COMP:" PowerStrip-2@ 接线板俯视 /PlugTopBox-1@PowerStrip" 则用于指定部件。

部件的拼写规律也可参照 8.2.1 节的表 8-3 中的 SelectByID2 的参数 Name 的分解方式。本例以“/”可分解为“PowerStrip-2@ 接线板俯视”和“PlugTopBox-1@PowerStrip”，参照特征树结构即可理解为，视图“接线板俯视”中部件“PowerStrip-2”及部件“PowerStrip”中“PlugTopBox-1”部件的属性“注解联动”。从而可知，从特征树的结构能够拼接出所要指定的部件路径。

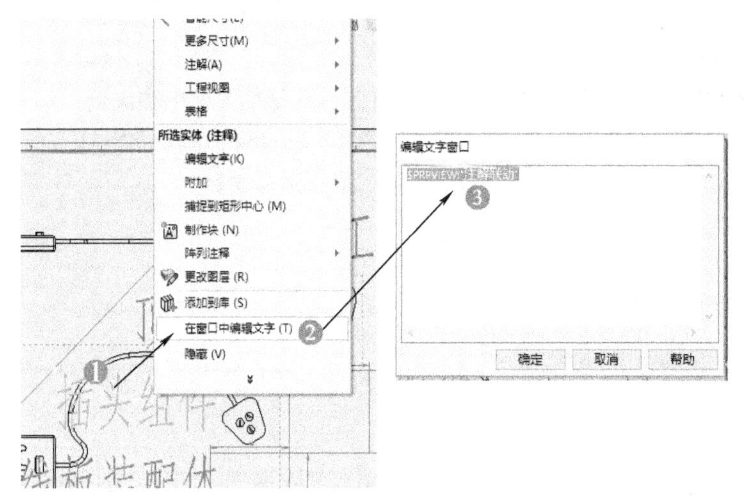

图 9-10　注解中的文字

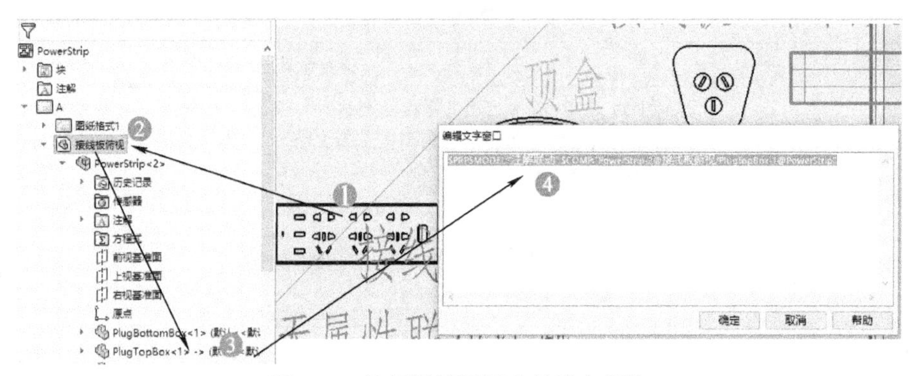

图 9-11　注解链接视图中的指定部件

（2）获得注解位置的方法

Note :: GetExtent()

此方法获得的并非注解的位置坐标，但可以根据结果推算注解的位置坐标。此方法将返回一个含有 6 个元素的数组，以表达注解左下角点与注解右上角点的坐标，即（左下 X 坐标，左下 Y 坐标，左下 Z 坐标，右上 X 坐标，右上 Y 坐标，右上 Z 坐标）。

（3）插入图块的方法

SketchManager :: MakeSketchBlockFromFile(InsertionPoint, FileName, LinkedToFile, Scale, Angle)

参数名及其含义见表 9-9。

表 9-9　参数名及其含义

参数名	参数含义
InsertionPoint	插入点的坐标对象，如示例中需要预先创建一个坐标点对象，则作为此参数的输入
FileName	块文件的完整路径，含扩展名
LinkedToFile	块是否保持链接到文件
Scale	块比例
Angle	块的旋转角度

提示

块插入的位置除了与方法中 InsertionPoint 的坐标参数有关外，还与块制作过程中定义的块插入点有关。从本例中插入两个定义了不同插入点的块对比效果中发现，插入块的位置最终以块制作过程中定义的插入点与方法中 InsertionPoint 点的坐标重合。

（4）插入普通表格的方法

DrawingDoc :: InsertTableAnnotation2(UseAnchorPoint, X, Y, AnchorType, TableTemplate, Rows, Columns)

参数名及其含义见表 9-10。

表 9-10　参数名及其含义

参数名	参数含义
UseAnchorPoint	是否使用表格模板的定位点
X	表格插入位置的相对图纸的 X 坐标
Y	表格插入位置的相对图纸的 Y 坐标
AnchorType	模板的定位点的类型枚举
TableTemplate	表格模板的完整路径，含扩展名
Rows	插入的表格行数
Columns	插入的表格列数

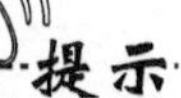

提示

当方法中 TableTemplate 提供的表格模板为有效的模板时，模板中的表格属性将自动作为该方法中的参数，即会忽略该方法中 AnchorType、Columns 的输入值，并以表格模板中的相应数据执行操作。

表格插入位置的坐标将与表格定义的定位点重合。

（5）草图直接添加到数据库

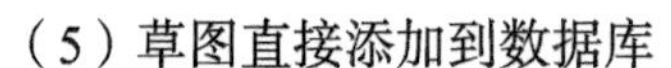

SketchManager::AddToDB

在利用 CAD 软件绘图时，都有自动捕捉功能，当程序在自动绘制草图时，也会受到自动捕捉功能影响，从而不能准确定位。此方法设置为 True 的时候，将会把绘制的草图直接添加到 SOLIDWORKS 文件底层的数据库中，从而避免被自动捕捉。

注意

当设置了 SketchManager.AddToDB=true 后，SOLIDWORKS 运行模式将一直处于开启直接添加至数据库的模式，这将影响正常用户与 SOLID WORKS 软件的交互，故在执行完相关自动化操作后，需要设置 SketchManager.AddToDB= false，关闭该模式，保证进入 SOLIDWORKS 的正常模式。

3. 代码运行效果图

代码运行效果图如图 9-12 所示。

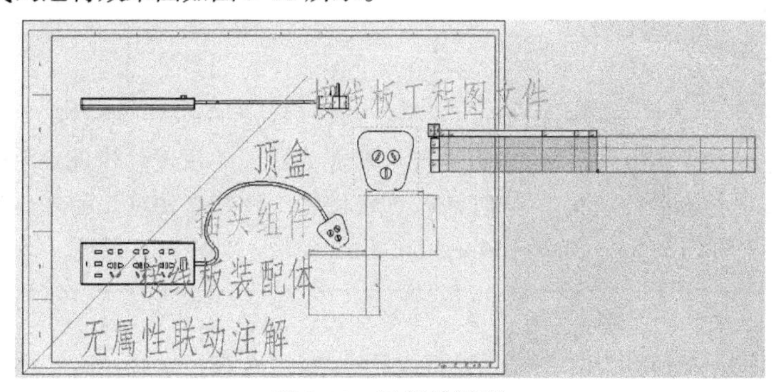

图 9-12　运行效果图

9.3.3　实例分析：创建视图与插入明细表

图 9-13 所示为本实例的最终效果图。本实例将生成一个接线板图纸，实现自动插入接线板的俯视图、侧视图，以及插入接线板的组件的明细表。

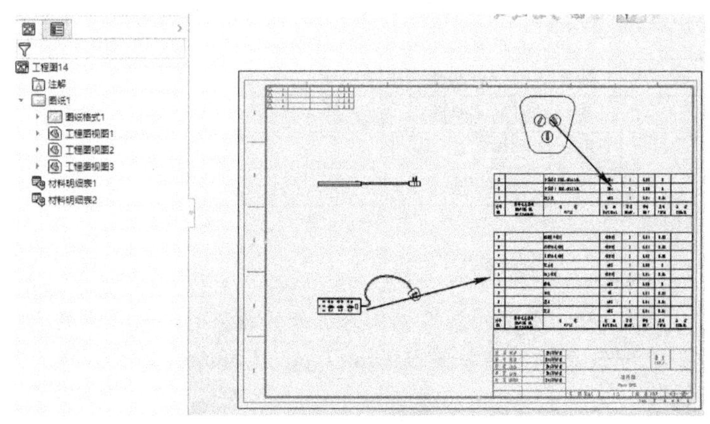

图 9-13　实例效果图

1. 代码示例

```
SldWorks swApp = null;
ModelDoc2 DrawModleDoc = null;
private void button4_Click(object sender, EventArgs e)
{
    string rootpath = ModleRoot + @"\ 工程图模板 ";
    string TemplateName = rootpath + @"\A3 模板 .DRWDOT";
    string DwgFormatePath = rootpath + @"\A3 图纸格式 .slddrt";
    string DrawStdPath = rootpath + @"\ 绘图标准 .sldstd";
    string ModleRootPath = ModleRoot + @"\ 第 9 章 \9.3.3\RectanglePlug";
    string Bom1 = rootpath + @"\BomTopRight.sldbomtbt";
    string Bom2 = rootpath + @"\BomTopLeft.sldbomtbt";

    open_swfile("", getProcesson("SLDWORKS"), "SldWorks.Application");
    DrawModleDoc = swApp.NewDocument(TemplateName, 10, 0, 0);
    DrawModleDoc.Extension.LoadDraftingStandard(DrawStdPath);
    DrawingDoc SwDraw = (DrawingDoc)DrawModleDoc;
    SketchManager SwSketchMrg = DrawModleDoc.SketchManager;
    string[] SheetNames = SwDraw.GetSheetNames();
    // 获得工程图文件中所有的图纸名
    SwDraw.SetupSheet5(SheetNames[0], 12, 12, 1, 2, true, DwgFormatePath, 0.841,
0.594, " 默认 ", true); // 设置图纸格式
    DrawModleDoc.SetUserPreferenceToggle((int)swUserPreferenceToggle_
    e.swViewDisplayHideAllTypes, true);
    // 设置工程图文档中隐藏所有类型，避免插入视图时出现各种基准

    double[] view1pos = new double[] { 120 / 1000.0, 100 / 1000.0 };
    double[] view2pos = new double[] { 120 / 1000.0, 200 / 1000.0 };
    double[] view3pos = new double[] { 280 / 1000.0, 250 / 1000.0 };
    // 定义视图插入位置

    View SwView1 = SwDraw.CreateDrawViewFromModelView3(ModleRootPath +
@"\PowerStrip.SLDASM", "* 上视 ", view1pos[0], view1pos[1], 0);
    // 插入接线板上视图
    View SwView2 = SwDraw.CreateDrawViewFromModelView3(ModleRootPath +
@"\PowerStrip.SLDASM", "* 前视 ", view2pos[0], view2pos[1], 0);
    // 插入接线板前视图
    View SwView3 = SwDraw.CreateDrawViewFromModelView3(ModleRootPath +
@"\PlugHead\PlugHead.SLDASM", "* 下视 ", view3pos[0], view3pos[1], 0);
    // 插入插头下视图
```

```
    SwView1.InsertBomTable4(false, 412 / 1000.0, 70 / 1000.0,
(int)swBOMConfigurationAnchorType_e.swBOMConfigurationAnchor_BottomRight,
(int)swBomType_e.swBomType_TopLevelOnly, " 默认 ", Bom1, false,
(int)swNumberingType_e.swNumberingType_Flat, false);
    // SwView1 视图插入明细表
SwView3.InsertBomTable4(false, 412 / 1000.0, 170 / 1000.0,
(int)swBOMConfigurationAnchorType_e.swBOMConfigurationAnchor_BottomRight,
(int)swBomType_e.swBomType_TopLevelOnly, " 默认 ", Bom2, false,
(int)swNumberingType_e.swNumberingType_Flat, false);
    // SwView3 视图插入明细表
}
```

2. 代码解读

(1) 插入视图的方法

DrawingDoc::CreateDrawViewFromModelView3(ModelName, ViewName, LocX, LocY, LocZ)

参数名及其含义见表 9-11。

表 9-11　参数名及其含义

参数名	参数含义
ModelName	此视图引用的部件的完整文件路径
ViewName	指定显示的模型视图名，并且需要在视图名前加“*”
LocX	视图中心相对图纸的坐标
LocY	
LocZ	

注意

在插入模型视图前，建议采用本例中使用的 ModleDoc：：SetUserPreferenceToggle() 方法将文件的显示所有设置为隐藏所有，这将提升插入工程视图的速度。

(2) 插入明细表的方法

View :: InsertBomTable4(UseAnchorPoint, X, Y, AnchorType, BomType, Configuration, TableTemplate, Hidden, IndentedNumberingType, DetailedCutList)

参数名及其含义见表 9-12。

表 9-12　参数名及其含义

参数名	参数含义
UseAnchorPoint	是否使用定位点自动定位
X	明细表的插入坐标
Y	
AnchorType	明细表定位点类型的枚举设置
BomType	明细表是仅限顶层、仅限零件、缩进的枚举值

（续）

参数名	参数含义
Configuration	此明细表关联的模型配置名称
TableTemplate	明细表模板的完整路径
Hidden	是否隐藏此明细表
IndentedNumberingType	缩进类型枚举，仅当 BomType 选择缩进时才有效
DetailedCutList	是否显示切割清单，仅当 BomType 选择缩进时才有效

9.3.3 实例分析

9.4　Sheet 概述

Sheet 对象在日常的 SOLIDWORS 工程图操作中就是其中的每张图纸。Sheet 对象可以通过表 9-13 列举的常用方法获得。

表 9-13　Sheet 的常用获取方法

获得 Sheet 方法	描述	本书出现章节
DrawingDoc::GetCurrentSheet	获得当前激活的图纸	9.1
DrawingDoc::Sheet	获得指定名称的图纸对象	9.1
RevisionTableAnnotation::GetSheet	获得修订栏所在的图纸对象	
View::Sheet	获得视图所在的图纸对象	9.6

Sheet 的常用属性见表 9-14。

表 9-14　Sheet 的常用属性

属性名	作用	返回值
CustomPropertyView	获得当前图纸属性中绑定的视图名称	视图名称
FocusLocked	图纸是否属于锁焦状态	True 或 False
RevisionTable	得到当前图纸中的修订表	修订表对象

Sheet 的常用方法见表 9-15。

表 9-15　Sheet 的常用方法

方法	作用	返回值
GetName()	得到图纸名称	图纸名称
GetProperties()	得到图纸属性信息	图纸属性信息集合
GetSize()	得到图纸尺寸	图纸尺寸枚举和图纸宽、高
GetViews()	得到该图纸中所有的视图	View[] 视图对象数组
SetName()	设置图纸名称	
SetScale()	设置图纸比例	
SetSize()	设置图纸大小	

以上所列为自动化出图时，比较常用的图纸对象的属性和方法，更多的操作可参考 API 文档中 Sheet 的详细介绍。

9.5　Sheet 图纸对象的使用：图纸中数据的获取

本实例将通过 Sheet 的属性与方法，获得图纸 A 中的图纸信息，如图 9-14 所示。具体操作步骤如下。

1）获得当前激活的工程图对象。

2）得到图纸 A 对象。

3）获得图纸 A 属性中绑定的来源视图的名字。

4）获得当前图纸的名称。

5）将当前图纸的名称由 A 修改为 AX。

6）获得当前图纸的尺寸信息。

7）获得当前图纸中所有的视图。

8）遍历每个视图，对每个视图激活后，查看此时图纸的锁焦状态。再对图纸进行锁焦，再次查询图纸的锁焦状态。

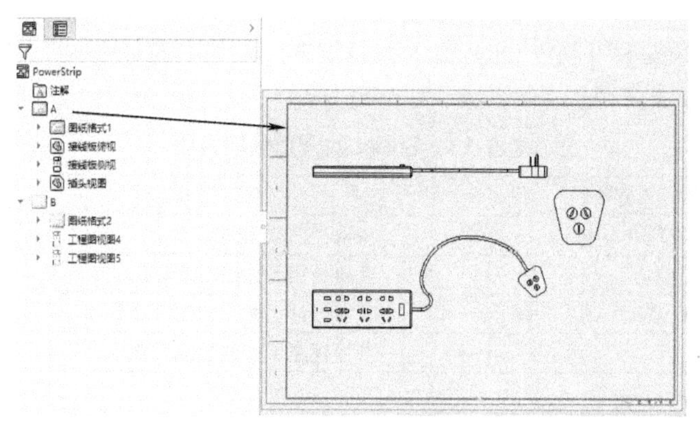

图 9-14　示例图纸

代码示例如下：

```
SldWorks swApp = null;
ModelDoc2 DrawModleDoc = null;
private void button5_Click(object sender, EventArgs e)
{
    string SheetName = "A";
    open_swfile("", getProcesson("SLDWORKS"), "SldWorks.Application");
    DrawingDoc SwDrawing = null;
    if (DrawModleDoc.GetType() == 3) // 说明是工程图
    {
        SwDrawing = (DrawingDoc) DrawModleDoc;
    }
    else
    {
```

```
        return;
    }
    Sheet SwSheet = SwDrawing.Sheet[SheetName];
    MessageBox.Show(" 当前图纸属性来源于视图 :" + SwSheet.CustomPropertyView);
    MessageBox.Show(" 当前图纸名称为 :" + SwSheet.GetName());
    SwSheet.SetName("AX");
    MessageBox.Show(" 修改后图纸名称为 :" + SwSheet.GetName());

    double SheetWidth = -1;
    double SheetHeight = -1;
    int template = SwSheet.GetSize(ref SheetWidth,ref SheetHeight);
MessageBox.Show(" 图纸枚举尺寸为：" +
((swDwgPaperSizes_e)template).ToString() + "\r\n 宽度：" +
SheetWidth.ToString() + "\r\n 高度：" + SheetHeight.ToString());

    object[ ] ObjViews = SwSheet.GetViews();
    foreach (object ObjView in ObjViews) // 遍历视图
    {
        SolidWorks.Interop.sldworks.View SwView =
(SolidWorks.Interop.sldworks.View)ObjView;
        if (SwView.Name.Contains("*")) // 过滤掉不存在的视图，见下文提示
        {
            continue;
        }
        SwDrawing.ActivateView(SwView.Name);
        MessageBox.Show(SwView.Name + " 被激活 , 图纸锁焦状态 " +
SwSheet.FocusLocked.ToString()); // 验证图纸锁焦状态
        SwSheet.FocusLocked = true;
        MessageBox.Show(" 图纸锁焦状态 " + SwSheet.FocusLocked.ToString());
        // 验证图纸锁焦状态
    }
}
```

提示

在遍历视图时，当所遍历的图纸为当前激活图纸时，还会遍历出图纸中看不到的一些标准视图，名称分别为“* 前视”“* 上视”“* 等轴侧”等。在遍历图纸中的视图时，可以通过判断视图名称是否含有“*”，来过滤这些视图，如本例采用判断 if (SwView.Name.Contains(“*”)) 进行过滤。

本例还循环通过激活视图判断图纸锁焦状态，再对图纸进行锁焦，对图纸进行锁焦后，进行状态查询。

9.6 View 概述

实例分析

View 对象在 SOLIDWORS 工程图中就是每一个视图。View 在 SOLIDWORKS 工程图中起到了非常重要的作用，其与模型的引用关系以及与图纸属性的绑定，使得模型中的信息能有效地联动到图纸中，甚至整个工程图文档中。

合理地使用 View 可以减少很多的工程图工作量。View 对象可以通过表 9-16 列举的常用方法获得。

表 9-16　View 的常用获取方法

获得 View 方法	描述	本书出现章节
DrawingComponent::View	通过图纸部件获得视图	9.6
DrawingDoc::ActiveDrawingView	激活视图	9.1
DrawingDoc::GetFirstView	得到文档中第一个视图	9.1
View::GetNextView	遍历得到下一个视图	9.6

View 的常用属性见表 9-17。

表 9-17　View 的常用属性

属性名	作用	返回值
Angle	设置与获得视图角度	返回视图旋转角度
FocusLocked	设置与获得视图锁焦状态	True 或 False
Position	设置与获得视图位置坐标	坐标数组
ReferencedConfiguration	设置与获得视图所应用的模型配置	配置名称
ScaleDecimal	设置与获得视图比例，小数形式	
ScaleRatio	设置与获得视图比例，比例形式	
Sheet	获得视图所在的图纸	图纸对象
Type	视图类型	视图类型枚举

View 的常用方法见表 9-18。

表 9-18　View 的常用方法

方法	作用	返回值
GetBaseView()	获得局部放大图之类的视图的父视图	View 视图对象
GetDimensionDisplayString4()	获得所有显示的尺寸	字符串数组
GetFirstAnnotation3()	获得视图中第一个注解	Annotation 对象
GetTableAnnotationCount()	得到视图中表格的数量	整数
GetTableAnnotations()	得到视图中所有的表格	TableAnnotation 对象
GetVisible()	视图是否隐藏	True 或 False
GetVisibleComponents()	获得视图中可见的部件	Component2
GetName2()	获得视图名称	视图名称
SetName2()	设置视图名称	True 或 False
SetDisplayTangentEdges2()	设置切边可见性	无返回
GetBomTable（ ）	获得视图中的明细表	BomTable 明细表对象
SetKeepLinkedToBOM()	设置视图件号链接的 BOM 表	
SetDisplayMode3()	设置视图显示样式	True 或 False

9.7　View 视图对象的使用

视图就像一个窗口，透过视图就能得到视图中模型的数据。故通过 View 视图对象除了能够获得与设置视图自身的信息以外，还能获得与视图关联的模型数据以及材料明细表数据等。

从 View 对象的获得方式中可以发现，没有一个比较快捷的方式通过指定的视图名称获得 View 对象。为了避免工程图操作过程中频繁使用遍历方式获得需要的视图对象导致系统资源的浪费，可以使用 DrawingDoc::FeatureByName 的方法获得 View 对象所在的特征，并通过特征转化为 View 对象。本节中的两个实例也将使用此方法快速得到视图对象。操作步骤如下。

1）获得指定名称的特征。

2）将特征选中。

3）通过文档的选择管理器获得所需要的视图对象。

通过指定视图名称获得视图对象，代码示例如下：

```
ModelDoc2 DrawModleDoc = null;
public View GetView(string ViewName, DrawingDoc SwDrawing)
// 得到指定名称的视图
{
    SelectionMgr SwSelMrg = DrawModleDoc.SelectionManager;
    View SwView = null;
    Feature SwFeat = SwDrawing.FeatureByName(ViewName);
    SwFeat.Select2(false, 0);
    if (SwSelMrg.GetSelectedObjectCount2(-1) > 0)
    {
        for (int i = 1; i <= SwSelMrg.GetSelectedObjectCount2(-1); i++)
        {
            View TempSwView = SwSelMrg.GetSelectedObjectsDrawingView2(i, -1);
            if (TempSwView != null) // 说明选中的是视图
            {
                    if (TempSwView.GetName2() == ViewName)
                    {
                        SwView = TempSwView;
                    }
                }
            }
        }
    return SwView;
}
```

除此以外，当获得视图的特征对象后，还可以结合第 11 章介绍的 Feature:: GetTypeName2 及 Feature:: GetSpecificFeature2 方法直接获得视图对象。

9.7.1 实例分析：视图自身属性的获得与设置

本实例将通过 View 的属性与方法，获得图 9-14 中接线板俯视图的视图信息，并做相关修改，主要操作如下。

1）获得“接线板俯视”视图对象。

2）分别获得视图名称、视图旋转角度、视图锁焦状态、视图位置坐标、视图引用的模型配置名称、视图比例、视图所在图纸名称、视图类型、视图可见性信息。

3）移动视图的位置。

4）对视图旋转 45°。

5）视图锁焦，并将视图比例设置为 1：4。

6）重命名视图名称。

代码示例如下：

```
SldWorks swApp = null;
ModelDoc2 DrawModleDoc = null;
public void DoView()
{
    string ViewName = " 接线板俯视 ";
    open_swfile("", getProcesson("SLDWORKS"), "SldWorks.Application");
    DrawingDoc SwDrawing = null;
    if (DrawModleDoc.GetType() == 3) // 说明是工程图
    {
        SwDrawing = (DrawingDoc) DrawModleDoc;
    }
    else
    {
        return;
    }
    View SwView = GetView(ViewName, SwDrawing);
    // 使用 9.7 中的公共代码
    string ViewDataStrs = GetViewData(SwView);
    // 使用编写的获得视图信息的方法
    MessageBox.Show(ViewDataStrs);
    SetViewData(SwView); // 使用编写的设置视图信息的方法
    ViewDataStrs = GetViewData(SwView);
    // 使用编写的获得视图信息的方法
    MessageBox.Show(ViewDataStrs);
}

public string GetViewData(SolidWorks.Interop.sldworks.View SwView)
// 获得视图信息的方法
```

```
{
    StringBuilder sb = new StringBuilder("");
    sb.Append(" 视图名称：" + SwView.GetName2().ToString() + "\r\n");
    sb.Append(" 视图角度 =" + SwView.Angle.ToString()+"\r\n");
    sb.Append(" 视图锁焦状态 =" + SwView.FocusLocked.ToString() + "\r\n");
    double[] pos = SwView.Position;
    sb.Append(" 视图位置坐标 {" + pos[0].ToString() +","+pos[1].ToString()+ "}\r\n");
    sb.Append(" 视图使用的模型配置 =" + SwView.ReferencedConfiguration + "\r\n");
    sb.Append(" 视图小数比例 =" + SwView.ScaleDecimal.ToString() + "\r\n");
    double[] scal = SwView.ScaleRatio;
    sb.Append(" 视图比例模式 =" + scal[0].ToString() + "：" +
scal[1].ToString() + "\r\n");
    sb.Append(" 视图所在图纸：" + SwView.Sheet.GetName() + "\r\n");
    sb.Append(" 视图类型：" +((swDrawingViewTypes_e)SwView.Type).ToString() + "\r\n");
    sb.Append(" 视图可见性：" + SwView.GetVisible().ToString() + "\r\n");
    return sb.ToString();
}

public void SetViewData(SolidWorks.Interop.sldworks.View SwView)
// 设置视图信息的方法
{
    SwView.Position = new double[] { 250 / 1000.0, 100 / 1000.0 };
    // 改变视图位置
    DrawModleDoc.EditRebuild3(); // 重建工程图
    MessageBox.Show(" 视图位置已变更 ");
    SwView.Angle = Math.PI / 4.0; // 视图旋转 45°
    SwView.FocusLocked = true; // 视图锁焦
    SwView.ScaleRatio = new double[] { 1, 4 }; // 设置视图比例
    SwView.SetName2(" 视图重命名 ");
    DrawModleDoc.EditRebuild3();
}
```

9.7.2　实例分析：提取视图中的模型数据

9.7.1 实例分析

本实例将通过工程图中的“接线板俯视”视图，直接提取接线板模型中所有部件的数据，并生成一个文本文件，达到类似图中明细表的功能，如图 9-15 所示。其主要操作步骤如下：

1）通过得到的视图对象获得视图中引用的根图纸部件 DrawingComponent，本例中即为 PowerStrip 部件。

2）通过得到的根图纸部件，获得该图纸部件中所有的顶层子图纸部件

DrawingComponent。

3）逐个将子图纸部件 DrawingComponent 转化为模型部件 Component2。

4）将模型部件 Component2 再转化为模型文档 ModelDoc2。

5）通过文档对象获得所有需要的属性与数据，本例中将获取模型的名称与材料属性，并进行记录。

6）对每个子图纸部件 DrawingComponent 再次按照步骤 2）~5）搜索下一层子部件。

7）所有部件信息获取完毕后，将收集的数据生成 .txt 文件并打开。

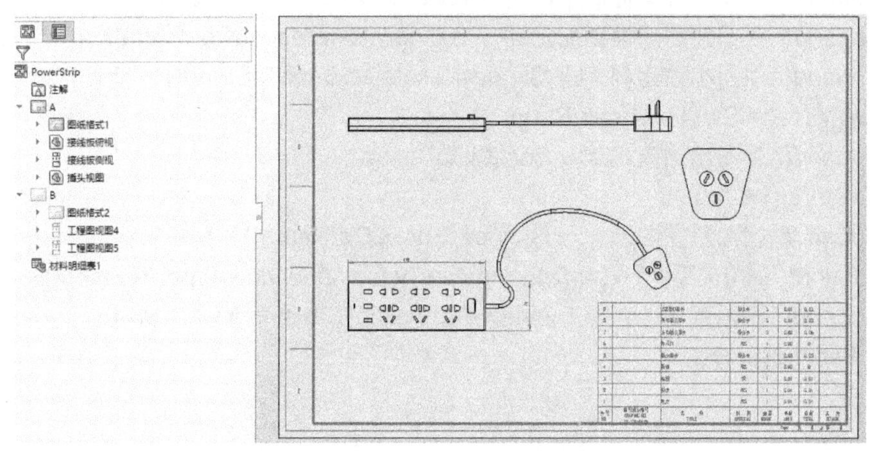

图 9-15　通过视图获得部件信息

1. 代码示例

```
SldWorks swApp = null;
ModelDoc2 DrawModleDoc = null;
public void ViewModleData() // 主函数，获得视图中所有部件数据
{
    string OutputFilePath = Application.StartupPath+@"\BomOupput.txt";
    string ViewName = " 接线板俯视 ";
    open_swfile("", getProcesson("SLDWORKS"), "SldWorks.Application");
    DrawingDoc SwDrawing = null;
    if (DrawModleDoc.GetType() == 3) // 说明是工程图
    {
        SwDrawing = (DrawingDoc)DrawModleDoc;
    }
    else
    {
        return;
    }

    View SwView = GetView(ViewName, SwDrawing);
    DrawingComponent SwDrawComp = SwView.RootDrawingComponent;
```

```
    // 获得视图中根部件
    List<string> CompsData = new List<string>();
    // 声明列表，用于记录每个部件的数据
    GetChilerenComp(SwDrawComp, "", CompsData);
    // 找子部件的循环迭代方式，得到所有部件信息

    StreamWriter sw = File.AppendText(OutputFilePath);
    // 以追加方式将部件数据写入 txt 文本中
    foreach(string aa in CompsData)
    {
        sw.WriteLine(aa); // 每个部件数据写 1 行
    }
    sw.WriteLine("****** 结束 ******"); // 标记结束
    sw.Flush();
    sw.Close();
    Process.Start(OutputFilePath); // 打开写完的记事本
}

public void GetChilerenComp(DrawingComponent RootComp,string
RootPartNo,List<string> CompsData)
// 迭代获得子部件数据，其中 RootPartNo 为父部件的件号
{
    int i = 1;
    string PartNo="";
    string temp="";
    string BomName = "";
    string Material = "";
    object[] ObjChildDrawComps = RootComp.GetChildren();
    foreach (object ObjChildComp in ObjChildDrawComps)
    {
        DrawingComponent ChildComp = (DrawingComponent)ObjChildComp;
        Component2 SwComp = ChildComp.Component;
        ModelDoc2 CompDoc = SwComp.GetModelDoc2();
        if (RootPartNo == "")
        {
            PartNo = i.ToString().Trim(); // 拼件号
        }
        else
        {
            PartNo = RootPartNo + "-" + i.ToString().Trim(); // 拼件号
```

```
        }
        CompDoc.Extension.CustomPropertyManager[""].Get3(" 名称 ", true, out temp, out BomName); // 得到部件的名称属性值
        CompDoc.Extension.CustomPropertyManager[""].Get3(" 材料 ", true, out temp, out Material); // 得到部件的材料属性值
        CompsData.Add(" 件号 " + PartNo + "--> 规格为 :" + BomName + ", 材料为 :" + Material); // 将部件数据记录到列表中
        GetChilerenComp(ChildComp, PartNo, CompsData);
    // 迭代寻找是否存在该部件的子部件
        i = i+1;
    }
}
```

2. 代码解读

(1) 获得视图根图纸部件的方法

`View.RootDrawingComponent`

通过 View 对象的此属性即可获得。

(2) 图纸部件转化为普通部件

`DrawingComponent. Component`

通过此属性，即可将工程图视图与模型关联在一起，实现一些互操作功能。9.8 节将详细介绍 DrawingComponent 对象。

3. 运行效果图

图 9-16 所示为本例输出的 txt 文本数据，里面包含了“接线板俯视”视图中所有部件的件号、名称与材料属性。

```
BomOupput.txt - 记事本
文件(F) 编辑(E) 格式(O) 查看(V) 帮助(H)

件号1-->规格为:USB接口组件,材料为:组合件
件号1-1-->规格为:,材料为:
件号2-->规格为:指示灯,材料为:ABS
件号3-->规格为:底盒,材料为:ABS
件号4-->规格为:顶盒,材料为:ABS
件号5-->规格为:插头组件,材料为:组合件
件号5-1-->规格为:插头壳,材料为:ABS
件号5-2-->规格为:金属板2 21X6.40X1.50t,材料为:304
件号5-3-->规格为:金属板1 16X6.40X1.50t,材料为:304
件号5-4-->规格为:金属板1 16X6.40X1.50t,材料为:304
件号6-->规格为:五眼插孔组件,材料为:组合件
件号6-1-->规格为:,材料为:
件号7-->规格为:按钮,材料为:ABS
件号8-->规格为:电缆,材料为:铜
件号9-->规格为:两眼插孔组件,材料为:组合件
件号9-1-->规格为:,材料为:
件号10-->规格为:五眼插孔组件,材料为:组合件
件号10-1-->规格为:,材料为:
件号11-->规格为:两眼插孔组件,材料为:组合件
件号11-1-->规格为:,材料为:
件号12-->规格为:USB接口组件,材料为:组合件
件号12-1-->规格为:,材料为:
件号13-->规格为:USB接口组件,材料为:组合件
件号13-1-->规格为:,材料为:
件号14-->规格为:五眼插孔组件,材料为:组合件
件号14-1-->规格为:,材料为:
件号15-->规格为:两眼插孔组件,材料为:组合件
件号15-1-->规格为:,材料为:
******结束******
```

图 9-16　运行输出文件效果图

提示

在本例中，由于主要针对 SOLIDWORKS 的 API 进行讲解，故未将相同的部件进行统计数量归类，在现实使用中，可以在此基础上增加一部分计算判断逻辑即可实现。

本例中按照 View → DrawingComponent → Component2 → ModelDoc2 次序，最终获得了零件或装配体的通用文档对象。根据前几章的学习，获得通用文档对象即可对文档进行相应操作，还可以实现在工程图纸中直接通过 ModelDoc2 的方法或属性修改模型零件的尺寸，避免现实中工程图与模型窗口的频繁切换。

9.8　DrawingComponent 概述

9.7.2 实例分析

通过 9.7.2 的实例分析可以发现，DrawingComponent 对象是连接工程图视图与模型的桥梁，通过 DrawingComponent 的连接，可以直接在工程图中操作模型。本节将简单介绍一下 DrawingComponent 对象。

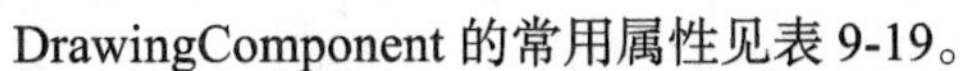
DrawingComponent 的常用属性见表 9-19。

表 9-19　DrawingComponent 的常用属性

属性名	作用	返回值
Component	将图纸部件转化为 Component2	Component2 对象
Layer	获得设置该部件的图层	图层名称
Name	获得图纸部件的名称	图纸部件的名称
Style	在当前视图中该部件的线型	线型枚举
Visible	部件在当前视图中是否可见	True 或 False
Width	在当前视图中该部件的线宽	线宽枚举

DrawingComponent 的常用方法见表 9-20。

表 9-20　DrawingComponent 的常用方法

方法	作用	返回值
Select()	选中与取消选中部件	True 或 False
DeSelect()		
GetChildren()	得到该部件中的子图纸部件	object[] 数组
SetLineStyle()	获得与设置部件的线型	枚举值
GetLineStyle()		
SetLineThickness()	获得与设置部件的线宽	枚举值
GetLineThickness()		

在表 9-18 和表 9-19 都存在设置与获得线型、线宽的方法，区别在于使用 DrawingComponent 的属性设置线型、线宽，不会按照线元素所在图形位置而有不同设置，即一个部件一个线型、线宽。采用 DrawingComponent 的方法设置线型、线宽，可以将零部件的线型分为可见边线、隐藏边线、切边、剖面线、可见边线（SpeedPak）5 种状态，分别进行设置，即一个部件有多种线型、线宽。

在现实操作过程中，使用 DrawingComponent 的方法设置线型、线宽，即用鼠标右键单击视图中需要设置线型的零部件，在弹出的快捷菜单中单击“零部件线型”，弹出“零部件线型”

对话框，如图 9-17 所示。

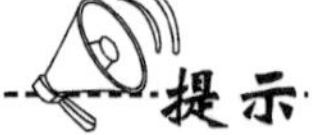

提示

当对部件线型所在位置无要求时，可以采用属性的方式设置，否则需要使用方法的方式设置多次，不同状态设置一次。

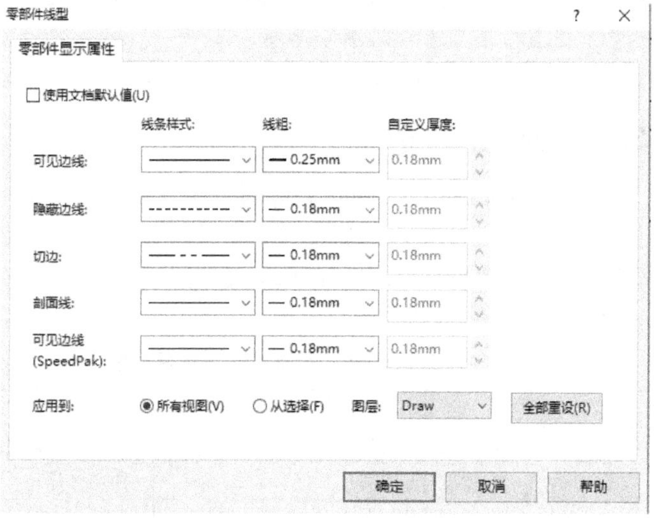

零部件线型
零部件显示属性
使用文档默认值(U)
线条样式:
线粗:
自定义厚度:
可见边线:
0.25mm
0.18mm
隐藏边线:
0.18mm
0.18mm
切边:
0.18mm
0.18mm
剖面线:
0.18mm
0.18mm
可见边线
(SpeedPak):
0.18mm
0.18mm
应用到:
所有视图(V)
从选择(F)
图层:
Draw
全部重设(R)
确定
取消
帮助

图 9-17　DrawingComponent 方法设置线条样式与线粗

实例分析：图纸部件的设置

本实例将对工程图中“接线板俯视”视图中的部件“PlugPinHead”进行图层、可见性、线型、线宽信息的获取与设置，如图 9-18 所示。具体步骤如下：

1）获得当前激活的工程图。

2）获得“接线板俯视”视图。

3）获得视图中指定的部件“PlugPinHead”

4）获得与设置视图中该部件的图形信息。

前视基准面
上视基准面
右视基准面
原点
PlugHead<1>
PowerStrip 中的配合
历史记录
传感器
注解
方程式
前视基准面
上视基准面
右视基准面
原点
PlugPinHead<1>
1
2
3

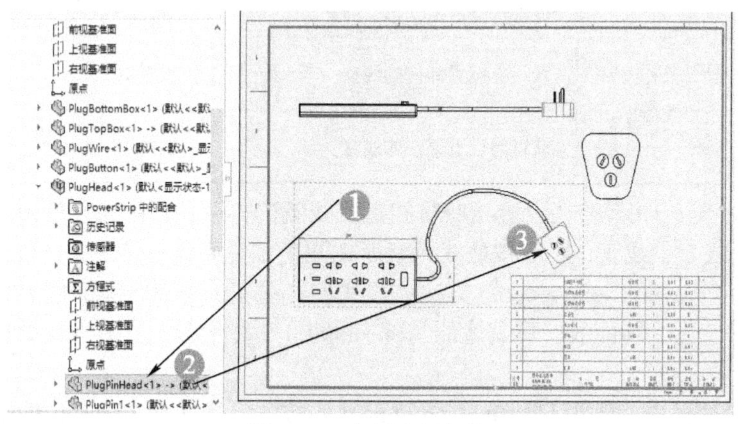

图 9-18　实例分析文件

1. 代码示例

```
SldWorks swApp = null;
ModelDoc2 DrawModleDoc = null;
public void DoDrawingComponent()
{
    string DwgCompName = "PlugPinHead";
    string ViewName = " 接线板俯视 ";
    open_swfile("", getProcesson("SLDWORKS"), "SldWorks.Application");
    SelectionMgr SwSelMrg = DrawModleDoc.SelectionManager;
    SelectData SwSelData = SwSelMrg.CreateSelectData();
    DrawingDoc SwDrawing = (DrawingDoc)DrawModleDoc;
    View SwView = GetView(ViewName, SwDrawing);
    // 得到指定视图
    DrawingComponent SwRootDrawComp = SwView.RootDrawingComponent;
    // 得到视图中的根图纸部件
    Component2 SwRootComp = SwRootDrawComp.Component;
    ModelDoc2 SwRootDoc = SwRootComp.GetModelDoc2();
    AssemblyDoc SwRootAssem = null;
    if (SwRootDoc.GetType() == 2)
    {
        SwRootAssem = (AssemblyDoc)SwRootDoc;
    }
    // 将根图纸部件转化为装配体文档
    Component2 SwCompNeed = null;
    for (int i = 1; i < 21; i++)
    {
        SwCompNeed = SwRootAssem.GetComponentByName(DwgCompName + "-" +
i.ToString().Trim());
        // 使用装配体文档获得指定名称的部件
        if (SwCompNeed != null)
        {
            break;
        }
    }
    if (SwCompNeed== null)
    {
        return;
    }
    DrawingComponent SwNeedDrawComp = SwCompNeed.GetDrawingComponent(SwView);
    // 通过部件对象及指定的视图对象，获得视图中需要的图纸部件对象
```

```
    SwNeedDrawComp.Select(false, SwSelData);
    MessageBox.Show(" 接线板俯视中 PlugPinHead 被选中。\r\nDrawingComponentName
为：" + SwNeedDrawComp.Name);
    string datastr = GetDrawCompData(SwNeedDrawComp, SwView.GetName2());
    // 部件图层、可见性、线型、线宽信息的获取
    MessageBox.Show(datastr);
    SwNeedDrawComp.Layer = "Divide"; // 设置图层
    SwNeedDrawComp.Style = (int)swLineStyles_e.swLinePHANTOM;
    // 属性方式设置双点画线
    SwNeedDrawComp.Width = (int)swLineWeights_e.swLW_THICK;
    // 属性方式设置线粗
    DrawModleDoc.EditRebuild3();
    datastr = GetDrawCompData(SwNeedDrawComp, SwView.GetName2());
    // 部件图层、可见性、线型、线宽信息的获取
    MessageBox.Show(datastr);
    SwNeedDrawComp.SetLineStyle((int)swDrawingComponentLineFontOption_e.swDr
    awingComponentLineFontHidden, (int)swLineStyles_e.swLineCENTER);
    // 方法方式设置隐藏边线的线型
    SwNeedDrawComp.SetLineThickness((int)swDrawingComponentLineFontOption_e.s
    wDrawingComponentLineFontHidden, (int)swLineWeights_e.swLW_THICK2, 6);
    // 方法方式设置隐藏边线的线粗
    DrawModleDoc.EditRebuild3();
    datastr = GetDrawCompData(SwNeedDrawComp, SwView.GetName2());
    // 部件图层、可见性、线型、线宽信息的获取
    MessageBox.Show(datastr);
    SwNeedDrawComp.Visible = false; // 将部件在此视图中隐藏
}

public string GetDrawCompData(DrawingComponent DrawComp,string viewname)
// 获取 DrawingComponent 部件的数据
{
    StringBuilder sb = new StringBuilder("");
    sb.Append(" 视图 " + viewname+" 中，部件 "+DrawComp.Name+" 的信息如下：\r\n");
    sb.Append(" 所在图层：" + DrawComp.Layer+"\r\n");
    sb.Append(" 可见性：" + DrawComp.Visible.ToString() + "\r\n");
    sb.Append(" 属性方式获得的线型：" + ((swLineStyles_e)DrawComp.Style).ToString() +
"\r\n");
    sb.Append(" 属性方式获得的线宽：" +((swLineWeights_e)DrawComp.Width).ToString() +
"\r\n");
    sb.Append(" 方法获得隐藏边线的线型：" +
```

```
((swLineStyles_e)DrawComp.GetLineStyle((int)swDrawingComponentLineFontOption_
e.swDrawingComponentLineFo
ntHidden)).ToString() + "\r\n");
    double outthick = -1;
    string x =
((swLineWeights_e)DrawComp.GetLineThickness((int)swDrawingComponentLineFontOp
tion_e.swDrawingComponentLineFontHidden, out outthick)).ToString();
    sb.Append(" 方法获得隐藏边线的线宽：枚举线宽 " + x + ", 线宽
值 :"+outthick.ToString()+"\r\n"); //GetLineThickness Method
    return sb.ToString();
}
```

2. 代码解读

通过部件对象获得图纸部件对象的方法如下：

Component2 :: GetDrawingComponent(ViewIn)

此方法可以通过已知的 Component2 对象与指定的 View 对象，获得指定视图中相应的图纸部件 DrawingComponent。在实例分析 9.7.2 中可以看到，如需要得到视图中某一部件，则需要使用 DrawingComponent ：：GetChildren() 方法逐个筛选寻找需要的部件，当模型中部件非常多时，将非常影响效率。

本实例采用先获得视图根部件，再将根部件转化为装配体文档，通过 AssemblyDoc::GetComponentByName 方法指定名称直接获得需要的 Component2 部件，再通过 Component2::GetDrawingComponent 方法获得最终需要的图纸部件，这样就减少了搜索部件的工作。

9.9 LayerMgr 与 Layer 概述

LayerMgr 与 Layer 分别表示工程图中的图层管理器与每一个图层对象。LayerMgr 图层管理器主要负责对图层的管理，包括图层的获得、添加、删除等操作。Layer 图层对象包含了线型、线粗等图层信息，如图 9-19 所示。

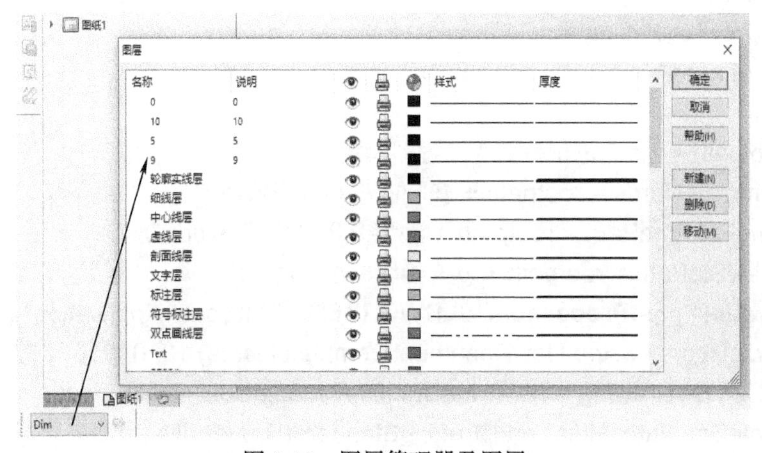

图 9-19 图层管理器及图层

获得图层管理器的方式为 ModelDoc2::GetLayerManager。LayerMgr 的常用方法见表 9-21。

表 9-21 LayerMgr 的常用方法

方法	作用	返回值
AddLayer()	添加图层	成功与否
DeleteLayer()	删除指定的图层	True 或 False
GetLayer()	获得指定的图层对象	获得 Layer 图层对象
SetCurrentLayer()	设置指定名称的图层为当前图纸	图层切换是否成功
GetLayerList()	获得所有图层的名称	图层名称数组

当获得图层对象后，除了可以通过图层的属性修改图层名称、描述、颜色、线型、线粗以外，还可以设置图层的可见性与可打印性，见表 9-22。

表 9-22 Layer 的属性

属性名	作用	返回值
Color	获得与设置图层颜色	COLORREF 颜色值
Description	获得与设置图层描述	描述
Name	获得与设置图层名称	名称
Printable	获得与设置图层可打印性	True 或 False
Style	获得与设置图层线型	线型枚举
Visible	获得与设置图层可见性	True 或 False
Width	获得与设置图层线粗	线粗枚举

实例分析：图层的添加、删除与设置

本实例将在新建的工程图中，对图层进行相关的操作。

1）获得图层名为 Draw 的图层及其相关信息。

2）获得当前工程图文件中所有的图层名称。

3）新建一个名为“NewLayer”的新图层，其颜色为红色，线型为中心线。

4）获得当前激活的图层，并插入一个注解。

5）将图层切换到“Dim”图层，并再插入一个注解。

6）删除新建的“NewLayer”图层。

代码示例如下：

```
SldWorks swApp = null;
ModelDoc2 DrawModleDoc = null;
public void DoLayer()
{
    string rootpath = ModleRoot+@"\ 工程图模板 ";
    string TemplateName = rootpath + @"\A3 模板 .DRWDOT";
    string DwgFormatePath = rootpath + @"\A3 图纸格式 .slddrt";
    string DrawStdPath = rootpath + @"\ 绘图标准 .sldstd";
    open_swfile("", getProcesson("SLDWORKS"), "SldWorks.Application");
    DrawModleDoc = swApp.NewDocument(TemplateName, 10, 0, 0);
    DrawingDoc SwDrawing = (DrawingDoc)DrawModleDoc;
    DrawModleDoc.Extension.LoadDraftingStandard(DrawStdPath);
    LayerMgr SwLayerMgr = DrawModleDoc.GetLayerManager();
```

```
    string[] ExistedLayers = SwLayerMgr.GetLayerList();
    StringBuilder sb = new StringBuilder(" 当前存在的图层如下：\r\n");
    foreach (string bb in ExistedLayers)
    {
        sb.Append(bb + "、");
    }
    MessageBox.Show(sb.ToString());

    Layer SwLayer = SwLayerMgr.GetLayer("Draw"); // 获得 Draw 图层
    string Layerdata = GetLayerData(SwLayer);
    MessageBox.Show(Layerdata, "Draw 图层信息 ");

    SwLayerMgr.AddLayer("NewLayer", " 示例新建图层 ", 255,
(int)swLineStyles_e.swLineCENTER, (int)swLineWeights_e.swLW_THICK4);
    // 新建图层，颜色设置为红色
    Layerdata = GetLayerData(SwLayerMgr.GetLayer("NewLayer"));
    MessageBox.Show(Layerdata," 图层新建成功 ");

    MessageBox.Show(" 当前激活的图层为 " +
SwLayerMgr.GetCurrentLayer());
    Note SwNote1 = SwDrawing.CreateText2("TestLsyer", 0.05,0.05, 0, 0.03, 0);
    SwLayerMgr.SetCurrentLayer("Dim");
    MessageBox.Show(" 当前激活的图层为 " +
SwLayerMgr.GetCurrentLayer());
    Note SwNote2 = SwDrawing.CreateText2("TestLsyer2", 0.1, 0.1, 0, 0.03, 0);

    SwLayerMgr.DeleteLayer("NewLayer"); // 删除图层
}

public string GetLayerData(Layer SwLayer)
{
    StringBuilder sb = new StringBuilder("");
    sb.Append(" 图层名称 " + SwLayer.Name+"\r\n");
    sb.Append(" 图层描述 " + SwLayer.Description + "\r\n");
    sb.Append(" 图层颜色 " + SwLayer.Color.ToString() +"\r\n");
    sb.Append(" 图层线型 " + ((swLineStyles_e)SwLayer.Style).ToString() + "\r\n");
    sb.Append(" 图层线粗 " + ((swLineWeights_e)SwLayer.Width).ToString() + "\r\n");
    sb.Append(" 图层可打印性 " + SwLayer.Printable.ToString() + "\r\n");
    sb.Append(" 图层可见性 " + SwLayer.Visible.ToString() + "\r\n");
    return sb.ToString();
}
```

注意

当需要向图纸中添加草图、注解等元素之前，需要先切换到这些元素所要放置的图纸，再进行元素的插入。

9.10 TableAnnotation 概述

TableAnnotation 对象为通用的表格注解对象，SOLIDWORKS 工程图中的各类表格都属于 TableAnnotation。若需要对工程图中的表格进行相关操作，则可以通过获得相应表格的 TableAnnotation 对象实现相关后续操作，如图 9-20 所示。

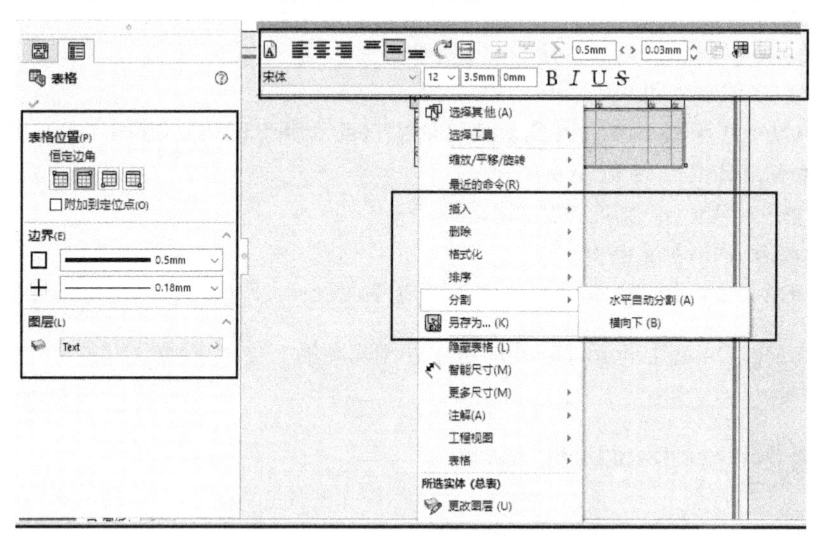

图 9-20 TableAnnotation 对表格的设置

TableAnnotation 对象可以通过表 9-23 列举的常用方法获得。

表 9-23 TableAnnotation 的常用获取方法

获得 TableAnnotation 的方法	描述	本书出现章节
DrawingDoc::InsertTableAnnotation2	插入表格	9.3
GeneralTableFeature::GetTableAnnotations	从表格特征获得表格	9.10
TableAnnotation::Split	分割表格	9.10
View::GetFirstTableAnnotation	获得视图中第一个表格	9.10
View::GetTableAnnotations	获得视图中表格集合	9.10
TableAnnotation::GetNext	获得当前表格指向的下一个表格	9.10

TableAnnotation 的常用属性见表 9-24。

表 9-24　TableAnnotation 的常用属性

属性名	作用	返回值
Anchored	设置与获得表格是否按照定位点定位	True 或 False
AnchorType	设置与获得表格的恒定边角	恒定边角枚举
BorderLineWeight	设置与获得表格边框线粗细	粗细枚举
CellTextHorizontalJustification	设置与获得指定单元格文本对齐方式	枚举值
CellTextVerticalJustification		
TextHorizontalJustification	设置与获得本表中所有文本对齐方式	枚举值
TextVerticalJustification		
DisplayedText	获得指定单元格中显示的文字	单元格中看见的文本
Text	获得与设置指定单元格中的表达式	单元格中驱动 DisplayedText 的表达式
ColumnHidden	设置与获得指定行或列的可见性	True 或 False
RowHidden		
ColumnCount	获得表格中的行列数	行数或列数
RowCount		
GridLineWeight	获得与设置表格内部网格线的线粗	线粗枚举
Title	设置与获得表格的标题	表格标题
TitleVisible	设置与获得表格标题的可见性	True 或 False
Type	获得表格的类型	表格类型枚举

TableAnnotation 的常用方法见表 9-25。

表 9-25　TableAnnotation 的常用方法

方法	作用	返回值
DeleteColumn()	删除指定索引的行或列	True 或 False
DeleteRow()		
GetAnnotation()	得到该表格所属的注解对象	Annotation 注解对象
GetCellTextFormat（ ）	获得与设置指定单元格的文本格式对象	TextFormat 文本格式对象
SetCellTextFormat（ ）		
GetTextFormat	获得与设置整张表的文本格式	TextFormat 文本格式对象
SetTextFormat		
GetColumnType	获得与设置指定列索引对应的列类型	列类型枚举值
SetColumnType		
GetColumnWidth	设置与获得指定列或行的列宽或行高	
SetColumnWidth		
GetRowHeight		
SetRowHeight		
GetLockColumnWidth	设置与获得指定行或列是否锁定行高或列宽	True 或 False
SetLockColumnWidth		
GetLockRowHeight		
SetLockRowHeight		
GetSplitInformation	获得表格分割情况的信息	多个信息变量返回

（续）

方法	作用	返回值
InsertColumn2	在指定位置插入行或列	True 或 False
InsertRow		
Merge	合并与分割表格	True 或 False
Split		TableAnnotation 表格注解对象
MoveColumn	移动行列位置	True 或 False
MoveRow		
GetCellRange	设置与获得单元格区域	返回范围
SetCellRange		无返回
MergeCells	单元格合并与取消	True 或 False
UnmergeCells		
SaveAsPDF	将表格另存为 PDF、模板及文本文件	
SaveAsTemplate		
SaveAsText		
SetHeader	设置表头位置及表头占用的表格行数	
GetHeaderCount		
GetHeaderStyle		

注意

表格中的行列索引 index 的起始值为 0。

9.11 TableAnnotation 表格对象的使用

9.11.1 实例分析：表格的插入与设置

本实例将通过 TableAnnotation 对表格的结构进行相关操作，主要操作过程如下：

1）新建工程图文件，并向图中插入一张普通表格。

2）获得新插入的表格行数与列数

3）给表格的首行与首列赋值。

4）设置表格的边框线与网格线的线型。

5）分别在第 4 列之前，第 2 列之后，以及最后列之后各添加 1 列。

6）在表格行末插入 10 行。

7）判断第 3 列列宽是否锁定，若锁定，则解锁后修改列宽变为 20mm，最后再次锁定列宽。

8）设置表格标题及可见性，并将表头位置设置为下方。

9）合并表格中指定单元格。

10）解除合并单元格。

11）将表格先后按照第 4 行之后，第 3 行之前，第 8 行之前进行分割。

12）以不同方式合并表格，观察效果。

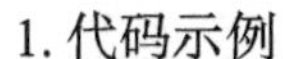

1. 代码示例

```
SldWorks swApp = null;
ModelDoc2 DrawModleDoc = null;
public void DoTable()
{
    string rootpath =ModleRoot + @"\ 工程图模板 ";
    string TableTempName1 = rootpath + @"\TopRightBaseTable.sldtbt";
    string TemplateName = rootpath + @"\A3 模板 .DRWDOT";
    string DwgFormatePath = rootpath + @"\A3 图纸格式 .slddrt";
    string DrawStdPath = rootpath + @"\ 绘图标准 .sldstd";
    open_swfile("", getProcesson("SLDWORKS"), "SldWorks.Application");
    DrawModleDoc = swApp.NewDocument(TemplateName, 10, 0, 0);
    DrawingDoc SwDrawing = (DrawingDoc)DrawModleDoc;
    TableAnnotation swTable = SwDrawing.InsertTableAnnotation2(false, 500 / 1000.0, 200 /
1000.0, (int)swBOMConfigurationAnchorType_e.swBOMConfigurationAnchor_TopRight,
TableTempName1, 3, 0); // 插入表
    MessageBox.Show(" 表格新建成功 ! 行数 =" + swTable.RowCount.ToString() + ", 列数 =" +
swTable.ColumnCount.ToString());

    #region 对新建的表格首行首列做标记
    for (int i = 0; i < swTable.ColumnCount; i++)
    {
        swTable.Text[0, i] = i.ToString();
    }
    for (int i = 0; i < swTable.RowCount; i++)
    {
        swTable.Text[i, 0] = i.ToString();
    }
    #endregion

    #region 表格边框线设置
    swTable.BorderLineWeight = (int)swLineWeights_e.swLW_THIN;
    swTable.GridLineWeight = (int) swLineWeights_e.swLW_THICK;
    MessageBox.Show(" 表格边框线设置完毕 !");
    #endregion

    #region 插入行与列
    swTable.InsertColumn2((int) swTableItemInsertPosition_e.swTableItemInsertPosition_Before,
    3, "3Before", (int) swInsertTableColumnWidthStyle_e.swInsertColumn_DefaultWidth);
```

```
    swTable.InsertColumn2((int) swTableItemInsertPosition_e.swTableItemInsertPosition_After,
    1, "1After", (int) swInsertTableColumnWidthStyle_e.swInsertColumn_DefaultWidth);
    swTable.InsertColumn2((int) swTableItemInsertPosition_e.swTableItemInsertPosition_Last, 3,
    "3Last", (int) swInsertTableColumnWidthStyle_e.swInsertColumn_DefaultWidth);

    for (int i = 0; i < 10; i++) // 插入 10 行
    {
        swTable.InsertRow((int) swTableItemInsertPosition_e.swTableItemInsertPosition_
        Last, 1);
        swTable.Text[swTable.RowCount -1, 0] = (swTable.RowCount -1).ToString();
    }
    #endregion

    #region 解锁列宽，设置列宽
    if (swTable.GetLockColumnWidth(2))
    {
        swTable.SetLockColumnWidth(2, false);
    }
    swTable.SetColumnWidth(2, 20/1000.0,
    (int)swTableRowColSizeChangeBehavior_e.swTableRowColChange_TableSize
CanChange);
    swTable.SetLockColumnWidth(2, true);
    #endregion

    #region 得到表格标题与标题位置 - 将表格表头设置到下方
    swTable.Title = " 表格标题 ";
    swTable.TitleVisible = true;
    swTable.SetHeader((int)swTableHeaderPosition_e.swTableHeader_Bottom, 3);
    #endregion

    #region 合并单元格
    swTable.MergeCells(3,2,5,4);
    MessageBox.Show(" 单元格合并成功 ");
    #endregion

    #region 撤销单元格合并
    // 仅需要选择的单元格在合并的单元格之内即可
    swTable.UnmergeCells(4,3);
    MessageBox.Show(" 单元格解除成功 ");
    #endregion
```

```
    #region 表格分割
    TableAnnotation SwSplitTable1 = SplitTable(swTable);
    StringBuilder sb = new StringBuilder(" 分割前 swTable 表格首列数值 :\r\n");
    for (int i = 0; i < swTable.RowCount; i++)
    {
        sb.Append(swTable.Text[i, 0] + ",");
    }
    sb.Append("\r\n 首次分割后 SwSplitTable1 首列值：\r\n");
    for (int i = 0; i < SwSplitTable1.RowCount; i++)
    {
        sb.Append(SwSplitTable1.Text[i, 0] + ",");
    }
    MessageBox.Show(sb.ToString(), " 表格分割完成 ");
    #endregion

    #region 表格合并
    swTable.Merge((int) swTableMergeLocations_e.swTableMerge_WithNext);
    MessageBox.Show(" 前两表合并成功 ");
    SwSplitTable1.Merge((int) swTableMergeLocations_e.swTableMerge_WithNext);
    MessageBox.Show(" 后两表合并成功 ");
    swTable.Merge((int) swTableMergeLocations_e.swTableMerge_All);

    SwSplitTable1 = SplitTable(swTable);
    swTable.Merge((int) swTableMergeLocations_e.swTableMerge_All);
    MessageBox.Show(" 全部合并 ");
    SwSplitTable1 = SplitTable(swTable);
            SwSplitTable1.Merge((int)swTableMergeLocations_e.swTableMerge_All);
    MessageBox.Show("SwSplitTable1 全部合并效果 ");
    #endregion
}

public TableAnnotation SplitTable(TableAnnotation swTable)
{
    TableAnnotation SwSplitTable1 =
swTable.Split((int)swTableSplitLocations_e.swTableSplit_AfterRow, 3);
    // 第 4 行之后分割，并记录该注解表格对象
    swTable.Split((int)swTableSplitLocations_e.swTableSplit_BeforeRow, 2);
    // 第 3 行之前分割
    SwSplitTable1.Split((int)swTableSplitLocations_e.swTableSplit_BeforeRow, 7);
    // 第 8 行之前分割
    return SwSplitTable1;
}
```

2. 代码解读

（1）行列插入

TableAnnotation::InsertColumn2(Where, Index, Name, WidthStyle)

TableAnnotation::InsertRow(Where, Index)

参数名及其含义见表 9-26。

表 9-26　参数名及其含义

参数名	参数含义
Where	指定需要插入的行与列相对于 index 指定的行与列的位置
Index	插入的行与列的位置基准
Name	插入列时，定义的列名
WidthStyle	列的宽度类型枚举

（2）表头设置

TableAnnotation::SetHeader(Style, Count)

Style 表示表头位置的枚举。Count 表示表头占用了多少行表格区域。如图 9-21 所示，本实例设置表头占有 3 行的效果，表格标题和 0,1 两行都出现在分割的每张表中，这三行即为表格的表头。

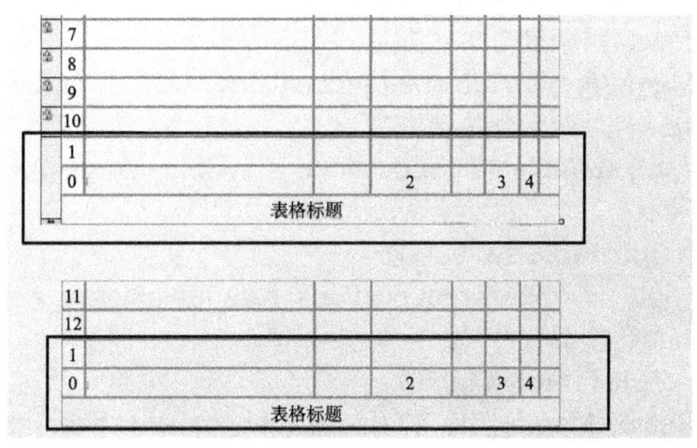

图 9-21　表头

（3）单元格合并与解除

TableAnnotation :: MergeCells(RowStart, ColumnStart, RowEnd, ColumnEnd)

TableAnnotation :: UnmergeCells(Row, Column)

单元格合并：需要指定合并后的单元格左上与右下的行列索引。

单元格撤销合并：只要参数中指定的行与列索引所在的单元格在合并的单元格范围内，即可撤销合并。

（4）表格的分割

TableAnnotation :: Split(Where, Index)

参数名及其含义见表 9-27。

表 9-27　参数名及其含义

参数名	参数含义
Where	指定需要插入的行与列相对于 index 指定的行与列的位置
Index	插入的行与列的位置基准

图 9-22 所示为本实例对表格实例 swTable 进行 3 次分解的效果演变。第一次对 swTable 实例第四行之后的表格进行分割，分割后，前 4 行表格仍为 swTable，而剩余的表格通过 Split() 方法形成新的实例 SwSplitTable1。第三次对 SwSplitTable1 分割，需使用 SwSplitTable1.Split，但是设置的分割索引位置依然是相对于原始未分割表格的起点，而非 SwSplitTable1 的起点。

从本例中可以看到，分割指定的索引不包含表头占用的行数。

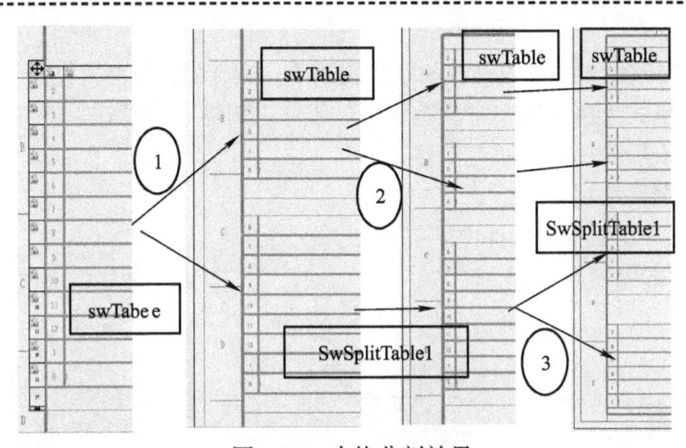

图 9-22　表格分割效果

（5）表格的合并

TableAnnotation :: Merge(Where)

Where 表示指定合并方向的枚举：向前合并、向后合并及合并全部。

此合并仅针对使用该方法的实例。本例中在表格 4 分的情况下，使用 SwSplitTable1 实例进行全部合并，只能达到图 9-22 中过程 1 到 2 中的 SwSplitTable1 效果，不能实现动作 1 之前的表格合并效果。若需要将所有拆分的表格全部合并，则应该使用 swTable 实例。

本实例中使用到的其他表格操作方法与属性相对比较简单，读者可以按照 API 理解参数的意义。

9.11.2 实例分析：表格特征、数据与格式操作

图 9-23 中有一个名字叫“总表 1”的样表，其中第一列数据为文本编号，第二列数据为联动相关模型的名称属性。本实例将以此总表 1 作为对比，再插入一个相同的表格，并对表中的数据与表特征进行修改，分别实现了如下功能。

1）获得激活的工程图文件，并插入与“总表 1”来自同一模板的表格，定位在图纸右上角。

2）将插入表格的名字重命名为“NewTable”。

3）分割表格前后对比表格特征 GeneralTableFeature 与 TableAnnotation 的关系。

4）清空新建的表格对象，尝试使用表格名称“NewTable”直接获得本例中插入的新表格对象。

5）获得表格第二行第二列（即图 9-23 中单元格内容为“底盒”）的单元格数据及文本格式信息。

6）将步骤 5）中单元格的数据修改为联动模型 PlugSlotA 的名称属性。

7）设置单元格格式为水平居中、垂直居中、粗体、斜体、下画线。

8）再次获得修改后的单元格所有信息。

9）将第二行数据移动到第四行。

10）将表格数据导出到 .txt 文件中。

11）隐藏表格中的第四行数据。

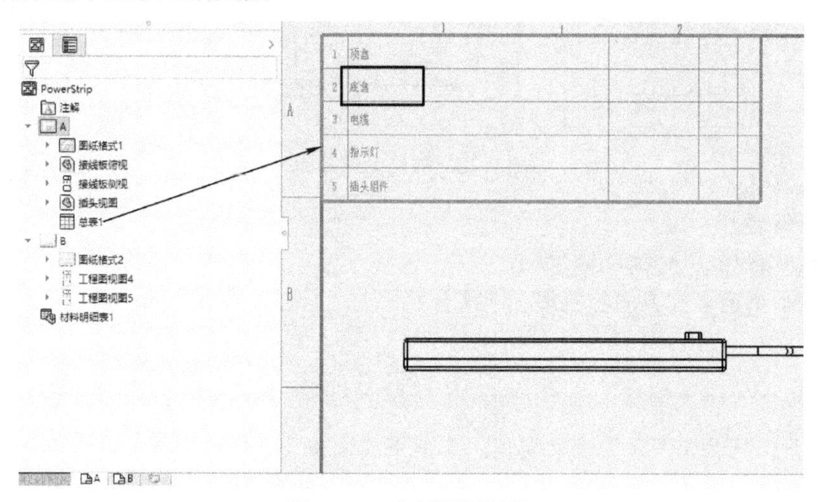

图 9-23 实例样图局部

1. 代码示例

```
SldWorks swApp = null;
ModelDoc2 DrawModleDoc = null;
public void Do9_11_2()
{
    string rootpath = ModleRoot + @"\ 工程图模板 ";
    string NewTableName = "NewTable";
    string BomTemple = rootpath + @"\9.11.2 表格模板 .sldtbt";
    open_swfile("", getProcesson("SLDWORKS"), "SldWorks.Application");
    DrawingDoc SwDraw = (DrawingDoc)DrawModleDoc;
```

```
    #region 表格新建、重命名、分割、表格特征与表格注解的关系
    TableAnnotation SwTable = SwDraw.InsertTableAnnotation2(false, 0.412, 0.284,
(int)swBOMConfigurationAnchorType_e.swBOMConfigurationAnchor_TopRight,
BomTemple, 6, 4);
    GeneralTableFeature SwTableFeat = SwTable.GeneralTableFeature;
    // 得到表格特征
    Feature SwFeat = SwTableFeat.GetFeature();
    // 得到特征
    SwFeat.Name = NewTableName; // 特征重命名，即实现表格名字重命名

    MessageBox.Show(" 表格特征中表格数为 " +
SwTableFeat.GetTableAnnotationCount().ToString());

    SwTable.Split((int)swTableSplitLocations_e.swTableSplit_AfterRow, 2);
    // 第三行之后进行分割
    MessageBox.Show(" 表格分割后，表格特征中表格数为 " +
SwTableFeat.GetTableAnnotationCount().ToString());
    #endregion

    #region 获得表格
    TableAnnotation SwTableToGet = null;
    // 清空原对象，再使用名字获得表格
    Feature SwFeatGet = SwDraw.FeatureByName(NewTableName);
    if (SwFeatGet != null)
    {
        SwFeatGet.Select2(false, 0);
        GeneralTableFeature gtf =
DrawModleDoc.SelectionManager.GetSelectedObject6(1, -1);
        object[ ] ObjTables = gtf.GetTableAnnotations();
        SwTableToGet = (TableAnnotation)ObjTables[0];
        // 随便得到一个即可
    }
    #endregion

    #region 单元格字体
    int RowToDo = 1;
    int ColToDo = 1;
    TextFormat SwTF = GetCellData(SwTableToGet, RowToDo, ColToDo);
    // 获得单元格信息
    #region 设置
```

```
    SwTableToGet.Text[RowToDo, ColToDo] = "$PRPSMODEL:\" 名称 \"
$COMP:\"PowerStrip-2@ 接线板俯视 /PlugSlotA-1@PowerStrip\"";
    // 表格中写联动语句
    SwTableToGet.CellTextHorizontalJustification[RowToDo, ColToDo] =
(int)swTextJustification_e.swTextJustificationCenter;
    // 设置水平居中对齐
    SwTableToGet.CellTextVerticalJustification[RowToDo, ColToDo] =
(int) swTextAlignmentVertical_e.swTextAlignmentMiddle;
    // 设置垂直居中对齐
    SwTF.Bold = true; // 设置字体对象参数
    SwTF.Italic = true; // 设置字体对象参数
    SwTF.Underline = true; // 设置字体对象参数
    SwTableToGet.SetCellTextFormat(RowToDo, ColToDo, false, SwTF);
    // 最终将修改完的字体对象赋予此单元格
    #endregion
    SwTF = GetCellData(SwTableToGet, RowToDo, ColToDo);
    // 再次获得变更后的信息
    #endregion

    #region 移动行 - 将第二行移动到当前第四行之后，即新的第四行
    SwTableToGet.MoveRow(RowToDo,
(int)swTableItemInsertPosition_e.swTableItemInsertPosition_After, RowToDo + 2);
    //index 为 0 起点
    MessageBox.Show(" 第 " + (RowToDo + 1).ToString() + " 行已经移动至第 " +
(RowToDo + 3).ToString() + " 行 "); // 实际行数是 index+1
    #endregion

    #region 导出表中数据
    SwTableToGet.SaveAsText(@"E:\SwTableOutput.txt", ",");
    // 以逗号分割单元格，注意被隐藏的行列不会被输出
    #endregion

    #region 隐藏行
    SwTableToGet.RowHidden[RowToDo + 2] = true; //index 为 0 起点
    MessageBox.Show(" 第 " + (RowToDo + 3).ToString() + " 行已经被隐藏 ");
    // 实际行数是 index+1
    #endregion
}

public TextFormat GetCellData(TableAnnotation SwTableToGet, int row, int col)
// 获得单元格格式与内容的方法
{
```

```
    StringBuilder sb = new StringBuilder(" 单元格 (" + row.ToString() + "," +
col.ToString() + ") 的信息：\r\n");
    sb.Append(" 表达式文本 Text=" + SwTableToGet.Text[row, col].ToString() + "\r\n");
    sb.Append(" 显示文本 DisplayedText=" + SwTableToGet.DisplayedText[row, col].
ToString() + "\r\n");
    sb.Append(" 水平对齐方式 :" +
(swTextJustification_e)SwTableToGet.CellTextHorizontalJustification[row, col] + "\r\n");
    sb.Append(" 垂直对齐方式 :" +
(swTextAlignmentVertical_e)SwTableToGet.CellTextVerticalJustification[row, col] + "\r\n");
    TextFormat SwTF = SwTableToGet.GetCellTextFormat(row, col);
    sb.Append(" 是否粗体 :" + SwTF.Bold.ToString() + "\r\n");
    sb.Append(" 是否斜体 :" + SwTF.Italic.ToString() + "\r\n");
    sb.Append(" 是否下画线 :" + SwTF.Underline.ToString() + "\r\n");
    MessageBox.Show(sb.ToString());
    return SwTF;
}
```

2. 代码解读

（1）表格的重命名

表格重命名即重命名表格特征的名称。表格重命名的一般步骤如下：

1）通过 TableAnnotation :: GeneralTableFeature 的属性方式获得普通表格特征对象 GeneralTableFeature。

2）通过 GeneralTableFeature :: GetFeature() 方法获得该表格对应的 Feature 对象。

3）通过 Feature :: Name 的属性设置表格的名称。

提示

在 9.11 节中列出的获得 TableAnnotation 对象的方法，一般存在于创建表格过程与对表格进行遍历的方法。在获得已存在的表格时，采用遍历的方式，在复杂图纸中依然比较影响计算机的效率。故建议在新建插入表格时，对表格的名字进行规范化的命名，这样有利于后期修改操作中，快速寻找到需要操作的表格。

（2）普通表格特征 GeneralTableFeature 与 TableAnnotation 的关系

从本例中表格分割前后，两次使用 GeneralTableFeature :: GetTableAnnotationCount() 方法查询 GeneralTableFeature 中存在 TableAnnotation 的数量，如图 9-24 所示，可以得到 GeneralTableFeature 相当于工程图左边特征树中的 NewTable 表格整体，而两个被分割的表格分别为两个 TableAnnotation。

（3）获得指定名称的表格

在已知表格名称的情况下，可以快速获得表格对象。一般步骤如下：

1）通过 DrawingDoc :: FeatureByName() 方法获得指定名称的特征。

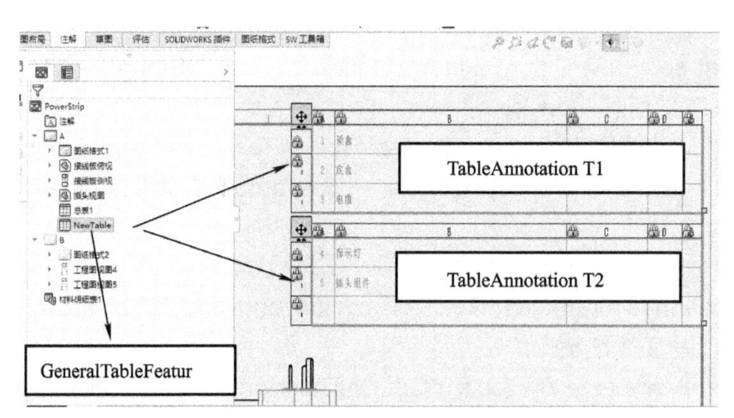

图 9-24　GeneralTableFeature 与 TableAnnotation 关系

2）使用 Feature::Select2() 方法将该特征唯一选中。

3）使用选择管理器对象 SelectionManager :: GetSelectedObject6() 方法获得普通表格特征对象 GeneralTableFeature。

4）通过 GeneralTableFeature::GetTableAnnotations() 方法，获得表格注解对象 TableAnnotation 集合。

5）若对表格注解对象无特定操作要求，则可以任选一个 TableAnnotation 集合中的元素，将其强制转化为 TableAnnotation 即可获需要的表格对象。默认可以取集合中的第一个元素进行强制转化。

（4）设置单元格文本格式

设置单元格的文本格式有以下两种方法，分别针对特定单元格与整张表：TableAnnotation::SetCellTextFormat() 与 TableAnnotation :: SetTextFormat ()。这里需要注意的是，当获得单元格对应的文本格式对象 TextFormat 后，对 TextFormat 的属性修改后，文本格式是不直接发生变更的，需要将此修改后的 TextFormat 对象再次作为 SetCellTextFormat() 或 SetTextFormat () 的参数传入，才能实现文本格式的变化。

9.12　BomFeature 与 BomTableAnnotation 概述

本节将介绍工程图中明细表相关 API 的使用。关于明细表的相关对象，主要有 BomFeature 与 BomTableAnnotation 两个对象，如图 9-25 所示。BomFeature 主要涉及明细表特征属性，而 BomTableAnnotation 则更偏向明细表中后端关联的模型数据。

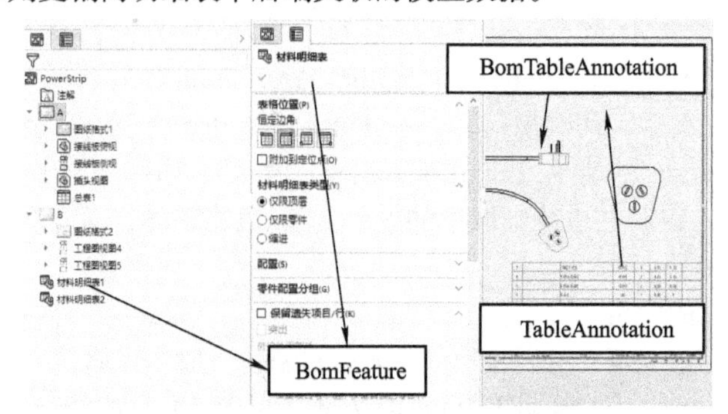

图 9-25　BomFeature 与 BomTableAnnotation

BomFeature 对象可以通过表 9-28 的方法获得。

表 9-28　BomFeature 的获取方法

获得 BomFeature 的方法	描　述	本书出现章节
Feature::GetSpecificFeature2	从特征获得	9.12
BomTableAnnotation::BomFeature	从明细表注解获得	9.12

BomTableAnnotation 对象可以通过表 9-29 的方法获得。

表 9-29　BomTableAnnotation 的获取方法

获得 BomTableAnnotation 的方法	描　述	本书出现章节
BomFeature::GetTableAnnotations	从特征获得	9.12
ModelDocExtension::InsertBOMTable	插入明细表获得	6.5
View::InsertBomTable3		9.6

BomFeature 的常用属性见表 9-30。

表 9-30　BomFeature 的常用属性

属性名	作　用	返回值
FollowAssemblyOrder2	获得与设置是否按照装配特征树次序	True 或 False
Name	获得明细表特征名称	名称
TableType	获得与设置明细表类型	仅限顶层，仅限零件、缩进的枚举

BomFeature 的常用方法见表 9-31。

表 9-31　BomFeature 的常用方法

方　法	作　用	返回值
GetConfigurations()	获得与设置明细表中所用的配置	配置名称集合
SetConfigurations()		
GetFeature()	获得相应的 Feature 对象	Feature 特征对象
GetReferencedModelName()	获得该 BOM 所引用的模型名称	模型名称

BomTableAnnotation 的常用方法见表 9-32。

表 9-32　BomTableAnnotation 的常用方法

方　法	作　用	返回值
GetAllCustomProperties()	得到所有可被明细表使用的自定义属性	属性名称集合
GetComponents2()	得到指定行中指定配置的部件	Component2 部件集合
GetModelPathNames()	得到指定行中关联的模型路径及信息	模型路径
GetColumnCustomProperty()	设置与获得用户自定义列中关联的属性	True 或 False
SetColumnCustomProperty()		

9.13　明细表相关对象的使用

9.13.1　实例分析：明细表的插入

在工程图中操作明细表，首先需获得明细表，如图 9-26 所示。此工程图文档中图样 B 的插头组件模型 PlugHead.SLDASM 已经存在一张名字为“材料明细表 2”的明细表。本实例将介绍明细表的重命名，以及两种获得明细表的方式。具体操作如下：

1）获得当前工程图，并得到“接线板俯视”视图对象。

2）为“接线板俯视”视图插入明细表，并重命名为“接线板总装明细表”。

3）获得明细表的特征信息。

4）通过名称“接线板总装明细表”，再次获得 BomFeature 与 BomTableAnnotation 两个对象。

5）通过遍历的方式获得模型 PlugHead.SLDASM 的明细表。

6）获得 PlugHead.SLDASM 明细表的特征信息。

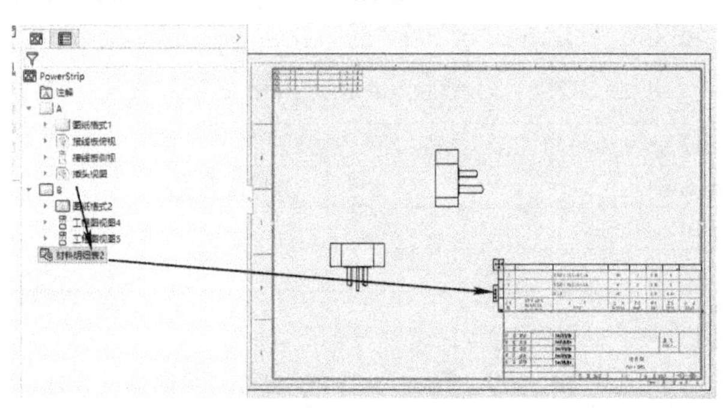

图 9-26　示例图样

1. 代码示例

```
SldWorks swApp = null;
ModelDoc2 DrawModleDoc = null;
public void DoBom()
{
    string rootpath = ModleRoot + @"\ 工程图模板 ";
    string Bom1 = rootpath + @"\BomTopRight.sldbomtbt";
    string NewBomName = " 接线板总装明细表 ";
    string ViewName = " 接线板俯视 ";
    open_swfile("", getProcesson("SLDWORKS"), "SldWorks.Application");
    DrawingDoc SwDraw = (DrawingDoc) DrawModleDoc;

    #region 插入表并重命名
    View SwView = GetView(ViewName, SwDraw);
    BomTableAnnotation SwBomTableAnn = SwView.InsertBomTable4(false, 0.412, 0.01,
(int)swBOMConfigurationAnchorType_e.swBOMConfigurationAnchor_BottomRight,
(int)swBomType_e.swBomType_TopLevelOnly, " 默认 ", Bom1, false,
(int)swNumberingType_e.swNumberingType_None, false);
    BomFeature SwBomFeat = SwBomTableAnn.BomFeature;
    DrawModleDoc.EditRebuild3();
    MessageBox.Show(" 新建明细表的名字为 :" + SwBomFeat.Name);
    Feature SwBF = SwBomFeat.GetFeature();
    SwBF.Name = NewBomName;
    MessageBox.Show(" 明细表重命名为 :" + SwBomFeat.Name);
    #endregion
```

```
    SwBomTableAnn = null; // 清空此对象尝试重新获得
    SwBomFeat = null;
    SwBF = null;
    MessageBox.Show(" 所有关于表格的对象清空完成，下面进入 [ 按指定名称 ] 获得 "接
线板总装明细表" 过程 ");

    #region 获得指定名称的明细表
    SwBF = SwDraw.FeatureByName(NewBomName);
    SwBomFeat = SwBF.GetSpecificFeature2();
    GetBomFeatureData(SwBomFeat);
    object[] ObjBomTableAnns = SwBomFeat.GetTableAnnotations();
    SwBomTableAnn = (BomTableAnnotation)ObjBomTableAnns[0];
    string CustomerPro = SwBomTableAnn.GetColumnCustomProperty(2);
    MessageBox.Show(" 表第三列关联的模型属性为 " + CustomerPro, " 成功获得 " +
SwBomFeat.Name);
    #endregion

    SwBomTableAnn = null; // 清空此对象尝试重新获得

    #region 遍历方式获得需要的插座 Bom 表
    string ModleNameNeedToFoundBom = "PlugHead.SLDASM";
    Feature FeatForScan = DrawModleDoc.FirstFeature();
    BomFeature PlugHeadBom = null;
    while (FeatForScan != null) // 遍历特征树上所有特征
    {
        if (FeatForScan.GetTypeName2() == "BomFeat")
        // 说明是 BomFeature
        {
        BomFeature SwBomFeatForScan = (BomFeature)FeatForScan.GetSpecificFeature2();
        if (SwBomFeatForScan != null) // 说明是明细表中的特征
    {
        if(SwBomFeatForScan.GetReferencedModelName().Contains(ModleNameNeedT
oFoundBom))
        // 找到了模型路径一致
        {
            PlugHeadBom = SwBomFeatForScan;
            break;
        }
    }
    }
```

```
            FeatForScan = FeatForScan.GetNextFeature();
        }
        if (PlugHeadBom != null)// 说明找到了需要的 BOM 表
        {
        GetBomFeatureData(PlugHeadBom);
        ObjBomTableAnns = PlugHeadBom.GetTableAnnotations();
        SwBomTableAnn = (BomTableAnnotation)ObjBomTableAnns[0];
        CustomerPro = SwBomTableAnn.GetColumnCustomProperty(2);
        MessageBox.Show(" 表第三列关联的模型属性为 " + CustomerPro, " 成功获得 " +
    PlugHeadBom.Name);
        }
        #endregion
    }

    public void GetBomFeatureData(BomFeature SwBomFeat)
    {
        StringBuilder sb = new StringBuilder("BomFeature 特征信息 :\r\n");
        sb.Append(" 是否按装配特征排序 " + SwBomFeat.FollowAssemblyOrder2.ToString() +
    "\r\n");
        sb.Append(" 类型 " + ((swBomType_e)SwBomFeat.TableType).ToString() + "\r\n");
        sb.Append(" 参考模型名字 :" + SwBomFeat.GetReferencedModelName() + "\r\n");
        object x = new object();
        string[] aa = SwBomFeat.GetConfigurations(true, ref x); // 当前使用的
        string[] bb = SwBomFeat.GetConfigurations(false, ref x); // 所有可用的
        sb.Append("BOM 当前正在使用的配置 :");
        for (int i = 0; i < aa.Length; i++)
        {
            sb.Append(aa[i]);
        }
        sb.Append("\r\n");

        sb.Append("BOM 当前可使用的配置 :");
        for (int i = 0; i < bb.Length; i++)
        {
            sb.Append(bb[i]);
        }
        sb.Append("\r\n");
        MessageBox.Show(sb.ToString(), SwBomFeat.Name+" 特征信息 ");
    }
```

2. 代码解读

（1）新建的明细表重命名

新建明细栏时，可以同时对明细栏进行重命名，以方便后期的修改捕捉，实现步骤如下：

1）通过 BomTableAnnotation::BomFeature 方法获得 BomFeature 对象。

2）通过 BomFeature:: GetFeature 获得相应的特征 Feature。

3）通过 Feature::Name 属性实现对明细表的重命名。

（2）获得明细表中的配置信息

BomFeature:: GetConfigurations(OnlyVisible, Visible)

参数 OnlyVisible=true 表示获得当前明细表中展现的配置名称，相当于“配置”选项区中选中的复选框；而当 OnlyVisible=false 时，则得到的是可以被当前明细表使用的配置名称，如图 9-27 所示。

Visible 则是返回值，表示每个配置在此明细表中的可见性。

（3）获得指定名称的明细表

在已知明细表名称的情况下，获得指定名称的明细表可以通过以下步骤实现。

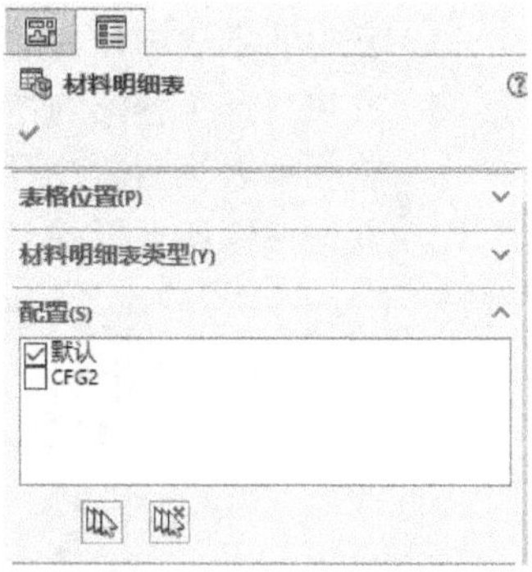

图 9-27　明细表与配置

1）通过 DrawingDoc :: FeatureByName 获得明细表对象的 Feature 对象。

2）通过 Feature :: GetSpecificFeature2 方法获得 BomFeature 对象。

3）通过 BomFeature :: GetTableAnnotations 方法获得 BomTableAnnotation 对象。

4）使用 BomFeature 与 BomTableAnnotation 的方法与属性，对明细表进行操作。

（4）遍历方式获得与指定模型有关的明细表

当明细表名称未知时，需要得到工程图中与指定部件有关的明细表，可以通过如下步骤实现。

1）通过 ModelDoc2 :: FirstFeature 方法，获得工程图文档中的特征树中的第一个特征。

2）通过 Feature :: GetTypeName2() 方法判断特征的类型是否为“BomFeat”。

3）如果特征被判断属于 BomFeat，则使用 Feature :: GetSpecificFeature2 方法获得 BomFeature 对象。

4）通过 BomFeature :: GetReferencedModelName 方法，获得该明细表所引用模型路径。

5）若明细表引用的模型路径是需要的模型，则可获得 BomFeature 与 BomTableAnnotation 对象。

6）从步骤 2）~ 步骤 5），需要配合 while 循环，以及 Feature :: GetNextFeature 方法逐个筛选特征，从而找到与指定部件有关的明细表。

小技巧

遍历的方式为逐个筛选，在复杂图纸中使用遍历非常消耗资源，影响用户体验。遍历方式获得明细表不需要知道明细表的名称。在明细表名称已知的情况下，尽量不要采用遍历方式。本例介绍了对明细表重命名的方式，目的在于当新建明细表时，就可以将明细表的命名规范化，这样在后期修改时，可以通过指定明细表名称获得相应对象。

9.13.2 实例分析：明细栏内容的获取

在 9.7.2 节的实例分析中，通过 View 对象获得了模型的对象，并能对模型进行直接操作。本节介绍的 BomTableAnnotation 对象也能实现与 View 相似的作用：在工程图中直接操作模型数据，此外还会介绍从明细表中获得不同信息的方法。如图 9-28 所示，本实例将综合使用明细表的相关对象对明细表进行如下操作。

1）分别获得明细表中底盒与插头组件的模型路径等信息。

2）获得明细表中顶盒的部件对象。

3）在仅打开工程图的情况下，直接将顶盒模型的长度尺寸由 200 修改为 300。

4）将明细表按钮所在行的行高设置为 20mm。

5）获得按钮所在行的名称列数据。

A	B	C	D	E	F	G	H
9		USB接口组件	组合件	3	0.01	0.03	
8		两眼插孔组件	组合件	3	0.01	0.03	
7		五眼插孔组件	组合件	3	0.02	0.06	
6		指示灯	ABS	1	0.00	0	
5		插头组件	组合件	1	0.05	0.05	
4		按钮	ABS	1	0.00	0	
3		电缆	铜	1	0.01	0.01	
2		顶盒	ABS	1	0.04	0.04	
1		底盒	ABS	1	0.04	0.04	
件号 NO.	图号或标准号 DRAWING NO. OR STANDARD	名 称 TITLE	材 料 MATERIAL	数量 QUANT.	单重 UNIT	总重 TOTAL	备 注 REMARK

图 9-28　示例 BOM 表格

1. 代码示例

```
SldWorks swApp = null;
ModelDoc2 DrawModleDoc = null;
private void button13_Click(object sender, EventArgs e)
{
    open_swfile("", getProcesson("SLDWORKS"), "SldWorks.Application");
    DrawingDoc SwDwg = (DrawingDoc)DrawModleDoc;
    Feature SwBF = SwDwg.FeatureByName(" 材料明细表 1");
    BomFeature SwBomFeat = SwBF.GetSpecificFeature2();

    #region Bom 表关联数据获得
    StringBuilder sb = new StringBuilder("Bom 表行数据获取信息：\r\n");
    BomTableAnnotation SwBomTableAnn = SwBomFeat.GetTableAnnotations()[0];
    string ItemNumber = "";
    string PartNumber = "";
    object[] aa = SwBomTableAnn.GetModelPathNames(8, out ItemNumber, out
PartNumber); // 零件 - 底盒
    sb.Append(" 第九行 Bom 数据：ItemNumber=" + ItemNumber + ",PartNumber=" +
```

```
PartNumber+", 模型路径如下：\r\n");
    foreach (string s in aa)
    {
        sb.Append(s + "\r\n");
    }
    sb.Append("\r\n");
    object[] bb = SwBomTableAnn.GetModelPathNames(4, out ItemNumber, out
PartNumber); // 组件 - 插头组件
    sb.Append(" 第 五 行 Bom 数 据：ItemNumber=" + ItemNumber + ",PartNumber=" +
PartNumber + ", 模型路径如下：\r\n");
    foreach (string s in bb)
    {
        sb.Append(s + "\r\n");
    }
    MessageBox.Show(sb.ToString());
    #endregion

    #region 通过 Bom 表控修改零件尺寸
    object[] ObjRowComp = SwBomTableAnn.GetComponents2(7, " 默认 ");
    // 得到顶盒
    Component2 SwComp = (Component2)ObjRowComp[0];
    MessageBox.Show(" 获得模型部件 Component2，名为 :" + SwComp.Name2);
    ModelDoc2 topcoverDoc = SwComp.GetModelDoc2();
    // 得到顶盒模型的通用文档
    topcoverDoc.Parameter("L@SketchRec").SystemValue=0.3;
    // 将顶盒模型的长度由 200 修改为 300
    topcoverDoc.EditRebuild3();
    DrawModleDoc.EditRebuild3();
    MessageBox.Show( SwComp.Name2+" 的模型尺寸已经修改 !");
    #endregion

    #region 纯表模式设置格式及获得 BOM 明细
    TableAnnotation SwTableAnn = (TableAnnotation)SwBomTableAnn;
    // BomTableAnnotation 继承 TableAnnotation，可直接转化
    SwTableAnn.SetRowHeight(5, 20 / 1000.0,
(int)swTableRowColSizeChangeBehavior_e.swTableRowColChange_TableSizeCanChange);
// 设置行高 20
    MessageBox.Show(SwTableAnn.Text[5, 2]); // 明细表中的信息
    #endregion
}
```

2. 代码解读

由本节实例可以看到，明细表的数据构成由 3 个对象分别管控，分别为 BomFeature 对象控制明细表的特征属性、BomTableAnnotation 对象控制明细表后端关联的模型数据，以及 TableAnnotation 对象控制明细表中的可见信息（即纯表格数据与格式）。

拓展

如图 9-29 所示，在 API 文档中，TableAnnotation 对象是其他各类表对象的父类，如本节中的 BomTableAnnotation 对象即继承于 TableAnnotation 对象。在 TableAnnotation 对象的 API 介绍中，单击“swTableAnnotationType_e”枚举对象，可以看到 SOLIDWORKS 中除了明细表外，其他表格的控制基本也类似于本节中明细表的操作方式。

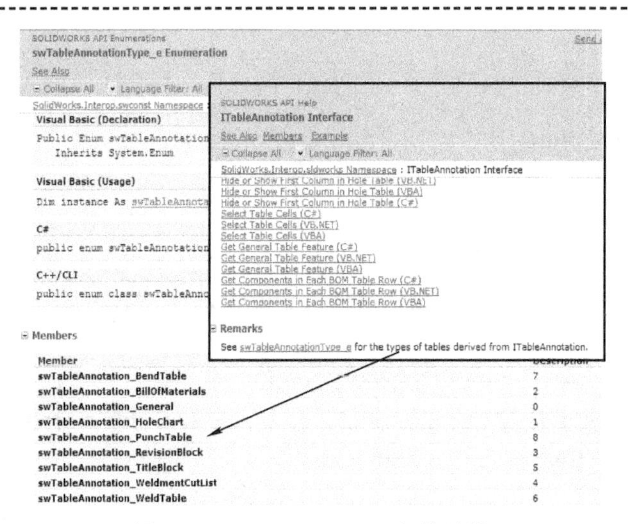

图 9-29　TableAnnotation 与其子类

9.14　Annotation 概述

在本章的工程图介绍中，除了 Sheet 图纸对象与 View 视图对象以外，在图面中使用最多的元素，大多都可归类为 Annotation 注解对象，如图 9-30 所示。Annotation 相当于工具栏中的“注解”选项卡，在“注解”选项卡下的绝大多数类型都属于 Annotation 的细分。

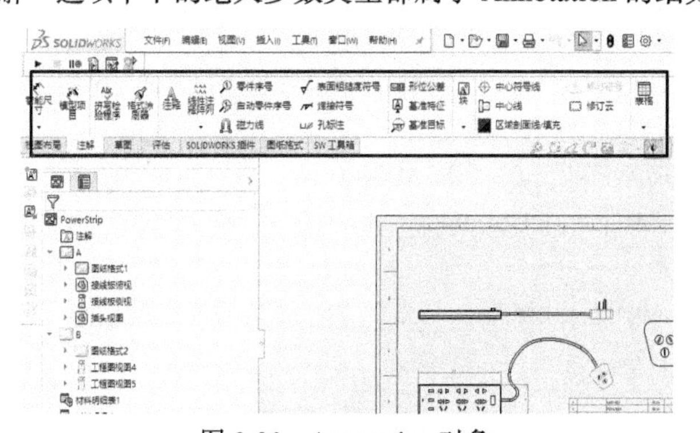

图 9-30　Annotation 对象

如图 9-31 所示，通过 API 文档中 swAnnotationType_e 枚举对象，可以知道 Annotation 对象下面有多少细分的注解对象。

SOLIDWORKS API Enumerations

swAnnotationType_e Enumeration

See Also

Collapse All　Language Filter: All

SolidWorks.Interop.swconst Namespace : swAnnotationType_e Enumeration

C++/CLI

```
public enum class swAnnotationType_e : public System.Enum
```

Members

Member	Description
swBlock	12
swCenterLine	15
swCenterMarkSym	13
swCThread	1
swCustomSymbol	9
swDatumOrigin	16
swDatumTag	2
swDatumTargetSym	3
swDisplayDimension	4
swDowelSym	10
swGTol	5
swLeader	11
swNote	6
swRevisionCloud	18
swSFSymbol	7
swTableAnnotation	14
swWeldBeadSymbol	17
swWeldSymbol	8

图 9-31　注解的分类

在 API 文档中 Annotation 对象详细介绍页的 Remarks 中，提到了获得各细分的注解对象的方法。一般步骤如下：

1）通过 Annotation::GetType 的方法，获得图 9-31 中的注解类型枚举值。

2）再根据注解的类型，直接使用 Annotation::GetSpecificAnnotation 的方法，获得与枚举类型一致的细分注解对象，如下代码为从 Annotation 对象转化得到 Note 注释对象。

代码示例如下：

```
Annotation SwAnn;
swAnnotationType_e SwAnnType=SwAnn. GetType(); // 得到注解类型
if(SwAnnType== swAnnotationType_e. swNote)
// 判断是否为注释注解对象
{
    Note SwNote= SwAnn. GetSpecificAnnotation();
    // 直接得到注释注解对象
}
```

实例分析：获得视图中的注解

如图 9-32 所示，在“接线板俯视”视图激活状态下，分别插入了 1 张普通表、1 张明细表、1 个注释、两个尺寸。本实例在获得每个注解对象后，还将进行如下操作。

1）获得注释对象后，对注释的名称与注释值进行重命名与重新赋值。

2）对获得的尺寸进行名称的重命名后，在原尺寸名后追加“××”，并再次获得尺寸值。

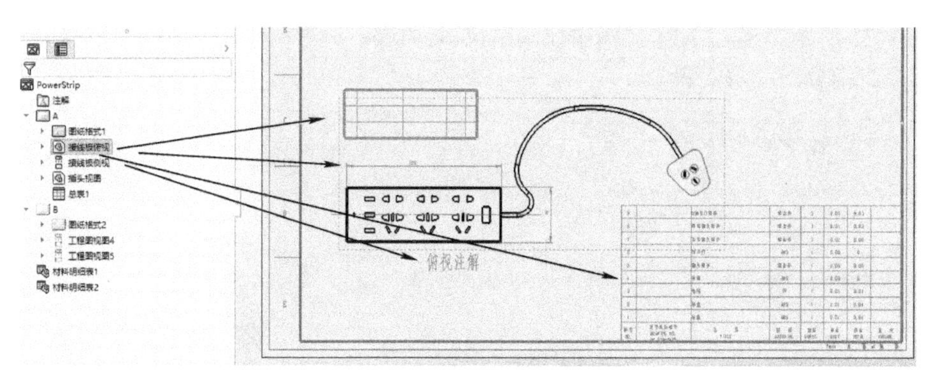

图 9-32　视图中的元素

代码示例如下：

```
SldWorks swApp = null;
ModelDoc2 DrawModleDoc = null;
public void GetAnnotations()
{
    open_swfile("", getProcesson("SLDWORKS"), "SldWorks.Application");
    DrawingDoc SwDwg = (DrawingDoc) DrawModleDoc;
    Annotation swAnn;

    #region 从视图获得 Annotation
    View SwView = GetView(" 接线板俯视 ", SwDwg);
    Note swNoteGeted;
    object[] swAnns = SwView.GetAnnotations();
    foreach (object c in swAnns)
    {
        swAnn = (Annotation) c;
        if (swAnn.GetType() == (int) swAnnotationType_e.swNote)
        {
            swNoteGeted = swAnn.GetSpecificAnnotation();
            MessageBox.Show(swNoteGeted.GetName() + ":" +
swNoteGeted.GetText());
            swNoteGeted.SetName(" 俯视图描述 ");
            swNoteGeted.SetText(" 接线板俯视图 ");
            MessageBox.Show(" 修改后：注解名称："+swNoteGeted.GetName() + "\r\n
注解值为：" + swNoteGeted.GetText());
        }
        else if (swAnn.GetType() ==
(int) swAnnotationType_e.swDisplayDimension)
    {
        DisplayDimension SwDisplayDim = swAnn.GetSpecificAnnotation();
```

```
        Dimension SwDim = SwDisplayDim.GetDimension2(0);
        MessageBox.Show(" 原始尺寸名 : "+SwDim.FullName);
        SwDim.Name =SwDim.Name+ "XX";
        MessageBox.Show(" 修改后尺寸名 : " + SwDim.FullName + "\r\n
尺寸值为 :" + DrawModleDoc.Parameter(SwDim.FullName).SystemValue.
ToString());
        }
        else if (swAnn.GetType() ==
(int)swAnnotationType_e.swTableAnnotation)
        {
            MessageBox.Show(" 获得表格 :" + swAnn.GetName());
        }
        else if (swAnn.GetType() == (int)swAnnotationType_e.swCenterLine)
        {
            MessageBox.Show(" 获得中心线 :" + swAnn.GetName());
        }
    }
    #endregion
}
```

提示

虽然注解对象 Annotation 是所有细分注解的顶层对象，但是并不是所有细分对象都可以使用 View :: GetAnnotations () 方法获得，如本例中的明细表对象与普通表格对象都未得到，此时读者就需查阅 TableAnnotation 等对象的获取方法。

从本实例中可以看到，通过 Annotation :: GetSpecificAnnotation() 方法，可以有效地获得视图中的尺寸、注释对象，并能进行重命名，这将使文档中的元素更规范，也会便于设计后期的数据获取。

小技巧

通过 Annotation 对象获得所需的元素需要采用遍历的方式逐个筛选。以下两点可以参考：

1）若需要获得的元素在特征树中存在，则首选使用 DrawingDoc :: FeatureByName 的方式获得更快。

2）在无法使用 Feature 方式获得对象时，在生成文件数据时，尽可能将注解元素放置在相关视图中，这样当采用遍历方式获得元素时，即可缩小寻找范围。

9.15　本章总结

图 9-33 所示按照常规工程图布局列出了各对象，一个工程图文档中存在多张图样，每张图样中存在多个视图，每张图样和视图中都可能存在注解，注解可分为注释、表格注释、焊接符号注释等各类细化的元素。

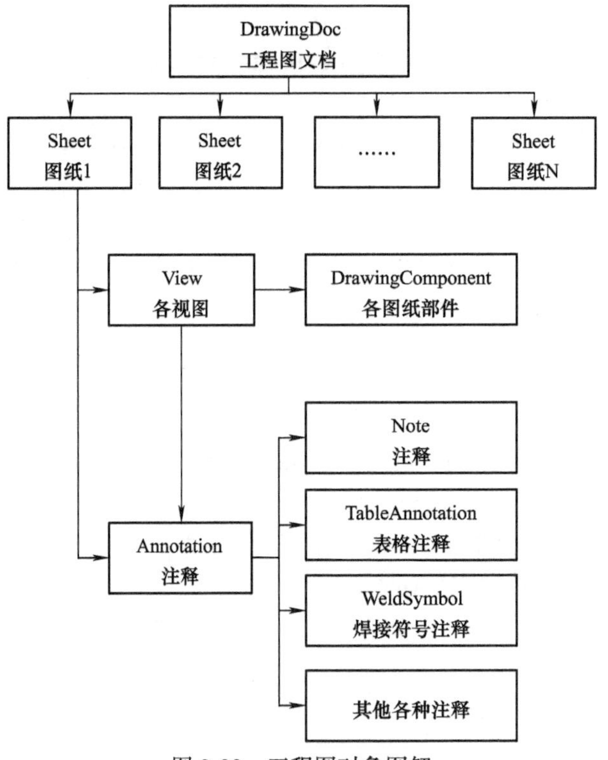

图 9-33　工程图对象图解

练习 9-1　插头工程图

如图 9-34 所示，本练习将通过程序实现如下操作：

1）打开插头装配体 PlugHead.SLDASM。

2）新建工程图文档并命名为 PlugHead.SLDDRW。

3）设置文档的绘图标准为“绘图标准 .sldstd”。

4）将工程图单位设置为 MMGS（毫米，克，秒）。

5）设置图纸格式，使用 A3 图纸格式 .slddrt 模板。

6）将新建的图样重命名为“插头图”。

7）分别插入插头的三个视图，放置到图样中合理位置，并将视图重命名为插头图 1、插头图 2、插头图 3。

8）给插头图插入组件表头的块 PartTitle.SLDBLK。

9）为插头视图插入明细表。

10）在图样中插入技术要求注释。

11）对视图插入模型项目——尺寸。

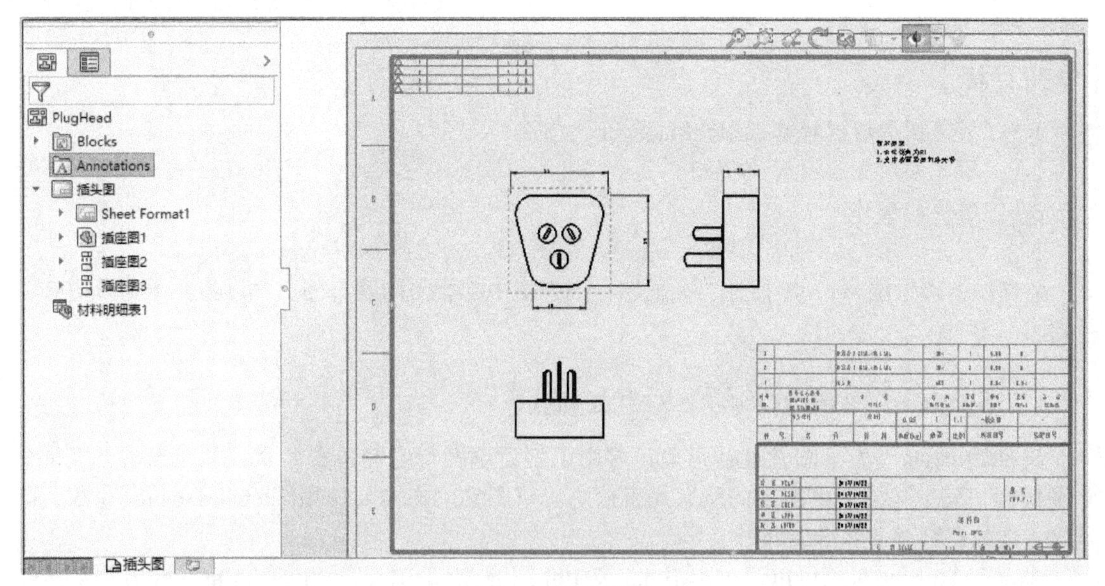

图 9-34　插头详图

第 10 章 草图相关对象 10

【学习目标】

1）了解草图管理器对象 SketchManager

2）了解草图对象 sketch

3）了解块的操作

在 SOLIDWRKS 中，零部件、装配体、工程图中都会使用到草图。本章将介绍与草图有关的对象。

10.1 SketchManager 与 Sketch 概述

SketchManager 为草图管理器对象，可用于创建草图与绘制草图元素。Sketch 相当于每个草图实例，其中包含了草图中的所有元素信息。草图的动作需要使用 SketchManager 完成，而草图中的数据都存储在 Sketch 中。

SketchManager 对象可以通过本书 6.3 节中介绍的 ModelDoc2 :: SketchManager 方法直接获得。

SketchManager 的常用属性见表 10-1。

表 10-1 SketchManager 的常用属性

属性名	作用	返回值
ActiveSketch	获得当前被激活的草图对象	Sketch 对象
AddToDB	直接添加到图形数据库开关	True 或 False

SketchManager 的常用方法见表 10-2。

表 10-2 SketchManager 的常用方法

方法	作用	返回值
EditSketchBlock()	图块开始编辑与结束编辑	无返回
EndEditSketchBlock ()		
GetSketchBlockDefinitions ()	获得图块定义对象	SketchBlockDefinition 对象集合
InsertSketchBlockInstanc ()	插图图块	SketchBlockInstance 对象
MakeSketchBlockFromFile ()		
InsertSketch ()	新建草图	无返回
SketchUseEdge3 ()	使用转化实体引用	True 或 False

在草图中绘制直线、圆等各类草图元素的方法也在 SketchManager 的方法中，读者可以通过 API 文档找到自己需要的方法。

Sketch 的方法基本都用于获得草图中的点、线、圆弧等元素的数据。

10.2　SketchSegment 及其子类概述

点、线、圆弧都属于草图中的某一草图分段，在 SOLIDWORKS 中使用 SketchSegment 作为每一段草图实体的通用对象，包含了各类草图实体中的公共信息，并且其拥有自己的 ID 和 Name，可以被选择。

SketchSegment 的常用属性见表 10-3。

表 10-3　SketchSegment 的常用属性

属性名	作用	返回值
Layer	获得与设置工程图中草图分段的图层	图层名称
Style	获得与设置工程图中草图分段的线型	线型枚举
Width	获得与设置工程图中草图分段的线粗	线粗枚举

SketchSegment 的常用方法见表 10-4。

表 10-4　SketchSegment 的常用方法

方法	作用	返回值
EqualSegment()	等分草图分段	True 或 False
GetName()	获得草图分段的名称	草图分段的名称，可被用于选择语句
GetSketch()	获得草图分段所在的草图	Sketch 对象
GetType()	获得草图分段的类型	草图分段的类型枚举
Select4()	选中草图分段	True 或 False

通过 SOLIDWORKS 提供的 API 文档，可以发现文档中还有 SketchSegment、SketchArc、SketchEllipse、SketchLine 等，它们是每种不同的草图分段相应的对象。图 10-1 所示为 SketchLine 直线草图对象属性与方法，其中可以获得针对直线特性的信息，如起点坐标、终点坐标（相对草图坐标系）信息。即各种不同的草图分段的特性信息分别存放在对应的细分对象中。

SOLIDWORKS API Help　　Send comments on this topic

ISketchLine Interface Members

See Also　Properties　Methods

⊟ Collapse All

SolidWorks.Interop.sldworks Namespace : ISketchLine Interface

The following tables list the members exposed by ISketchLine.

⊟ **Public Properties**

Name	Description
Angle	Gets or sets the angle of the line.
Infinite	Gets whether the line is infinite or finite. NOTE: **This property is a get-only property. Set is not implemented.**

Top

⊟ **Public Methods**

Name	Description
GetBendLineDirection	Gets whether the sketch line is a bendline, and, if it is, the direction of the bendline.
GetEndPoint	Obsolete. Superseded by ISketchLine::GetEndPoint2 and ISketchLine::IGetEndPoint2.
GetEndPoint2	Gets the sketch point for the end point of the line.
GetStartPoint	Obsolete. Superseded by ISketchLine::GetStartPoint2 and ISketchLine::IGetStartPoint2.
GetStartPoint2	Gets the sketch point for the start point of the line.
IGetEndPoint	Obsolete. Superseded by ISketchLine::GetEndPoint2 and ISketchLine::IGetEndPoint2.
IGetEndPoint2	Gets the sketch point for the end point of the line.
IGetStartPoint	Obsolete. Superseded by ISketchLine::GetStartPoint2 and ISketchLine::IGetStartPoint2.
IGetStartPoint2	Gets the sketch point for the start point of the line.
MakeInfinite	Makes a line infinite.

图 10-1　SketchLine 直线草图对象属性与方法

如图 10-2 所示，SketchSegment 对象是所有这些细分的草图分段对象的父类，细分类都继承于 SketchSegment。

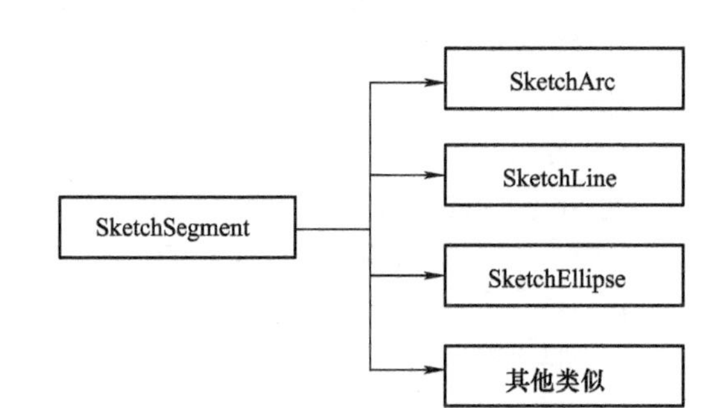

图 10-2　SketchSegment 与其子类

若要获得细分类对象，则可以先使用 SketchSegment::GetType 方法获得草图分段对象的类型，然后强制转化为所需类型。以通过 SketchSegment 对象获得 SketchLine 对象为例，代码如下：

```
SketchSegment SwSketchSegment; // 假定已经获得 SketchSegment
if(SwSketchSegment.GetType()==(int)swSketchSegments_e.swSketchLINE)
// 先需要判断是否是直线草图
{
    SketchLine SwSketchLine = (SketchLine) SwSketchSegment;
    // 继承关系→可获得直线数据
}
```

10.3　实例分析：零件的自动绘制

本例将通过程序实现图中零件的自动绘制，并讲解其中使用到的方法，如图 10-3 所示。本例将实现如下功能：

1）获得当前激活的空零件文件。

2）选中 Top 基准面，并新建草图。

3）绘制凸台草图，并标注尺寸及进行尺寸重命名。

4）重命名凸台草图的名称，并退出编辑草图状态。

5）选中凸台草图，建立拉伸特征，并对拉伸特征重命名。

6）选中凸台特征的指定面，并新建草图。

7）绘制开槽草图，并标注尺寸及进行尺寸重命名。

8）重命名开槽草图的名称，并退出编辑草图状态。

9）选中开槽草图，建立拉伸切除特征，并对拉伸切除特征重命名。

10）重新选中凸台草图，进入编辑模式，遍历草图中的每个草图实体并将其选中。

11）退出凸台草图编辑模式，并选中零件的指定边线。

12）将所有 SOLIDWORKS 的操作设置更新为正常状态。

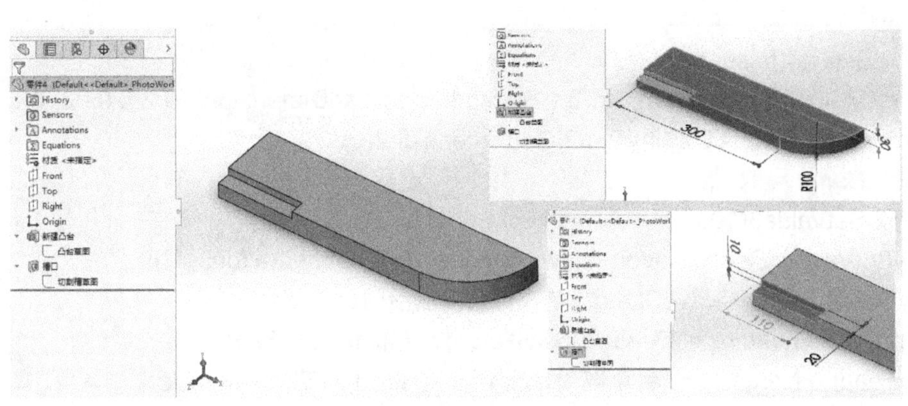

图 10-3　示例模型

1. 代码示例

```
SldWorks swApp = null;
ModelDoc2 SwModleDoc = null;
public void DoPart()
{
  open_swfile("", getProcesson("SLDWORKS"), "SldWorks.Application");
  SketchManager skm = SwModleDoc.SketchManager;
  SelectionMgr SwSelMrg = SwModleDoc.SelectionManager;
  SelectData sd = SwSelMrg.CreateSelectData();

  Feature TopPlane = ((PartDoc) SwModleDoc).FeatureByName("Top");
  TopPlane.Select2(false, 0);
  Sketch SwSketch = null;
  try
  {
    swApp.SetUserPreferenceToggle(10, false); // 关闭弹出尺寸修改对话框
    #region 建立凸台
    skm.InsertSketch(true);
    SketchSegment Line1 = skm.CreateLine(0, 0, 0, 0.2, 0, 0);
    SketchSegment Arc1 = skm.CreateTangentArc(0.2, 0, 0, 0.25, 0.05, 0,
(int)swTangentArcTypes_e.swForward);
    SketchSegment Line2 = skm.CreateLine(0.25, 0.05, 0, 0, 0.05, 0);
    SketchSegment Line3 = skm.CreateLine(0, 0.05, 0, 0, 0, 0);
    Line1.Select4(false, sd);
    DisplayDimension DisplayDim1 = SwModleDoc.AddDimension2(0.1, -0.02, 0);
    Dimension Dim1 = DisplayDim1.GetDimension2(0);
    Dim1.Name = "L1";
    Dim1.SetValue3(300,
(int)swSetValueInConfiguration_e.swSetValue_InAllConfigurations, "");
```

```
    Arc1.Select4(false, sd);
    DisplayDimension DisplayDim2 = SwModleDoc.AddDimension2(0.25, 0.02, 0);
    Dimension Dim2 = DisplayDim2.GetDimension2(0);
    Dim2.Name = "R1";
    Dim2.SetValue3(100,
(int) swSetValueInConfiguration_e.swSetValue_InAllConfigurations, "");
    SwSketch = skm.ActiveSketch; // 获得当前激活的此草图对象
    Feature SwFeature = (Feature)SwSketch; // 直接转化为 Feature
    SwFeature.Name = " 凸台草图 "; // 重命名，有利于后期使用时捕捉
    skm.InsertSketch(true); // 同样退出草图
    SwModleDoc.ClearSelection2(true);
    SwSketch = skm.ActiveSketch; // 再次获得当前激活的此草图对象
    if (SwSketch == null)
    {
        MessageBox.Show(" 当前无激活的草图 !");
    }

    SwFeature = ((PartDoc) SwModleDoc).FeatureByName(" 凸台草图 ");
    // 重新获得草图特征
    SwFeature.Select2(false, 0); // 将草图选中
    SwFeature = SwModleDoc.FeatureManager.FeatureExtrusion2(true, false, false,
0, 0, 0.03, 0, false, false, false, false, 1.74532925199433E-02, 1.74532925199433E-02,
false, false, false, false, false, true, true, 0, 0, false);
    // 做拉伸特征
    SwFeature.Name = " 新建凸台 ";
    #endregion

    #region 挖槽
    SwModleDoc.ClearSelection2(true);
    SwModleDoc.Extension.SelectByID2("", "FACE", 0.01, 0.03, -0.01, false,
0, null, 0); // 通过坐标点选择面作为槽的草图平面
    skm.InsertSketch(true); // 插入草图
    object[ ] Rectangle1 = skm.CreateCornerRectangle(0, 0, 0, 0.1, 0.01, 0);
    // 因为由 4 个 SketchSegment 组成
    SwSketch = skm.ActiveSketch; // 获得当前激活的此草图对象
    SwFeature = (Feature) SwSketch; // 直接转化为 Feature
    SwFeature.Name = " 切割槽草图 "; // 重命名，有利于后期使用时捕捉

    SwModleDoc.ClearSelection2(true);
    SwModleDoc.Extension.SelectByID2("", "SKETCHSEGMENT", 0.09, 0.03,
```

```
0, false, 0, null, 0); // 参照的不是草图坐标，还是零件坐标
    DisplayDimension DisplayDim3 = SwModleDoc.AddDimension2(0.05,
0.03, 0.02); // 参照的不是草图坐标，还是零件坐标
    Dimension Dim3 = DisplayDim3.GetDimension2(0);
    Dim3.Name = "CL1";
    Dim3.SetValue3(110,
(int) swSetValueInConfiguration_e.swSetValue_InAllConfigurations, "");

    SwModleDoc.ClearSelection2(true); // 清除选择
    SwModleDoc.Extension.SelectByID2("", "SKETCHSEGMENT", 0.11,
0.03, –0.005, false, 0, null, 0); // 一定要是唯一通过此点的
    DisplayDimension DisplayDim4 = SwModleDoc.AddDimension2(0.13, 0.03, -0.002);
    Dimension Dim4 = DisplayDim4.GetDimension2(0);
    Dim4.Name = "CH1";
    Dim4.SetValue3(20,
(int) swSetValueInConfiguration_e.swSetValue_InAllConfigurations, "");
    skm.InsertSketch(true); // 同样退出草图

    SwFeature = ((PartDoc) SwModleDoc).FeatureByName(" 切割槽草图 ");
    // 重新获得草图特征
    SwFeature.Select2(false, 0);
    SwFeature = SwModleDoc.FeatureManager.FeatureCut3(true, false,
false, 0, 0, 0.01, 0.03, false, false, false, false, 1.74532925199433E-02,
1.74532925199433E-02, false, false, false, false, false, true, true, true, true, false, 0, 0,
false); // 做切除特征
    SwFeature.Name = " 槽口 ";
    #endregion

    #region 编辑已存在的草图
    SwFeature = ((PartDoc)SwModleDoc).FeatureByName(" 凸台草图 ");
    // 重新获得特征
    SwFeature.Select2(false, 0); // 选中草图
    SwModleDoc.EditSketch(); // 编辑草图
    SwSketch = skm.ActiveSketch;
    object[] ObjSketsegs = SwSketch.GetSketchSegments();
    SwModleDoc.ClearSelection2(true);
    foreach (object aa in ObjSketsegs); // 循环选中每个草图片段实体
    {
        SketchSegment zz = (SketchSegment) aa;
        zz.Select4(true, sd);
```

```
            MessageBox.Show(" 选中 ");
        }
        skm.InsertSketch(true); // 同样退出草图
        #endregion

        #region 选择边线
        SwModleDoc.ClearSelection2(true);
        SwModleDoc.Extension.SelectByID2("", "EDGE", 0.15, 0.03, 0, false, 0, null, 0);
            #endregion
    }
    catch
    {

    }
    finally
    {
            swApp.SetUserPreferenceToggle(10, true); // 打开恢复正常
            skm.DisplayWhenAdded = true; // 实时显示绘制内容
            skm.AddToDB = false; // 非常复杂的草图需要开启
            skm.AutoSolve = true; // 开启自动求解
    }
}
```

2. 代码解读

（1）尺寸修改对话框的开启与关闭

在平时修改尺寸的人机交互时，会弹出尺寸修改对话框（见图 10-4），使用户能够修改尺寸。弹出尺寸修改对话框需要人为干预。在程序自动绘制草图标注时，通常不需要弹出尺寸修改对话框，以保证程序的连贯性。这里在绘制草图之前，先使用了 SldWorks :: SetUserPreferenceToggle(10, false) 方法，关闭弹出尺寸修改对话框功能。

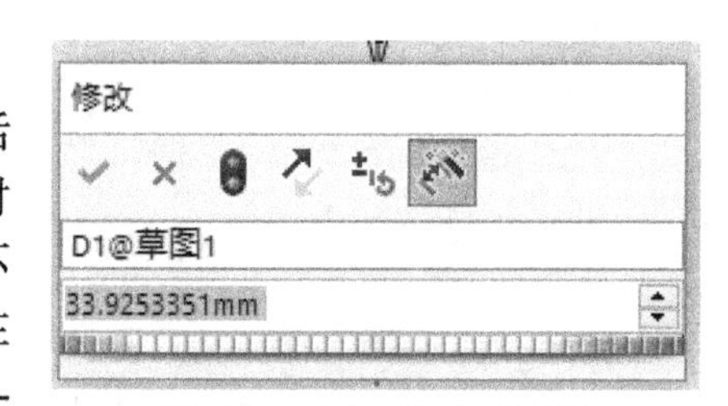

图 10-4　尺寸修改对话框

注意

当草图全部绘制完毕后，程序一定要再次使用 SldWorks::SetUserPreferenceToggle(10, true) 方法开启此对话框弹出功能，否则将影响 SOLIDWORKS 正常的人机交互操作。

（2）草图新建、编辑、退出与重命名

新建平面草图之前，先要选中草图绘制所在的平面，再通过 SketchManager :: InsertSketch(true) 方法新建草图，并进入草图编辑模式。

退出草图时，也可以直接使用 SketchManager :: InsertSketch(true) 方法实现退出草图。

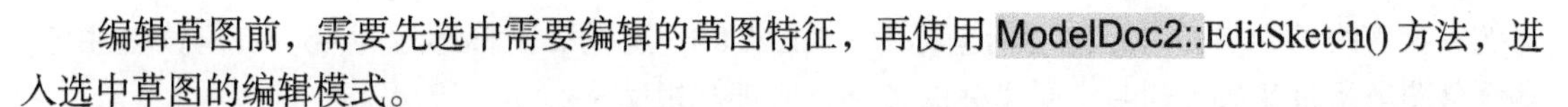

编辑草图前，需要先选中需要编辑的草图特征，再使用 ModelDoc2::EditSketch() 方法，进入选中草图的编辑模式。

草图重命名有利于后期快速捕捉需要的草图，在新建草图时，建议在编辑草图模式的情况下，使用 SketchManager::ActiveSketch 属性，获得当前草图对象，并将草图对象强制转化为 Feature 特征对象，从而使用 Feature::Name 的属性对草图特征进行重命名。

（3）绘制草图

绘制不同草图元素的方法都存在于 SketchManager 对象中，如本例中绘制直线、圆弧、矩形草图使用的方法。这些方法中参数的意义都可参照 API 相关方法的参数解释。

注意

如图 10-5 所示，绘制平面草图时，在草图编辑模式中会存在草图坐标原点，绘制平面草图实体的各类方法中关于 X,Y 的坐标参数都是相对该草图坐标系的，单位为 m。

图 10-5　草图坐标系原点

（4）尺寸添加、修改与重命名

在 SOLIDWORKS 中选中实体最通用的方法为 ModelDocExtension::SelectByID2。该方法能选择的元素范围最广，但是在未知元素名称的情况下，需要用户凭借坐标选中需要的元素。如图 10-6 所示，在零件中除了草图平面坐标系以外，对整个零件还有一个空间坐标系 XYZ，虽然在编辑草图的情况下选中直线，并标注尺寸“300”，但是选中草图中此直线以及放置尺寸“300”位置的坐标都是相对图中箭头所指的零件三维坐标系的。故在绘制完草图实体后，需要重新计算实体相对零件空间坐标系的坐标，从而选中并放置尺寸，空间坐标系的原点即为图 10-6 中左边特征树中的“Origin”。

注意

通过 ModelDoc2:: AddDimension2() 方法放置尺寸值“300”的位置还需要注意一点，即选择的坐标点除了确定“300”的位置，还会确定尺寸的形式。例如，标注两条直线之间的夹角，根据放置位置不同会出现标注夹角、补角等各形式。

图 10-6 中选中的直线，在绘制的时候采用草图平面 XY 坐标系，其起点坐标为（0,0），终点坐标为（0.2,0）。如果使用 ModelDocExtension :: SelectByID2 方法选中该草图直线，则可任选直线上一点的相对零件空间坐标系的 XYZ 坐标作为该方法的参数。这里以选中该直线中点

为例，该直线的中点相对零件空间坐标为（0.1,0,–0），这里 Z 坐标标记为 –0。提醒读者注意，本例草图坐标的 Y 轴方向与空间坐标的 Z 轴方向正好相反。

注意

在这里，选择元素的坐标点需要满足唯一性条件，即在 ModelDocExtension :: SelectByID2 参数中要求选中的指定元素类型中，通过该坐标点的元素只有一个时才能被选中。以图 10-4 为例，若方法中传入的坐标为（0,0,0），则无法选中草图直线，该方法将返回空，原因在于通过（0,0,0）点的 SKETCHSEGMENT 类型元素存在两条直线，故该方法无法确定到底选中哪条直线。

提示

本例中在选中凸台草图元素编辑尺寸时，并没有使用 ModelDocExtension :: SelectByID2 方法，而使用了 **SketchSegment :: Select4** 方法，因为 SketchSegment 对象提供了选择方法，这样可以免去复杂的坐标计算。ModelDocExtension :: SelectByID2 方法的适用范围最广，但是如果能够使用相关对象自带的 Select 方法，则推荐后者，避免复杂的计算和不稳定性。

在选中元素后，对于尺寸的添加、修改及重命名，则可通过本书 8.6.2 实例分析的代码讲解中具体了解 DisplayDimension 与 Dimension 对象的使用方法。

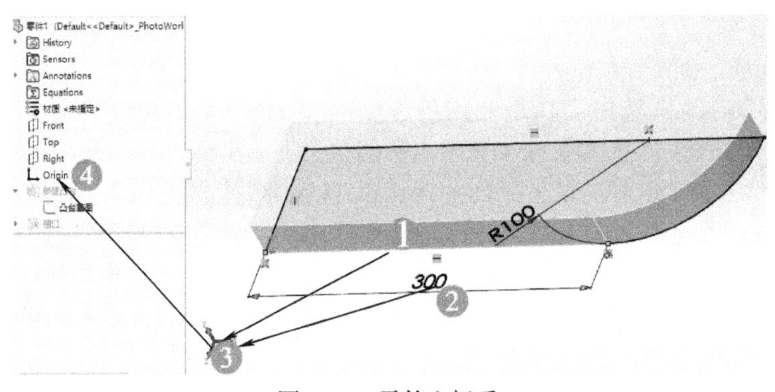

图 10-6　零件坐标系

（5）边线与面的选择

本例中选择槽口草图平面与最后选择零件的一条实体边线，都用了 ModelDocExtension::SelectByID2 方法，参数中的坐标同样参照零件的空间坐标系。在使用方法过程中，参数仅区别在选择类型，前者为“FACE”，后者为“EDGE”。该方法的具体参数介绍在本书 8.2.1 实例分析的代码讲解中已经详述。

（6）草图实体的获得

通过 Sketch::GetSketchSegments 方法，可以获得草图中的所有点、线、圆弧等草图实体通用对象 SketchSegment，SketchSegment 包含了对应草图实体的所有信息以及提供了 Select 方法供直接被选择。

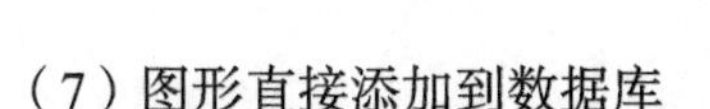

（7）图形直接添加到数据库

SketchManager::AddToDB 图形直接添加到 SOLIDWORKS 的数据库中，避免了绘制草图过程中的自动捕捉。该方法在本书 9.3.2 实例分析的代码讲解中已经详述，具体使用方法可以参照 9.3.2 节的讲解。

（8）隐藏草图

为了避免前一个草图对后面一个草图绘制过程中自动捕捉的影响，有时需要将绘制完毕的草图隐藏，所以先要使用 FeatureByName 的方法选中需要隐藏的草图特征，再使用 ModelDoc2 :: BlankSketch 方法隐藏该草图。

（9）建立特征

特征的建立将在第 11 章进行详细讲解。

技巧

本例只是绘制一个很简单的零部件，就写了非常多的代码，并且还伴随着计算坐标点选择元素，标注尺寸。在复杂的零件设计中，算坐标点将会变得更加复杂，甚至无法通过计算获得需要的元素。同时，在实际用户体验过程中，虽然是程序自动绘制，但是用户需等待计算机从无到有地生成文件，比较影响用户体验。正如本书第 4 章所介绍的，无论是零部件、装配体，还是工程图，都不建议采用从无到有的方式生成。

推荐先将产品模块化，局部标准化后，使用模型库与标准模型图，通过尺寸参数修改的方式建模出图，所以 API 的开发与模型设计的规划有着紧密的关系。

10.3 实例分析

10.4　SketchBlockDefinition 与 SketchBlockInstanc 概述

块的使用能简化设计过程中的一些工作，并且可以使文件格式标准化。SOLIDWORKS 中与块相关的类型有 SketchBlockDefinition 与 SketchBlockInstanc。如图 10-7 所示，在块文件夹下的“BLOCK_TITLE_ASSEM”与“BOLCK_TITLT_PART”都属于块的定义 SketchBlockDefinition，而相同的块在工程图文件中可能会被使用多次，则每个插入的块都是一个实例，即 SketchBlockInstanc。因此，SketchBlockDefinition 可以看作块的模板，而 SketchBlockInstanc 可以看作图中每块实例的数据。

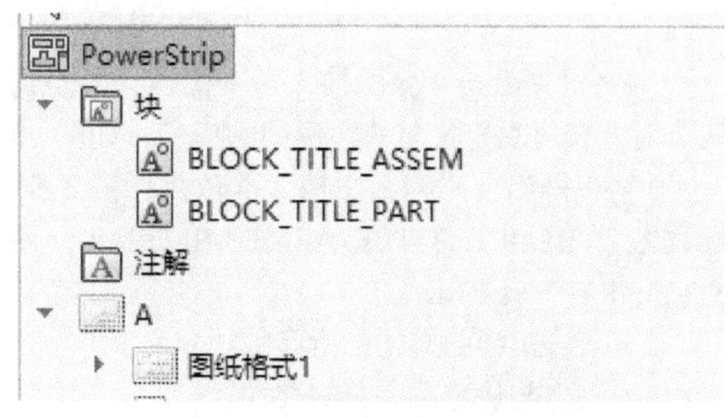

图 10-7　SketchBlockDefinition

SketchBlockDefinition 的常用属性见表 10-5。

表 10-5　SketchBlockDefinition 的常用属性

属性名	作　用	返回值
FileName	获得与图块关联的文件名	文件名
InsertionPoint	设置与获得图块的插入点	MathPoint 点对象
LinkToFile	设置是否链接到文件	True 或 False

SketchBlockDefinition 的常用方法见表 10-6。

表 10-6　SketchBlockDefinition 的常用方法

方　法	作　用	返回值
GetDisplayDimensions()	获得块定义中所有尺寸	尺寸集合
GetFeature()	获得块相应的特征对象	Feature 特征对象
GetInstances()	获得文件中使用到该块定义的所有块实例	SketchBlockInstanc 实例集合
GetNotes()	获得块定义中的所有注释	注释集合

SketchBlockInstanc 的常用属性见表 10-7。

表 10-7　SketchBlockInstanc 的常用属性

属性名	作　用	返回值
Definition	获得块实例相应的块定义	块定义对象
InstancePosition	获得与设置块实例所在位置	MathPoint 点对象
Name	获得与设置块实例的名称	块实例的名称
Scale2	获得与设置块实例的比例	块实例的比例

SketchBlockInstanc 的常用方法见表 10-8。

表 10-8　SketchBlockInstanc 的常用方法

方　法	作　用	返回值
GetAttachedEntities()	获得块所依附的实体	输出 Entity 对象
GetAttributeValue() SetAttributeValue()	获得与设置块属性值	块属性值
GetAttributes()	获得块中所有属性	Note 注释集合
GetLeaderStyle() SetLeader()	获得与设置块的引线类型	引线类型枚举值
Select()	选中块实例	

10.5　实例分析：块的插入与块数据的获取

本例将先后给 3 张图插入一个图签，并且通过 SketchBlockDefinition 与 SketchBlockInstanc 两个对象获得块定义与块实例中的信息，如图 10-8 所示。本例实现了以下功能：

1）获得当前工程图文档，并依次切换 3 张图纸，分别添加图签，其中图纸 1 添加总装的标题栏块 BLOCK_TITLE_ASSEM.SLDBLK，而图 2 和图 3 则添加零件的标题栏块 BLOCK_TITLE_PART.SLDBLK。

2）获得工程图文件中所有的块定义。

3）获得与块定义有关的文件。

4）获得块定义中所有的注释。

5）获得块定义在该工程图文件中相应的所有块实例。
6）获得块定义中注释内容非空的所有注释名称与相应值。
7）获得每个块实例中的属性与属性值。
8）获得 BLOCK_TITLE_ASSEM.SLDBLK 块定义相应的特征，并对特征进行重命名。
9）移动第 3 张图中图签的位置。

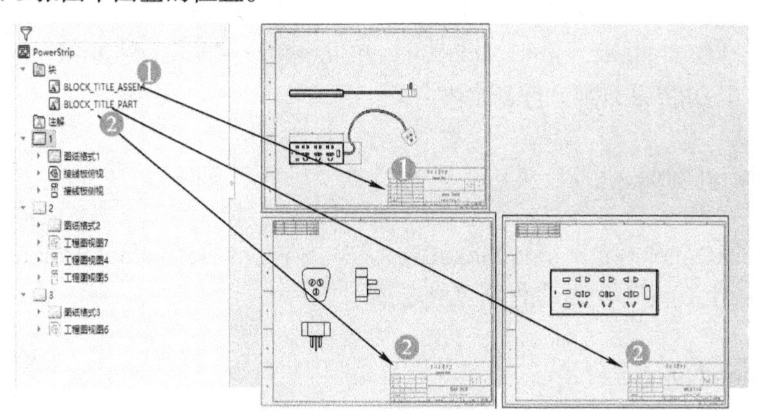

图 10-8　实例分析

1. 代码示例

```
SldWorks swApp = null;
ModelDoc2 SwModleDoc = null;
public void DoSketchBlock()
{
    string rootpath = ModleRoot+@"\ 工程图模板 ";
    string Block1 = rootpath + @"\BLOCK_TITLE_ASSEM.SLDBLK";
    string Block23 = rootpath + @"\BLOCK_TITLE_PART.SLDBLK";

    open_swfile("", getProcesson("SLDWORKS"), "SldWorks.Application");
    DrawingDoc SwDrawing = (DrawingDoc) SwModleDoc;
    SketchManager smg = SwModleDoc.SketchManager;
    MathUtility SwMathUtility = swApp.GetMathUtility();
    SelectionMgr SwSelMrg = SwModleDoc.SelectionManager;
    SelectData SwSelData = SwSelMrg.CreateSelectData();

    double[] InsertPoint = new double[] { 0.412, 0.01, 0 };
    MathPoint SwMathPoint = SwMathUtility.CreatePoint(InsertPoint);

    string[] SheetNames = SwDrawing.GetSheetNames();
    SketchBlockDefinition SwBlockDefinition1 = null;
    SketchBlockDefinition SwBlockDefinition2 = null;
    SketchBlockInstance SwSketchBlockInstance3 = null;
```

```
    foreach (string SheetName in SheetNames)
    {
        SwDrawing.ActivateSheet(SheetName);
        if (SheetName == "1")
        {
        SwBlockDefinition1 = smg.MakeSketchBlockFromFile(SwMathPoint,
Block1, false, 1, 0); // 从外部文件创建块定义
    }
    else if (SheetName == "2")
    {
        SwBlockDefinition2 = smg.MakeSketchBlockFromFile(SwMathPoint,
Block23, false, 1, 0); // 从外部文件创建块定义
    }
    else if (SheetName == "3")
    {
        SwSketchBlockInstance3 =
smg.InsertSketchBlockInstance(SwBlockDefinition2, SwMathPoint, 1, 0);
        // 从块定义创建块实例
    }
 }

object[] Objs = (object[ ])smg.GetSketchBlockDefinitions();
// 获得所有存在的块定义
foreach (object ObjSbd in Objs)
{
    SketchBlockDefinition SwSbd = (SketchBlockDefinition)ObjSbd;
    string BlockFileName = SwSbd.FileName;
    object[] ObjNotesInBlock = SwSbd.GetNotes(); // 得到块中注释
    object[] ObjSketchBlockInstances = SwSbd.GetInstances(); // 获得块实例
    StringBuilder Sb = new StringBuilder(" 块文件为 :" + BlockFileName + "\r\n");
    Sb.Append(" 注释数量 :" + ObjNotesInBlock.Length.ToString() + "\r\n");
    Sb.Append(" 实例数 :" + ObjSketchBlockInstances.Length.ToString() + "\r\n");
    Sb.Append("****** 注释文本非空内容 *******\r\n");
    foreach (object ObjNote in ObjNotesInBlock)
    {
        Note SwNote = (Note) ObjNote;
        if (SwNote.GetText().Trim() != "")
        {
            Sb.Append(SwNote.GetName() + " 的值为：" + SwNote.GetText() + "\r\n");
        }
```

```
        }
        Sb.Append("****** 块实例 *******\r\n");
        foreach (object ObjInstance in ObjSketchBlockInstances)
        {
            SketchBlockInstance SwSketchBlockInstance =
(SketchBlockInstance) ObjInstance;
        Sb.Append(SwSketchBlockInstance.Name + "\r\n");
        object[] ObjAtts = SwSketchBlockInstance.GetAttributes();
        foreach (object ObjAtt in ObjAtts)
        {
            Note SwNote = (Note)ObjAtt;
            Sb.Append("[Attribute]" + SwNote.TagName + " 的值为：" +
SwSketchBlockInstance.GetAttributeValue(SwNote.TagName) + "\r\n");
            }
        }
        MessageBox.Show(Sb.ToString());
    }

    Feature SwFeature = SwBlockDefinition1.GetFeature();
    SwFeature.Name = SwFeature.Name + " 特征 ";
    SwModleDoc.ClearSelection2(true);
    MessageBox.Show(" 块定义重命名成功 !");

    SwSketchBlockInstance3.Select(false, SwSelData);
    double[] InsertPoint5 = new double[] { 0.2, 0.01, 0 };
    MathPoint SwMathPoint5 = SwMathUtility.CreatePoint(InsertPoint5);
    SwSketchBlockInstance3.InstancePosition = SwMathPoint5; // 移动
}
```

2. 代码解读

（1）块的插入与定位

插入块的方法有以下几种，适用于不同的场合。

1）SketchManager::InsertSketchBlockInstance(BlockDef, Position, Scale, Angle) 方法中的参数 BlockDef 为 SketchBlockDefinition，使用该方法需要提前得到所要插入块实例的块定义对象，方法返回 SketchBlockInstanc 块实例对象。

2）SketchManager::MakeSketchBlockFromFile(InsertionPoint, FileName, LinkedToFile, Scale, Angle) 方法适用于已知外部块文件，直接插入生成块定义，该方法虽然返回块定义对象，但实际同时生成块实例对象。

3）插入点位置需要使用到 MathUtility::CreatePoint(ArrayDataIn) 方法将普通的数组转化为 MathPoint 对象。

（2）获得块实例及其名称

插入块时，除了可以获得 SketchBlockInstanc 块的实例对象以外，还可以通过 SketchManager::GetSketchBlockDefinitions() 或 DrawingDoc::FeatureByName(Name) 方法先获得块定义对象 SketchBlockDefinition，然后通过 SketchBlockDefinition::GetInstances() 方法获得块定义下的所有块实例，最后通过 SketchBlockInstance :: Name 属性得到块实例的名称。

（3）获得块实例中的属性与属性值

通过 SketchBlockInstance::GetAttributes() 方法可以获得块中的属性，该方法返回的是一个 object[] 数组，之后需要将其转化为 Note 注释对象。如图 10-9 所示，虽然转化为了 Note 对象，但是不能通过 Note::GetName() 方法获得图中的属性名称，而应该用过 Note::TagName 属性得到图中块的属性名称，最后可以通过 SketchBlockInstance::GetAttributeValue(TagName) 方法得到属性的值。

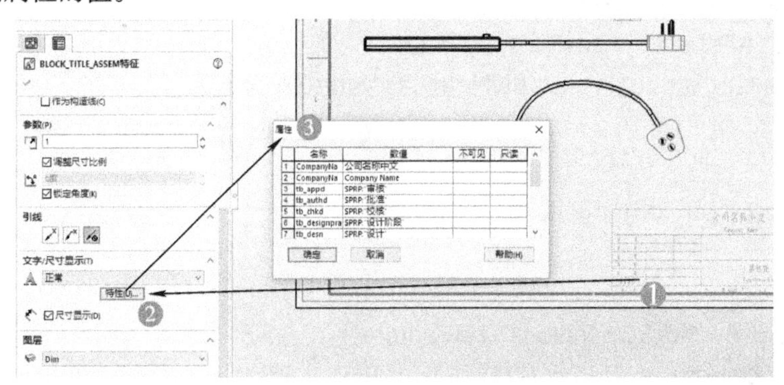

图 10-9　块属性

10.6　本章总结

图 10-10 所示为草图相关对象之间的关系，SketchManager 生成草图与其特征，草图中的每个草图片段即为 SketchSegment 对象，SketchSegment 对象又可细分为圆弧、直线、椭圆等特定草图对象。

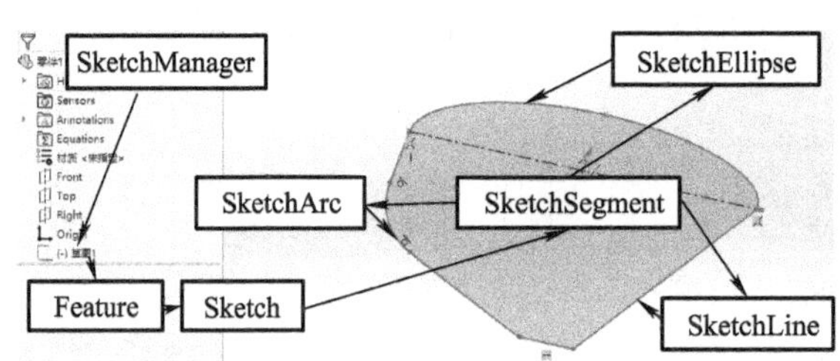

图 10-10　草图相关对象之间的关系

练习 10-1　草图绘制

如图 10-11 所示，使用程序新建一个零部件文件，完成如下操作：

1）选中上视基准面，新建草图。

2）在草图中绘制如下形状的草图。

3）对草图中的每个元素进行标注。

4）对每个标注的尺寸进行重命名。

5）将尺寸 L 设置为“不为工程图标注”。

6）退出草图，将草图特征命名为“草图绘制练习”。

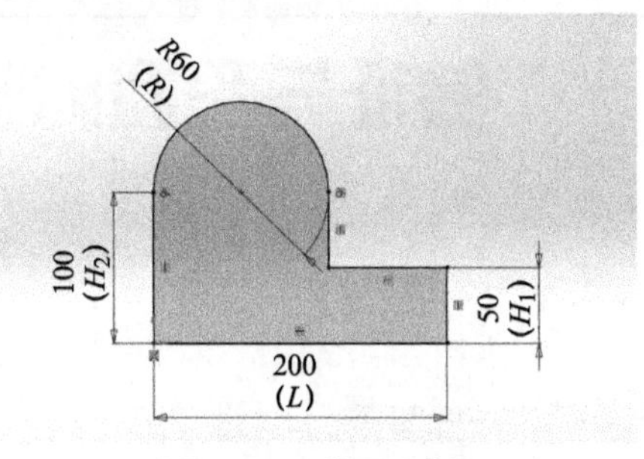

图 10-11　草图绘制

第 11 章

特征与配置相关对象

【学习目标】

1）了解特征管理器对象 FeatureManager

2）了解特征对象 Feature

3）了解配置相关对象

11.1 FeatureManager 与 Feature 概述

FeatureManager 为特征管理器对象，可用于创建各类特征元素。Feature 相当于特征树中的每个特征实例，其中包含了每个特征的信息，如图 11-1 所示。特征的动作需要使用 FeatureManager 完成，而特征中的数据都存储在 Feature 中。

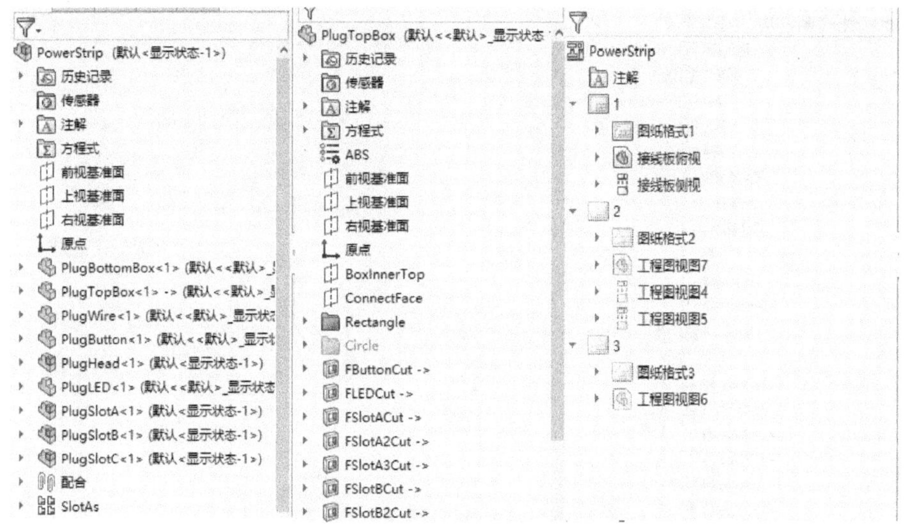

图 11-1　零件、装配体、工程图特征

FeatureManager 对象中的方法主要用于新建各类特征，读者可以通过 API 文档找到自己需要的特征建立方法。图 11-2 所示为一个拉伸特征及对应的 API 方法 FeatureManager :: FeatureExtrusion3(Sd, Flip, Dir, T1, T2, D1, D2, Dchk1, Dchk2, Ddir1, Ddir2, Dang1, Dang2, OffsetReverse1, OffsetReverse2, TranslateSurface1, TranslateSurface2, Merge, UseFeatScope, UseAutoSelect, T0, StartOffset, FlipStartOffset)，可以看到该方法的参数特别多，每个参数都是对应现实情况下新建特征或编辑特征时，弹出的“特征属性管理器”中的每个选项。在学习新建特征时，每个方法都含有特别多的参数，读者可以耐心地对照“特征属性管理器”理解方法中的各类参数，也可配合本书第 2 章中录宏的方式学习各种特征的建立。

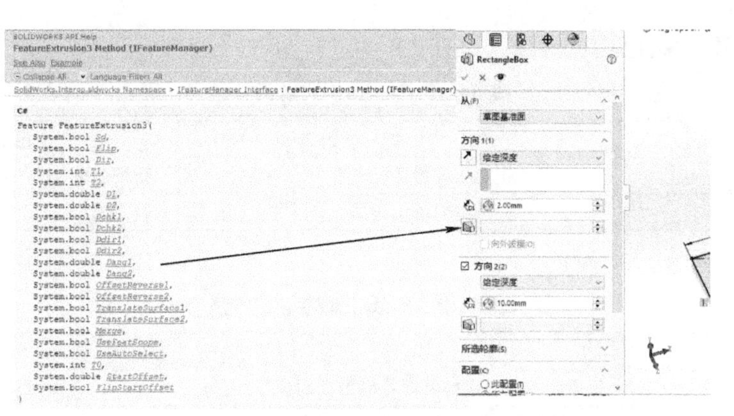

图 11-2　拉伸特征与 API 方法

Feature 对象除了代表特征树中的每个特征实例外，在 SOLIDWORKS 中 Feature 对象更像一个中间变量，通过 Feature 对象可以获得其他各类 SOLIDWORKS 中细分的元素对象，如 Component2、Mate2、Sketch 等各类对象。通常通过 Feature 对象获得细分元素对象的通用步骤如下：

1）通过 PartDoc、AssemblyDoc、DrawingDoc 三种对象的 FeatureByName 方式，获得指定名称的特征。

2）通过 Feature :: GetTypeName2 方法获得特征的类型，返回“String returned by this method”列中的信息，如图 11-3 所示。

3）当确认特征类型后，可以直接使用 Feature::GetSpecificFeature2 方法获得图 11-3 中 Interface 列中的对象。

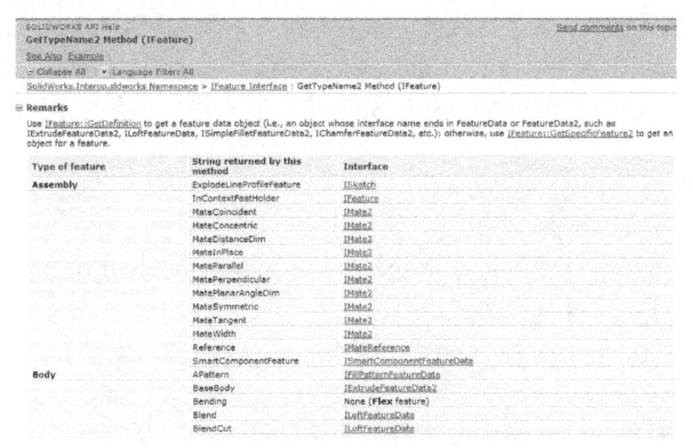
SOLIDWORKS API Help　　Send comments on this topic

GetTypeName2 Method (IFeature)

See Also Example

Collapse All　Language Filter: All

SolidWorks.Interop.sldworks Namespace > IFeature Interface : GetTypeName2 Method (IFeature)

Remarks

Use IFeature::GetDefinition to get a feature data object (i.e., an object whose interface name ends in FeatureData or FeatureData2, such as IExtrudeFeatureData2, ILoftFeatureData, ISimpleFilletFeatureData2, IChamferFeatureData2, etc.); otherwise, use IFeature::GetSpecificFeature2 to get an object for a feature.

Type of feature	String returned by this method	Interface
Assembly	ExplodeLineProfileFeature	ISketch
	InContextFeatHolder	IFeature
	MateCoincident	IMate2
	MateConcentric	IMate2
	MateDistanceDim	IMate2
	MateInPlace	IMate2
	MateParallel	IMate2
	MatePerpendicular	IMate2
	MatePlanarAngleDim	IMate2
	MateSymmetric	IMate2
	MateTangent	IMate2
	MateWidth	IMate2
	Reference	IMateReference
	SmartComponentFeature	ISmartComponentFeatureData
Body	APattern	IFillPatternFeatureData
	BaseBody	IExtrudeFeatureData2
	Bending	None (**Flex** feature)
	Blend	ILoftFeatureData
	BlendCut	ILoftFeatureData

图 11-3　获得特征类型

部分对象元素在图 11-3 中未被列入，但也可以使用 Feature :: GetSpecificFeature2 方法获得相应对象，如 Component2 部件对象。所以在实际操作过程中，如果读者所需要的对象未列入图 11-3 所在列表中，而该对象又存在于特征树中，则可以尝试使用 Feature :: GetSpecificFeature2 获得所需对象。

Feature 对象除了这一中间变量的作用外，还有一些常用的属性方法。

Feature 的常用属性见表 11-1。

表 11-1　Feature 的常用属性

属性名	作　用	返回值
Name	获得与设置特征名称	特征名称
Visible	获得特征可见性	枚举值

Feature 的常用方法见表 11-2。

表 11-2　Feature 的常用方法

方　法	作　用	返回值
GetDefinition ()	获得该特征对应的特征特性数据对象	各类特征特性数据对象
GetTypeName2 ()	获得特征类型	获得特征类型字符串
GetSpecificFeature2 ()	获得特征对应的真实对象	各种对象
GetNextFeature ()	特征遍历中获得当前特征的下一个特征	Feature 或 null
Select2 ()	将该特征选中	
SetSuppression2 ()	获得与设置特征的压缩与解压	True 或 False
IsSuppressed2 ()		
Parameter ()	获得特征中的指定参数	
GetNameForSelection ()	用于 SelectByID2 方法前，得到特征用于被选择的名称	特征的选择名称

11.2　实例分析：按特征树顺序提取零件信息

在 8.2.2 节的实例分析中，使用 AssemblyDoc::GetComponents() 获得的部件顺序是随机的，当不借助工程图中的明细表，而直接从装配体中得到一个有序的零件信息时，可以使用 Featuer 的遍历方法从特征树由上往下按序得到所有零件的信息。如图 11-4 所示，本例将通过 Feature 遍历的方式，按特征树顺序获得 PowerStrip.SLDASM 装配体中所有的零件信息，并导出数据，主要步骤如下：

1）获得装配体 PowerStrip.SLDASM。

2）获得装配体文件中的第一个特征。

3）结合 While 循环语句与 Feature::GetNextFeature () 方法，遍历特征树中的每个特征，并在 While 循环体中执行接下来的步骤。

4）使用 Feature::GetSpecificFeature2 方法将特征转化为 object 对象。

5）使用 objectis Component2 方式判断得到的 object 是否是 Component2 对象。

6）如果 object 对象是 Component2 对象，则将其强制转化为 Component2 对象，否则使用 Feature::GetNextFeature 方法得到下一个特征对象，并进入下一轮循环。

7）判断部件对象的状态、轻化、压缩等情况，并进行还原。

8）将部件对象转化为通用文档对象，并获得零件信息。

9）判断部件是否是一个装配体，若是，则继续遍历子装配体中的所有零件，否则使用 Feature::GetNextFeature 方法得到下一个特征对象，并进入下一轮循环。

10）直到获得的 Feature 为 null，即表示最后一个特征结束，退出循环，完成所有零件的按序信息提取。

11）根据收集的信息统计零部件的数量。

12）将所有有序的零部件的信息导出。

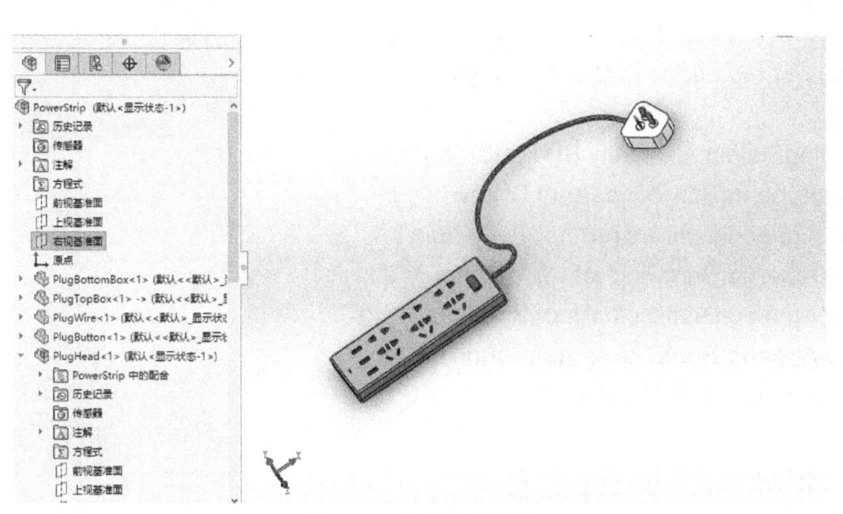

图 11-4　实例分析模型

1. 代码示例

```
SldWorks swApp = null;
ModelDoc2 SwModleDoc = null;
public void GetBomInOrder()
{
    string OutputFilePath = Application.StartupPath + @"\FeatureOutput.txt";
    Dictionary<string, BomBean> BomDic = new Dictionary<string,
BomBean>(); // 构造一个存储数据的集 Dictionary< 件号 , 零件信息 >
    Dictionary<string, int> PartCountDic = new Dictionary<string, int>();
    // 用于统计数量 Dictionary< 文件名 , 数量 >()
    open_swfile("", getProcesson("SLDWORKS"), "SldWorks.Application");
    TraverseFeature(SwModleDoc, BomDic, PartCountDic); // 遍历模型零件

    #region 将阵列、镜像的内容统计到数量中
    foreach (string PartNo in BomDic.Keys)
    {
        if (PartCountDic.ContainsKey(BomDic[PartNo].FileNameNoExt))
        {
            BomDic[PartNo].Count = BomDic[PartNo].Count + PartCountDic [BomDic
[PartNo]. FileNameNoExt];
        }
    }
    #endregion

    #region 输出到外部 txt 文本
    StreamWriter sw = File.AppendText(OutputFilePath);
```

```
    foreach (string partno in BomDic.Keys)
    {
        StringBuilder sb = new StringBuilder(" 件号 :"+partno+",");
        sb.Append(BomDic[partno].DwgNo+",");
        sb.Append(BomDic[partno].PartName + ",");
        sb.Append(BomDic[partno].Material + ",");
        sb.Append(BomDic[partno].PreMass + ",");
        sb.Append(BomDic[partno].Count.ToString() + ",");
        sw.WriteLine(sb.ToString());
    }
    sw.WriteLine("****** 结束 ******");
    sw.Flush();
    sw.Close();
    Process.Start(OutputFilePath);
  #endregion
}

public void TraverseFeature(ModelDoc2 Modle, Dictionary<string,
BomBean> BomDic, Dictionary<string, int> PartCountDic)// 获得顶层部件方法
{
   FeatureManager FM = Modle.FeatureManager;
   Feature swFeat = Modle.FirstFeature();
   CustomPropertyManager CPM;
   string FileNameNoExt = "";
   int PartNoInNowLevetl = 1; // 当前层级下的件号
   while (swFeat != null)
   {
     object ObjComp = swFeat.GetSpecificFeature2();
     if (ObjComp is Component2)
     {
         Component2 Comp = (Component2)ObjComp;
         if (Comp.ExcludeFromBOM == true || Comp.GetSuppression() == 0)
         // 压缩或排除在明细表外的部件
         {
             swFeat = swFeat.GetNextFeature();
             continue;
         }
         else if (Comp.GetSuppression() == 1 || Comp.GetSuppression() == 3
|| Comp.GetSuppression() == 4)// 轻化
         {
```

```
            Comp.SetSuppression2(2); // 全部还原
        }
        ModelDoc2 SubModle = Comp.GetModelDoc2();
        CPM = SubModle.Extension.CustomPropertyManager[""];
        FileNameNoExt = SubModle.GetTitle().Substring(0,
SubModle.GetTitle().LastIndexOf("."));
        if (Comp.IsPatternInstance())// 是镜像阵列之类的
        {
         if (PartCountDic.ContainsKey(FileNameNoExt))
         {
          PartCountDic[FileNameNoExt] = PartCountDic[FileNameNoExt] + 1;
          }
          else
          {
            PartCountDic.Add(FileNameNoExt, 1);
          }
          swFeat = swFeat.GetNextFeature();
          continue;
        }
        #region 登记零件信息
        BomBean bb = new BomBean();
        bb.DwgNo = GetBomInfo(CPM, " 图号 ");
        bb.PartName = GetBomInfo(CPM, " 名称 ");
        bb.Material = GetBomInfo(CPM, " 材料 ");
        bb.PreMass = double.Parse(GetBomInfo(CPM, " 单重 "));
        bb.Remark = GetBomInfo(CPM, " 备注 ");
        bb.FileNameNoExt = FileNameNoExt;
        BomDic.Add(PartNoInNowLevetl.ToString().Trim(), bb);
        #endregion
        if(SubModle.GetType()==(int)swDocumentTypes_e.swDocASSEMBLY)
        // 说明是装配体
        {
            TraverseComp(Comp, BomDic,
PartNoInNowLevetl.ToString().Trim(), PartCountDic, CPM);
        }
        PartNoInNowLevetl = PartNoInNowLevetl + 1;
    }
    swFeat = swFeat.GetNextFeature();
  }
}
```

```
public void TraverseComp(Component2 Comp, Dictionary<string, BomBean>
BomDic, string ParentPartNo, Dictionary<string, int> PartCountDic,
CustomPropertyManager CPM)
// 这个是扫描子部件
{
    Feature swFeat = Comp.FirstFeature();
    int PartNoInNowLevetl = 1; // 当前层级下的件号
    string FileNameNoExt = "";
    while (swFeat != null)
    {
        object ObjComp = swFeat.GetSpecificFeature2();
        if (ObjComp is Component2)
        {
            Component2 Comp1 = (Component2) ObjComp;
            if (Comp1.ExcludeFromBOM == true || Comp1.GetSuppression() ==
0)// 压缩或排除在明细表外的部件
        {
            swFeat = swFeat.GetNextFeature();
            continue;
        }
        else if (Comp1.GetSuppression() == 1 || Comp1.GetSuppression() == 3
|| Comp1.GetSuppression() == 4)// 轻化
        {
            Comp1.SetSuppression2(2); // 全部还原
        }
        ModelDoc2 SubModle = Comp1.GetModelDoc2();
        CPM = SubModle.Extension.CustomPropertyManager[""];
        FileNameNoExt = SubModle.GetTitle().Substring(0,
SubModle.GetTitle().LastIndexOf("."));
        if (Comp.IsPatternInstance())// 是镜像阵列之类的
        {
          if (PartCountDic.ContainsKey(FileNameNoExt))
          {
            PartCountDic[FileNameNoExt] = PartCountDic[FileNameNoExt] + 1;
          }
          else
          {
            PartCountDic.Add(FileNameNoExt, 1);
          }
```

```
            swFeat = swFeat.GetNextFeature();
            continue;
        }
        #region 登记零件信息
        BomBean bb = new BomBean();
        bb.DwgNo = GetBomInfo(CPM, " 图号 ");
        bb.PartName = GetBomInfo(CPM, " 名称 ");
        bb.Material = GetBomInfo(CPM, " 材料 ");
        bb.PreMass = double.Parse(GetBomInfo(CPM, " 单重 "));
        bb.Remark = GetBomInfo(CPM, " 备注 ");
        bb.FileNameNoExt = FileNameNoExt;
        BomDic.Add(ParentPartNo + "-" + PartNoInNowLevetl.ToString().Trim(), bb);
        #endregion
        if (SubModle.GetType() == (int)swDocumentTypes_e.swDocASSEMBLY)
        // 说明是装配体，进入迭代模式
        {
            TraverseComp(Comp1, BomDic, ParentPartNo + "-" +
PartNoInNowLevetl.ToString().Trim(), PartCountDic, CPM);
        }
        PartNoInNowLevetl = PartNoInNowLevetl + 1;
        }
        swFeat = swFeat.GetNextFeature();
    }
}

public string GetBomInfo(CustomPropertyManager CPM, string FieldName)
// 获得模型属性方法
{
    string DisplayValue = "";
    string Value = "";
    bool x = false;
    CPM.Get5(FieldName, false, out Value, out DisplayValue, out x);
    return DisplayValue;
}

**************** 以下为构建存储模型数据的一个类 ***************
public class BomBean
{
    public string DwgNo { get; set; }
    public string PartName { get; set; }
```

```
    public string Material { get; set; }
    public int Count { get; set; }
    public double PreMass { get; set; }// 单个零件的重量
    public string Remark { get; set; }
    public string FileNameNoExt { get; set; }// 文件名，用于统计数量
    public BomBean()
    {
        DwgNo = "";
        PartName = "";
        Material = "";
        Count = 1;
        PreMass = 0;
        Remark = "";
        FileNameNoExt = "";
    }
}
```

2. 代码解读

先通过 ModelDoc2 等获得第一个特征的 FirstFeature() 方法，得到第一个特征，再利用 While 循环与 Feature::GetNextFeature() 方法，按序获得特征树上所有的特征。

11.3 特征数据对象及获得方式

SOLIDWORKS 特征树中的每个特征都含有针对自身的特征数据对象，如 LocalCircularPatternFeatureData 圆周阵列特征数据、LocalLinearPatternFeatureData 线性阵列特征数据、ExtrudeFeatureData2 拉伸特征数据对象等。在 SOLIDORKS 提供的 API 文档中还能找到很多带有 FeatureData 名称的对象，这些都是特征数据对象，用于存储各自特性的数据。

图 11-5 所示为线性阵列的特征属性，其中的信息就存放在相应的 LocalLinearPatternFeatureData 特征数据对象中，特征数据对象中的属性与方法就针对界面特征属性中的每个控件值。

通过特征数据对象的属性与方法，可以获得并修改特征的详细数据。若要获得需要的特征对象数据，则可以先使用 Feature :: GetTypeName2() 的方式获得特征的类型，根据所判断的特征类型，再使用 Feature :: GetDefinition() 方法直接获得所需要的特征数据对象。

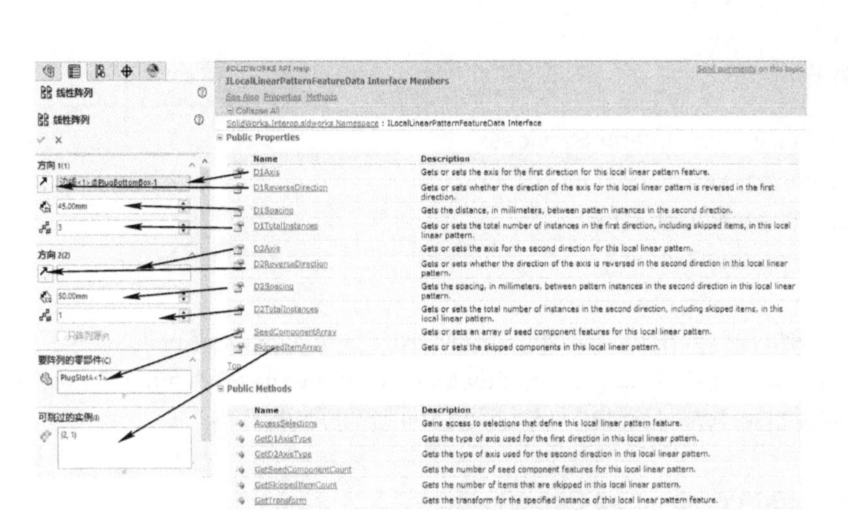

图 11-5　线性阵列特征属性与相应特征数据对象

11.4　实例分析：线性阵列特征数据的获取与修改

如图 11-6 所示，接线板装配体中有一个名称为“SlotAs”的线性阵列特征，其阵列源为部件“PlugSlotA-1”，阵列数量为 3 个，其中跳过了第二个阵列实例。本例将对此装配体完成如下的数据获取与修改。

1）获得当前激活的装配体，并获得 SlotAs 特征。

2）判断所获特征是否属性线性阵列。

3）获得线性阵列特征数据对象 LocalLinearPatternFeatureData。

4）获得特征中方向 1 的阵列数量、阵列间距、阵列源以及跳过的实例信息。

5）将特征树回滚到该特征之前，并弹出特征属性对话框。

6）获得部件 PlugSlotB-1 的 Component2 对象。

7）将 PlugSlotB-1 部件对象添加到源集合中。

8）将该集合赋予特征数据对象 LocalLinearPatternFeatureData。

9）将修改后的特征数据赋予特征 Feature 中。

10）将特征树的回滚状态还原。

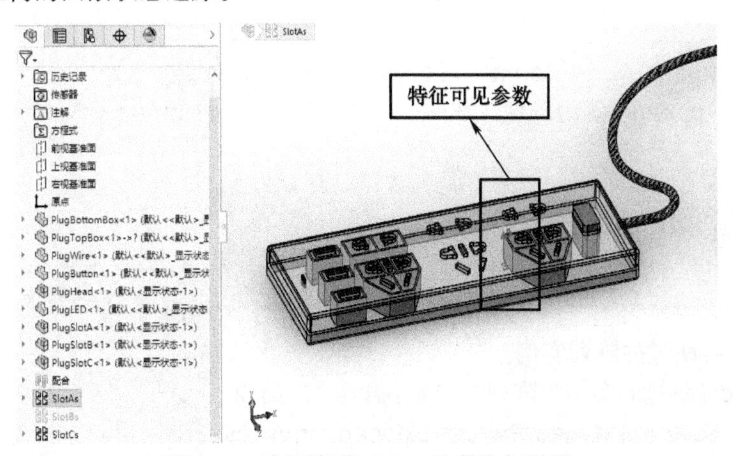

图 11-6　线性阵列 SlotAs 的获取与设置

1. 代码示例

```
using System.Runtime.InteropServices;
SldWorks swApp = null;
ModelDoc2 SwModleDoc = null;
public void DoLinearPattern()
{
    open_swfile("", getProcesson("SLDWORKS"), "SldWorks.Application");
    Feature SwFeat = ((AssemblyDoc)SwModleDoc).FeatureByName("SlotAs");
    if (SwFeat.GetTypeName2() == "LocalLPattern")// 线性阵列
    {
        StringBuilder sb = new StringBuilder();
        LocalLinearPatternFeatureData SwLinearPattern = SwFeat.GetDefinition(); // 得
到线性阵列特征数据对象
        sb.Append(" 阵列总是为 ( 含源与跳过实例 ):" +
SwLinearPattern.D1TotalInstances.ToString().Trim() + "\r\n");
        // 包含了源与跳过的实例
        sb.Append(" 阵列间距 :" + SwLinearPattern.D1Spacing + "\r\n");

        #region 获得阵列的源数据
        sb.Append("************ 阵列源信息 ***********\r\n");
        object[] ObjSeedFeatures = SwLinearPattern.SeedComponentArray;
        // 获得了阵列属性管理器中要阵列的零部件列表中的内容
        foreach (object ObjSeedFeature in ObjSeedFeatures)
        {
            Feature SwSeedFeature = (Feature)ObjSeedFeature;
            sb.Append(" 源特征名为 :" + SwSeedFeature.Name + "\r\n");
            object ObjComp = SwSeedFeature.GetSpecificFeature2();
            if (ObjComp is Component2)
            {
            Component2 SwComp = (Component2)ObjComp;
            sb.Append(" 源为部件，部件名为 :" + SwComp.Name2 + "\r\n");
        }
    }
    #endregion

    sb.Append("************ 阵列跳过实例信息 ************\r\n");
    #region 获得跳过的阵列实例
    sb.Append(" 跳过的实例为阵列方向 ( 不含源 ) 的第 ");
    int[] SkipIndexs = SwLinearPattern.SkippedItemArray;
    foreach (int Index in SkipIndexs)
```

```
    {
        sb.Append(Index.ToString().Trim() + ",");
    }
    #endregion
    sb.Append(" 个 \r\n");
    MessageBox.Show(sb.ToString(), " 特征信息获取结果 ");

    #region 添加阵列源
    if (SwLinearPattern.AccessSelections(SwModleDoc, null))
    // 需要先回滚模型，显示特征对话框的拾取列表
    {
        Array.Resize(ref ObjSeedFeatures, (ObjSeedFeatures.GetUpperBound(0) + 2));
    }
    ObjSeedFeatures[1] = ((AssemblyDoc)SwModleDoc).GetComponentByName("PlugS
lotB-1");
    DispatchWrapper[] dispWrapArr = null;
    dispWrapArr=(DispatchWrapper[])ObjectArrayToDispatchWrapperArray(ObjSeedF
eatures);
        SwLinearPattern.SeedComponentArray = dispWrapArr;
        SwFeat.ModifyDefinition(SwLinearPattern, SwModleDoc, null);
        // 将修改的特征数据赋值给相应特征
        SwLinearPattern.ReleaseSelectionAccess();
        // 特征树返回正常状态
        #endregion
    }
}

public DispatchWrapper[] ObjectArrayToDispatchWrapperArray(object[ ] Objects)
{
    int ArraySize = 0;
    ArraySize = Objects.GetUpperBound(0);
    DispatchWrapper[] d = new DispatchWrapper[ArraySize + 1];
    int ArrayIndex = 0;
    for (ArrayIndex = 0; ArrayIndex <= ArraySize; ArrayIndex++)
    {
        d[ArrayIndex] = new DispatchWrapper(Objects[ArrayIndex]);
    }
    return d;
}
```

2. 代码解读

（1）获得特征数据对象

先执行 Feature :: GetTypeName2() 方法判断特征类型，再执行 Feature :: GetDefinition() 方法，直接获得需要的特征数据对象。

（2）修改特征数据通用步骤

以线性特征数据为例，修改特征数据的通用步骤如下：

1）使用特征数据对象的 LocalLinearPatternFeatureData::AccessSelections 方法，将当前文档的特征树回滚到所修改特征之前，如图 11-7 所示。

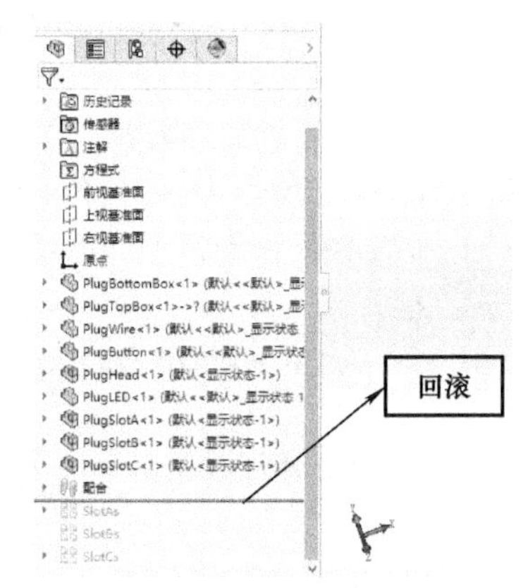

图 11-7　特征树回滚

2）使用 LocalLinearPatternFeatureData::SeedComponentArray 属性获得阵列源的集合，对集合中的元素进行修改。

3）使用 DispatchWrapper 重新封装修改完的阵列源集合。

4）通过 LocalLinearPatternFeatureData::SeedComponentArray 属性方式将修改后的阵列源集合赋予线性阵列特征数据对象。

5）使用 Feature:: ModifyDefinition 的方法将修改后的 LocalLinearPatternFeatureData 数据重新赋予特征，完成特征的修改。

6）使用 LocalLinearPatternFeatureData :: ReleaseSelectionAccess 方法将回滚状态恢复。

虽然能通过特征数据对象访问与设置特征参数，但是并不是任何情况下都需要获得特征数据对象才能对特征进行数据获得与修改。如图 11-6 所示，当单击“SlotAs”特征后，模型中会显示两个尺寸（3,45），即阵列数量与间距，修改这两个参数可以使用 ModelDoc2::Parameter 方法直接操作，无须通过特征数据对象进行操作。对比这两种方法，采用 ModelDoc2::Parameter 方法修改这些可见的尺寸更有效率。所以在修改特征时，要先判断如何修改比较有效率，再进行后续代码编写。

11.5　ConfigurationManager 与 Configuration 简述

SOLIDWORKS 中与配置操作相关的对象为 ConfigurationManager 与 Configuration，从前面对草图相关对象、特征相关对象的介绍可以看出，ConfigurationManager 对象同样主要用于对配置的操作，如添加配置、获得激活的配置等，而 Configuration 对象则用于存储相关配置的数据。

ConfigurationManager 可以通过 ModelDoc2::ConfigurationManager 方法获得，在 SOLD-IWORKS 文档中 Configuration 对象可以使用 ModelDoc2 ::GetConfigurationByName 的方法直接指定名称获得。

Configuration 的常用属性见表 11-3。

表 11-3　Configuration 的常用属性

属性名	作用	返回值
CustomPropertyManager	直接获得该配置相应的配置属性管理器	属性管理器对象
Name	获得与设置该配置的名称	配置名称
SuppressNewComponentModels	插入的新零件对于此配置是否压缩状态	True 或 False
SuppressNewFeatures	插入的新特征对于此配置是否压缩状态	True 或 False
Type	配置的类型	配置类型的枚举

Configuration 的常用方法见表 11-4。

表 11-4　Configuration 的常用方法

方法	作用	返回值
GetChildren ( )	获得所有继承于当前配置的子配置	配置对象集合
GetParent ( )	获得当前配置的父配置	配置对象
Select2 ( )	选中当前配置	

在实际的 SOLDIWORKS 使用中，直接使用 ConfigurationManager 与 Configuration 对象的频率并不是很高。因为配置相关的操作通常以参数方式传入其他对象的方法中实现某些具体功能，如 8.6.2 节的实例分析中，对尺寸的获取与赋值就会使用到指定配置名称。

11.6　本章总结

如图 11-8 所示，FeatureManager 创建了各种 Feature 特征，每个 Feature 特征对象包含自己的一个 FeatureData 特征数据对象，FeatureData 可细分为拉伸特征数据、圆周阵列数据等对象。

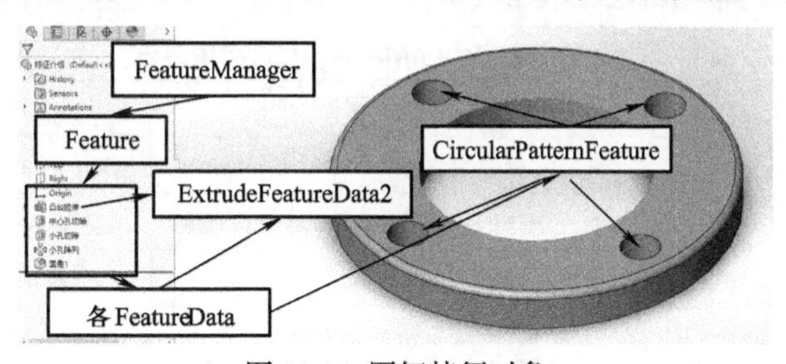

图 11-8　图解特征对象

第 12 章 SOLIDWORKS 中的选择

12

【学习目标】

1）了解选择管理器对象 SelectionMgr

2）掌握 SOLIDWORKS 中常用的选择方案

在 SOLIDWORKS 中，无论是通过 API 方式还是人机交互的方式对零件、装配体、工程图进行操作，都离不开选择操作。本章将针对 SOLIDWORKS 中的选择进行详细讲解。

12.1 SelectionMgr 概述

SelectionMgr 选择管理器使得我们可以访问被选择的对象信息，并且能将选中的对象直接转化为实际需要的对象，功能类似第 11 章介绍的 Feature::GetSpecificFeature2 的功能。每个文档都有一个选择管理器对象，可以通过 ModelDoc2::SelectionManager 属性直接得到。

SelectionManager 的常用属性见表 12-1。

表 12-1 SelectionManager 的常用属性

属性名	作　用	返回值
EnableContourSelection	是否允许轮廓选择	True 或 False

SelectionManager 的常用方法见表 12-2。

表 12-2 SelectionManager 的常用方法

方　法	作　用	返回值
CreateSelectData()	创建选择数据对象	SelectData 选择集对象
GetSelectedObject6()	通过选择的对象得到实际需要的对象	选择对象对应的实际对象
GetSelectedObjectsComponent4()	获得选择的部件	Component 或 Drawing component
GetSelectedObjectsDrawingView2()	获得选择的图纸视图	View 对象
GetSelectedObjectType3()	获得选中元素的对象类型	对象类型枚举

12.2 SOLIDWORKS 中常用的选择方案

12.2.1 各选择方案对比

SOLIDWORKS 中通常使用 SelectByID2 与 Select 两种方法进行选择，在 8.2.1 节与 10.3 节中已进行了详细的讲解。在使用 Select 方法之前需要先获得拥有该方法的对象。虽然通过遍历的方式最终能够获得需要的对象，但程序运行可能会比较低效。若存在快速获得对象的方法，应尽量使用这些方法。模型中比较实用的获取对象的方法可见表 12-3。

表 12-3 常用获取对象的方法

方法名称	所在对象	适用场合	本书详述章节
FeatureByName	PartDoc AssemblyDoc DrawingDoc Component2 Feature	能够直接选中特征树中的元素，需要预先知道被选中元素的特征名称，只适用于选择特征树的元素	11.1
GetEntityByName	PartDoc	可以通过零件预设的边线与面的名称，直接选中这些实体元素，适用于边线与面预先命名并已知名称	12.2.2
GetObjectByPersistReference3	ModelDocExtension	通过对象的 ID 获得	12.2.3

此外工程图中还有一些快速获取图中元素的方法，具体可见第 9 章工程图相关介绍。

注意

各类对象的 Select 方法虽然可以方便地选中对象，但也会有选不中的情况，问题在于 Select 方法所在的对象获得方式不同。

假定一个总装配体 A，其下有一个子装配体 B，在 B 下面有一个零件 C，现在需要在总装配体 A 的环境下对零件 C 进行编辑零部件。操作过程是选中部件 C，进入编辑零部件模式。而这个过程中选中部件 C 的动作由 Component2::Select4 方法完成。

若用户为了避免拼接路径字符串方式获得部件 C 的 Component2 对象，先通过 A 的装配体对象 GetComponentByName () 方法获得 B 部件，然后将 **B** 部件通过 **GetModelDoc2** () 方法得到相应的文档对象 **ModelDoc2**，再将 **B** 的文档对象转化为装配体对象，最后使用 **B** 的装配体对象方法 **GetComponentByName** () 获得部件 C 的部件对象 Component2，则此时使用 Select4 方法是无法将部件 **C** 选中的。

若先通过 A 的装配体对象 GetComponentByName () 方法获得 B 部件，再使用 **B** 部件的 **Component2 ::FeatureByName** 方式获得部件 **C** 的特征对象，最后将部件 **C** 的特征通过 **Feature :: GetSpecificFeature2**() 得到 **C** 的 **Component2** 对象，则此时使用 Select4 方法可以正常选中部件 C。

以上两种方式都使用了 Component2:: Select4 方法选中部件 C，但前者失败，后者成功，原因就在于虽然都是 Component2 对象，但获得的方式不同。

通过 Component2 :: Name2 属性可以发现得到部件名称是不一样的，通过部件名称可以追溯到源头的 ModelDoc2 对象的位置，即前者只能追溯 B 部件的 ModelDoc2 对象，而后者可以追溯到装配体 A 的 ModelDoc2 对象，即当前操作的文档。

可以看到，操作的部件对象需要相对于当前被激活的文档。虽然使用 **Select** 方法能够避免用户拼接字符串路径，但其内部的机制还是使用了 **SelectByID2** 方法中的含路径的名称参数。在第二种操作方式中，部件 B 和 C 都作为 A 文档的特征进行处理，故包含了部件相对 A 的所有路径信息，故能成功选中部件 C。

12.2.2 实例分析：实体的设置与获得

零部件中存在着大量的实体，包括边线、面。默认情况下这些实体不具有名字，但用户可以对有用的边线和面进行命名，以方便选择。图 12-1 所示为设置边线属性进行命名的方法：选中需要命名的边线，单击鼠标右键，在弹出的快捷菜单中选中“边线属性”，在“实体属性”对象框中可对该选中边线进行名称赋予。

当模型中所需的实体被命名后，即可方便地通过该名字直接获得实体对象并选中。

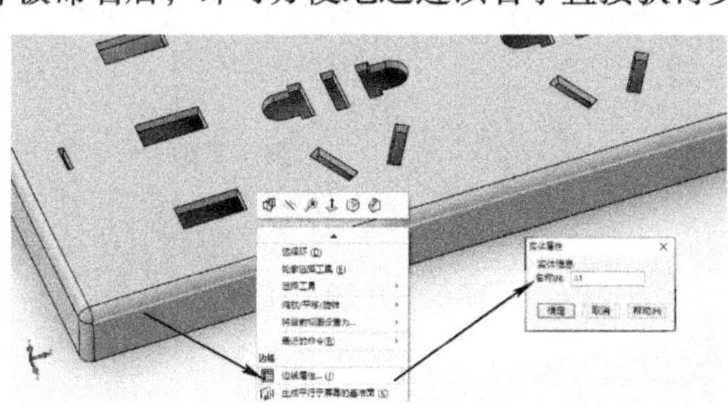

图 12-1　边线属性

本例将对图中选中的边线和面分别重命名为“自定义边线 A2”和“顶壳外表面”，并获得模型中所有被命名的实体，再分别获得这些实体并选中，如图 12-2 所示。

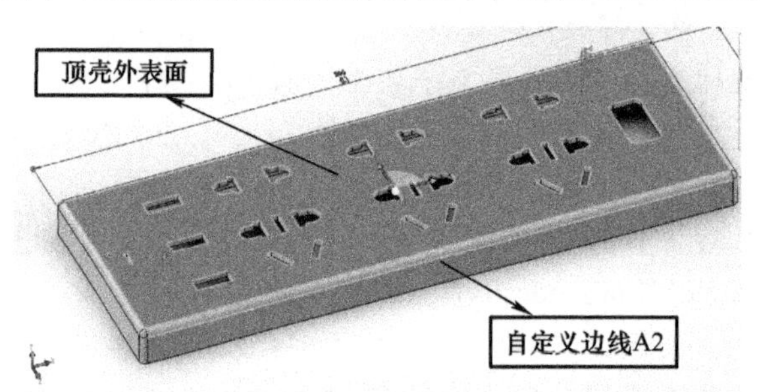

图 12-2　实体的设置与获得

1. 代码示例

```
SldWorks swApp = null;
ModelDoc2 SwModleDoc = null;
public void DoEntity()
{
    open_swfile("", getProcesson("SLDWORKS"), "SldWorks.Application");
    SelectionMgr SwSelMrg = SwModleDoc.SelectionManager;
    SelectData SwSelData = SwSelMrg.CreateSelectData();
    #region 选择边线或面进行重命名
    SwModleDoc.Extension.SelectByID2("", "EDGE", 0.05, 0, 0.035, false, 0, null, 0);
// 坐标选中
    Edge SwEdge = SwSelMrg.GetSelectedObject6(1, −1);
    // 通过选择管理器方法转化为实体对象
    MessageBox.Show(" 选中的边线实体名字 :" +
SwModleDoc.GetEntityName(SwEdge)); // 获得实体名称
    ((PartDoc)SwModleDoc).SetEntityName(SwEdge, "自定义边线 A2");
```

```
    // 设置实体名称
    MessageBox.Show(" 选中的边线实体被重命名为 :" +
SwModleDoc.GetEntityName(SwEdge)); // 反馈实体名称
    SwModleDoc.Extension.SelectByID2("", "FACE", 0.05, 2 / 1000.0, 0.025, false, 0,
null, 0);
    Face2 SwFace = SwSelMrg.GetSelectedObject6(1, -1);
    MessageBox.Show(" 选中的面实体名字 :" +
SwModleDoc.GetEntityName(SwFace));
    ((PartDoc)SwModleDoc).SetEntityName(SwFace, " 顶壳外表面 ");
    MessageBox.Show(" 选中的面实体被重命名为 :" +
SwModleDoc.GetEntityName(SwFace));
    #endregion

    #region 获得所有被命名的实体
    SwModleDoc.ClearSelection2(true);
    object[] ObjNamedEntities = ((PartDoc)SwModleDoc).GetNamedEntities();
    // 获得零件中所有被命名的实体
    StringBuilder sb = new StringBuilder(" 所有被命名的实体数量为 :" +
ObjNamedEntities.Length.ToString() + "\r\n");
    foreach (object ObjNamedEntity in ObjNamedEntities)
    {
        Entity SwEntity = (Entity)ObjNamedEntity;
        sb.Append(" 实体名字：" + SwModleDoc.GetEntityName(SwEntity) + ",
类型为 :" + ((swSelectType_e)SwEntity.GetType()).ToString() + "\r\n");
    }
    MessageBox.Show(sb.ToString()); // 反馈所有被命名的实体信息
    #endregion

    #region 通过指定名称得到实体对象并选中，再得到细分对象面、边线
    SwModleDoc.ClearSelection2(true);
    Entity SwEntityToSelect = ((PartDoc)SwModleDoc).GetEntityByName(" 自定
义边线 A2", (int)swSelectType_e.swSelEDGES);
    // 根据指定名称得到边线对象
    SwEntityToSelect.Select4(false, SwSelData); // 将边线选中
    Edge SwEdgeToSelect = SwSelMrg.GetSelectedObject6(1, -1);
    // 通过选择管理器方法转化为细分的边线对象
    if (SwEdgeToSelect != null)
    {
        MessageBox.Show(" 成功通过名称 \"" + " 自定义边线 A2" + "\" 获得边线对象，并
选中 "); // 反馈选中及获得的对象结果
```

```
    }
    SwModleDoc.ClearSelection2(true);
    SwEntityToSelect = ((PartDoc)SwModleDoc).GetEntityByName(" 顶壳外表面 ",
(int) swSelectType_e.swSelFACES);
    SwEntityToSelect.Select4(false, SwSelData);
    Face2 SwFaceToSelect = SwSelMrg.GetSelectedObject6(1, −1);
    if (SwFaceToSelect != null)
    {
        MessageBox.Show(" 成功通过名称 \"" + " 顶壳外表面 " + "\" 获得面对象，并选中 ");
    }
    #endregion
```

2. 代码解读

（1）获得所有被命名的实体

通过 PartDoc :: GetNamedEntities 方法即可获得零件中所有有名称的实体 Entity 集合，这些实体包含了边线、面等各种实体元素，若需得到细分的边线 Edge 或面 Face 等对象，则需要先使用 Entity :: GetType 方式判断实体的类型，再通过 Entity :: Select4 方法将该实体选中，最终通过 SelectionMgr:: GetSelectedObject6 方法获得具体的 Edge、Face 等对象。

（2）通过实体名称获得实体

PartDoc :: GetEntityByName(Name, EntityType)

其中，参数 Name 即为实体的名称，EntityType 则表示实体具体对象的枚举。

提示

采用实体名称获得实体需要预先对需要的实体进行命名。若在零部件修改时实体消失，则后续无法再通过该名称获得实体。遇到此情况时，可以考虑给模型增加基准面或基准轴，代替这些实体，方便后续可以通过 FeatureByName 的方式获得，如图 12-3 所示。

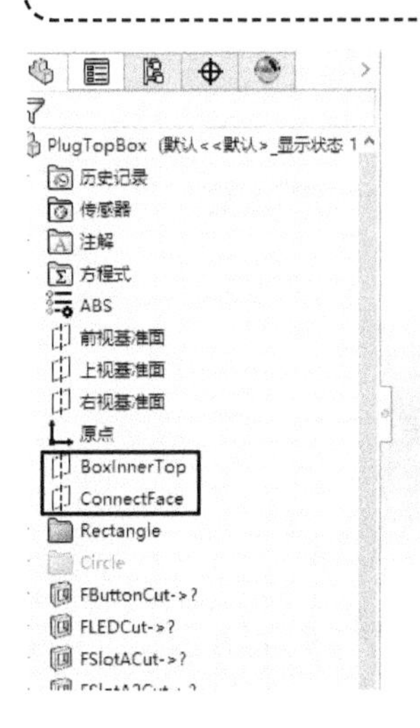

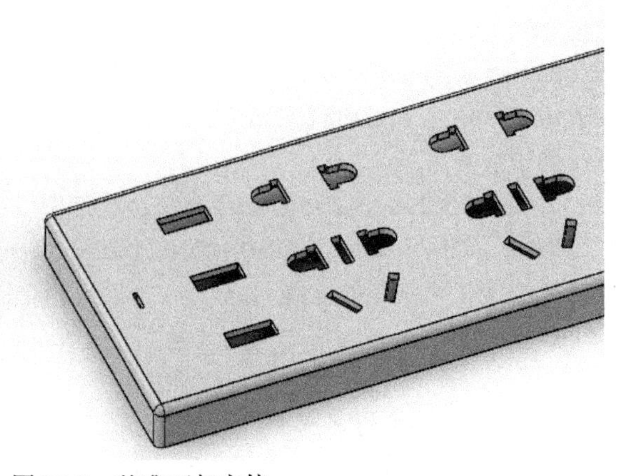

12.2.2 实例分析

图 12-3　基准面与实体

12.2.3　实例分析：对象永久 ID 的获取与使用

在 SOLIDWORKS 中，每个能够被选中的元素的内部都存在一个永久 ID，该 ID 具有唯一性，除非将该元素移除或重建，否则 ID 不会变化。用户也可以通过这个 ID 进行对象的获取。此 ID 的具体内容为一个字节数组 byte[]。

如图 12-4 所示，模型中的一个面、一条边线和一个特征“FSlotACut”被同时选中。本例将通过选择管理器对象 SelectionMgr 及文档扩展对象 ModelDocExtension 的相关方法获得图 12-4 中选中的 3 个元素的 ID，并最终通过 ID 将这 3 元素全部选中。

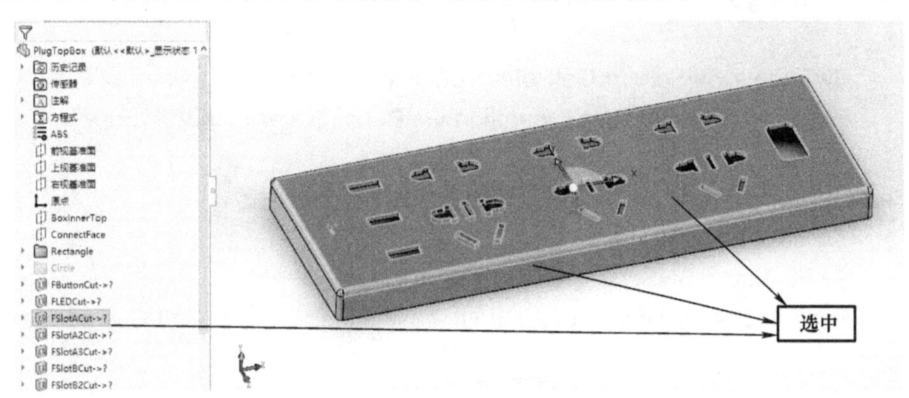

图 12-4　实例模型

1. 代码示例

```
SldWorks swApp = null;
ModelDoc2 SwModleDoc = null;
public void DoPersistentIDs()
{
    open_swfile("", getProcesson("SLDWORKS"), "SldWorks.Application");
    SelectionMgr SwSelMrg = SwModleDoc.SelectionManager;
    SelectData SwSelData = SwSelMrg.CreateSelectData();

    #region 获得对象 ID
    int SelectCount = SwSelMrg.GetSelectedObjectCount2(−1);
    // 获得所有选择内容
    byte[] FaceID = null;
    byte[] EdgeID = null;
    byte[] FeatureID = null;
    Face2 SwFace = null;
    Edge SwEdge = null;
    Feature SwFeature = null;
    for (int i = 1; i <= SelectCount; i++)// 循环选择集中的每个元素
    {
        string SelType = ((swSelectType_e)SwSelMrg.GetSelectedObjectType3(i,
```

```
-1)).ToString().Trim();
            if (SelType == "swSelFACES")// 面对象
            {
                SwFace = SwSelMrg.GetSelectedObject6(i, -1);
                FaceID = SwModleDoc.Extension.GetPersistReference3(SwFace);
            }
            else if (SelType == "swSelEDGES")// 边线对象
            {
                SwEdge = SwSelMrg.GetSelectedObject6(i, -1);
                EdgeID = SwModleDoc.Extension.GetPersistReference3(SwEdge);
            }
            else if (SelType == "swSelBODYFEATURES")// 特征对象
            {
                SwFeature = SwSelMrg.GetSelectedObject6(i, -1);
                FeatureID = SwModleDoc.Extension.GetPersistReference3(SwFeature);
            }
        }
        #endregion

        SwModleDoc.ClearSelection2(true);
        SwFace = null;
        SwEdge = null;
        SwFeature = null;
        MessageBox.Show(" 已清空当前所有选择 ");
        int a = 0;

        #region 通过 ID 获得对象
        SwFace = SwModleDoc.Extension.GetObjectByPersistReference3(FaceID, out a);
        ((Entity)SwFace).Select4(false, SwSelData);
        SwEdge = SwModleDoc.Extension.GetObjectByPersistReference3(EdgeID, out a);
        ((Entity)SwEdge).Select4(true, SwSelData);
        SwFeature =
SwModleDoc.Extension.GetObjectByPersistReference3(FeatureID, out a);
        SwFeature.Select2(true, 0);
        #endregion
}
```

2. 代码解读

（1）获得选中的元素对象

1）通过 SelectionMgr ::GetSelectedObjectCount2(Mark) 方法获得选中元素的数量。

2）通过 SelectionMgr :: GetSelectedObjectType3(Index, Mark) 的方法获得指定位置元素的类型。

3）根据类型判断结果，直接通过 SelectionMgr :: GetSelectedObject6(Index, Mark) 方法获得元素对应的对象。

如图 12-5 所示，选择集合列表相当于索引起始值从 1 开始的列表。上述方法中，参数 Index 代表选择集列表中的相应索引，根据指定的索引获得索引位置对应的元素对象。参数 Mark=−1 代表忽略标记，0 代表所有没有标记的元素，其他数值则返回被标记为该数值的元素。

索引	元素	Mark
1	面元素	…
2	边线元素	…
3	特征元素	…
…	…	…
N(选择集合的总数)	…	…

图 12-5　选择集合列表示意图

（2）获得选中的元素的永久 ID

通过 ModelDocExtension :: GetPersistReference3(DispObj) 方法，即可获得元素的永久 ID，该方法的返回值为一个字节数组。其中参数 DispObj 为元素的具体对象，如本例中的 Face、Edge 和 Feature。

（3）通过 ID 获得需要的元素

通过 ModelDocExtension :: GetObjectByPersistReference3(PersistId, ErrorCode) 方法直接获得元素对象，其中参数 PersistId 为元素的永久 ID，参数 ErrorCode 返回元素状态枚举。

12.3　本章总结

SelectionMgr 选择管理器使得我们可以访问被选择的对象信息。SOLIDWORKS 中一般会通过 SelectByID2 与 Select 两种方法进行选择。在使用 Select 方法之前，需要先获得拥有该方法的对象，对于该对象的获得过程还需满足是相对于当前被激活的文档所得，否则使用 Select 方法可能无效。

一般优先使用通过指定名称获得对象的方法，若采用遍历的方式将可能比较消耗资源，同时增加用户在使用过程中的等待时间。

12.2.3 实例分析

第 13 章

SOLIDWORKS 中的方程式

【学习目标】

了解方程式管理器对象 EquationMgr

在 SOLIDWORKS 建模中，方程式和全局变量的应用也非常广泛，合理使用方程式将会大大减少用户的数据输入工作。在 SOLIDWORKS 的 API 中，EquationMgr 对象的方法与属性就用于操作方程式与全局变量。

13.1 EquationMgr 概述

“方程式、整体变量及尺寸”对话框中的操作都能通过 EquationMgr 对象的方法与属性来完成，如图 13-1 所示。

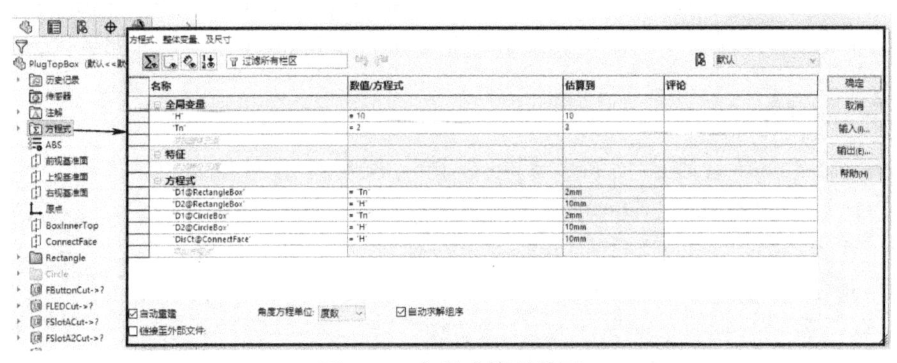

图 13-1 方程式管理界面

图 13-1 中的方程式与全局变量在 SOLIDWORKS 的内部的存储方式为索引起始值为 0 的列表项，如图 13-2 所示。所有返回的方程式都以字符串形式返回。从这里也可以看出，每个索引号记录了一个方程式字符串。

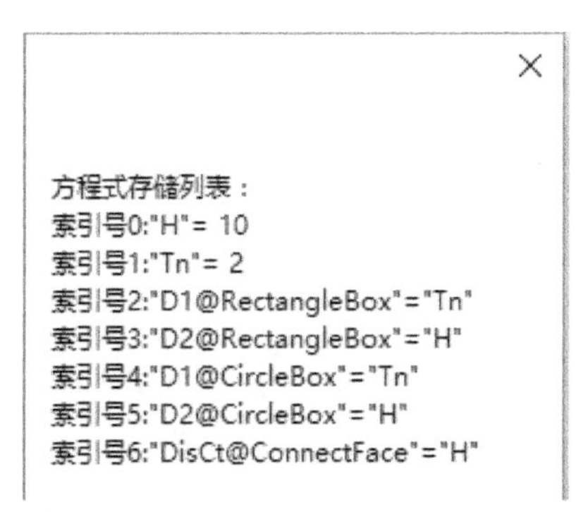

图 13-2 EquationMgr 中的数据存储形式

图 13-3 所示为 API 关于 EquationMgr::Equation 属性介绍的备注，从中可以看到存储的方程式字符串按“=”分为等式左边和右边两部分。同时需要注意的是，尺寸名称和全局变量名称需要使用双引号。

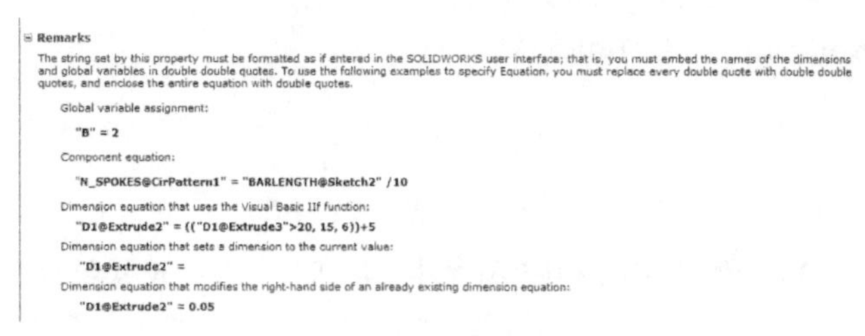

Remarks

The string set by this property must be formatted as if entered in the SOLIDWORKS user interface; that is, you must embed the names of the dimensions and global variables in double double quotes. To use the following examples to specify Equation, you must replace every double quote with double double quotes, and enclose the entire equation with double quotes.

Global variable assignment:

"B" = 2

Component equation:

"N_SPOKES@CirPattern1" = "BARLENGTH@Sketch2" /10

Dimension equation that uses the Visual Basic IIf function:

"D1@Extrude2" = (("D1@Extrude3">20, 15, 6))+5

Dimension equation that sets a dimension to the current value:

"D1@Extrude2" =

Dimension equation that modifies the right-hand side of an already existing dimension equation:

"D1@Extrude2" = 0.05

图 13-3　方程式格式

EquationMgr 对象的获得可以直接通过 ModelDoc2::GetEquationMgr 方法直接获得。

EquationMgr 的常用属性见表 13-1。

表 13-1　EquationMgr 的常用属性

属 性 名	作　　用	返 回 值
Equation	获得与设置索引位置对应的方程式	方程式字符串
GlobalVariable	判断索引位置的方程是否是全局变量	True 或 False
LinkToFile	获得与设置是否方程式链接到外部 TXT 文件	True 或 False
FilePath		文件名
Value	获得指定索引位置相应方程式的值	方程式值

SEquationMgr 的常用方法见表 13-2。

表 13-2　EquationMgr 的常用方法

方　　法	作　　用	返 回 值
Add3()	在制定索引位置添加或修改方程式	方程式添加成功后的索引位置
Delete()	删除指定索引位置的方程式	删除成功返回 0，不成功返回 −1
GetCount()	获得方程式数量	方程式数量
EvaluateAll()	计算所有方程式	返回 −1

13.2　实例分析：方程式的增加、删除与修改

如图 13-1 所示，本例将对该模型的方程式进行增加、删除、修改操作，实现如下功能：

1）先获得模型中的所有方程与全局变量的公式、索引号及数值。

2）再将方程”D2@RectangleBox” =“H” 修改为”D2@RectangleBox” =2*“H”。

3）将方程”D2@RectangleBox” =2*“H” 删除。

4）重新添加方程”D2@RectangleBox” =“H”。

1. 代码示例

```
SldWorks swApp = null;
ModelDoc2 SwModleDoc = null;
public void DoEquationMgr()
{
    open_swfile("", getProcesson("SLDWORKS"), "SldWorks.Application");
```

```
    EquationMgr SwEquationMgr = SwModleDoc.GetEquationMgr();

    StringBuilder sb = new StringBuilder(" 方程式存储列表：\r\n");
    GetAllEquationDetail(SwEquationMgr, sb);

    #region 修改方程
    string EquationStr = "\"D2@RectangleBox\"=2*\"H\"";
    int EqIndex = AddOrReviseEquation(SwEquationMgr, EquationStr,
SwModleDoc);
    sb = new StringBuilder("");
    if (EqIndex >= 0)
    {
        sb.Append(" 修改的方程索引为 :" + EqIndex.ToString().Trim() + "\r\n");
    }
    SwEquationMgr.EvaluateAll();
    SwModleDoc.EditRebuild3();
    sb.Append("\r\n");
    sb.Append(" 方程式存储列表：\r\n");
    GetAllEquationDetail(SwEquationMgr, sb);
    #endregion

    #region 删除方程
    string DimName = "D2@RectangleBox";
    List<int> Indexs = RemoveEquation(SwEquationMgr, DimName);
    if (Indexs.Count > 0)
    {
        sb = new StringBuilder(" 被删除的索引为 :\r\n");
        foreach (int aa in Indexs)
        {
            sb.Append(aa.ToString() + ",");
        }
        SwEquationMgr.EvaluateAll();
        sb.Append("\r\n");
        sb.Append(" 方程式存储列表：\r\n");
        GetAllEquationDetail(SwEquationMgr, sb);
    }
    SwModleDoc.EditRebuild3();
    #endregion

    #region 添加方程
    EquationStr = "\"D2@RectangleBox\"=\"H\"";
```

```
    EqIndex = AddOrReviseEquation(SwEquationMgr, EquationStr,
SwModleDoc);
    sb = new StringBuilder("");
    if (EqIndex>=0)
    {
        sb.Append(" 添加的方程索引为 :" + EqIndex.ToString().Trim() + "\r\n");
    }
    SwEquationMgr.EvaluateAll();
    SwModleDoc.EditRebuild3();
    sb.Append("\r\n");
    sb.Append(" 方程式存储列表：\r\n");
    GetAllEquationDetail(SwEquationMgr, sb);
    #endregion
}

public void GetAllEquationDetail(EquationMgr SwEquationMgr,StringBuilder sb)// 获 得
所有存在的方程式
{
    for (int i = 0; i < SwEquationMgr.GetCount(); i++)
    {
    sb.Append(" 索引号 " + i.ToString().Trim() + "--> 表的式 :" +
SwEquationMgr.Equation[i] + "--> 数值 :" + SwEquationMgr.Value[i].ToString() + "\r\n");
    }
    MessageBox.Show(sb.ToString().Trim(), " 方程式存储情况 ");
}

public List<int>RemoveEquation(EquationMgr SwEquationMgr,string
EquationLeftName)// 移除指定名称的方程
{
    List<int> RemoveIndex = new List<int>() ;
    string Left = ""; // 记录等号左边部分
    string Right = ""; // 记录等号右边部分
    for (int i = 0; i < SwEquationMgr.GetCount(); i++)
    {
        Left = SwEquationMgr.Equation[i].Substring(0,
SwEquationMgr.Equation[i].IndexOf("="));
        Right =
SwEquationMgr.Equation[i].Substring(SwEquationMgr.Equation[i].IndexOf("=")
+ 1, SwEquationMgr.Equation[i].Length -
SwEquationMgr.Equation[i].IndexOf("=") -1);
```

```
        if (EquationLeftName == Left.Substring(1, Left.Length −2))
        // 将左边头尾双引号去掉，与需要的名称对比
        {
            SwEquationMgr.Delete(i); // 删除
            RemoveIndex.Add(i); // 记录删除的索引号
            continue;
        }
    }
    return RemoveIndex;
}

public int AddOrReviseEquation(EquationMgr SwEquationMgr, string
EquationStr, ModelDoc2 Doc)
{
    int EqIndex = −1;
    bool NewEquation = true; // 判断是否新建
    string Left = ""; // 记录等号左边部分
    for (int i = 0; i < SwEquationMgr.GetCount(); i++)
    {
        Left = SwEquationMgr.Equation[i].Substring(0,
SwEquationMgr.Equation[i].IndexOf("="));
        if (Left == EquationStr.Substring(0, EquationStr.IndexOf("=")))
// 说明存在相同方程，则为修改
        {
            NewEquation = false;
            EqIndex = i; // 记录索引号
            break;
        }
    }

    if (NewEquation)// 新建
    {
        EqIndex = SwEquationMgr.Add3(EqIndex, EquationStr, true,
(int) swInConfigurationOpts_e.swAllConfiguration,
Doc.GetConfigurationNames());
    }
    else// 修改
    {
        SwEquationMgr.Equation[EqIndex] = EquationStr;
    }
    return EqIndex;
}
```

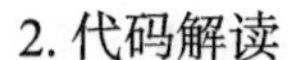

2. 代码解读

（1）方程式的获得与修改

通过 EquationMgr :: Equation[Index] 属性即可获取与修改相应索引位置的方程式。通过 EquationMgr :: Value [Index] 属性则可获得相应索引位置的方程数值。其中参数 Index 是方程式的索引号。

注意

本例可以看到方程式的索引会根据方程式集合中的数量发生变化，所以索引不能作为方程式寻找的依据。

在每次需要获得方程式公式或数值时，应该对整个方程式集合进行遍历，通过对比等式左边的内容，来找到需要定位方程式的索引号，再进行方程式与数值的获得。

方程式的删除也需要采用上面的方法。

（2）添加方程式

EquationMgr :: Add3(Index, Equation, Solve, WhichConfigurations, ConfigNames)

参数名及其含义见表 13-3。

表 13-3　参数名及其含义

参数名	含　义
Index	方程式索引，可设置为 –1，代表放置在方程式列表最后
Equation	公式表达式
Solve	是否立即求解
WhichConfigurations	配置设置枚举
ConfigNames	配置名称集合

注意

若要在装配体中对其下的某个部件的方程式进行操作，则需要先将该部件选中，并使用 AssemblyDoc::EditPart2 方法设置为编辑零部件状态，才能操作该部件的方程式。最后 AssemblyDoc::EditAssembly 方法退出编辑零部件状态。

13.3　本章总结

13.2 实例分析

EquationMgr 对象用于管理所有的方程式操作，而在方程式中，用户应该尤其注意方程式与全局变量在 SOLIDWORKS 内部的存储方式。此外，存储方式的排列顺序决定了方程式的索引会根据方程式集合中的数量发生变化，所以索引不能作为寻找方程式的首要依据。故修改方程式时，应先找到所需修改方程式的索引，再根据需求修改索引所指向的方程式。

第 14 章 SOLIDWORKS 中的属性

14

【学习目标】

1）了解 Attribute 对象与 AttributeDef 对象

2）了解 Parameter 对象的使用

3）了解 Attribute 适用的场合

SOLIDWORKS 中关于“自定义属性”与“配置待定属性”的操作可以通过 CustomPropertyManager 对象的属性和方法实现。本书的 6.6 节已经介绍了 CustomPropertyManager 对象。

除了这些属性以外，SOLIDWORKS 还提供了另外一种文件级的属性 Attribute，这种属性可以直接保存在模型或模型中的实体中，如边线、面、特征等。这种属性在实际的人机交互的过程中是无法操作的，仅能通过程序写入和读取，但是 Attribute 相对 CustomPropertyManager 能够存储的信息更多。

14.1 Attribute 概述

一个 Attribute 对象中可以含有 N 个参数，且参数可以是不同的类型，如图 14-1 所示。这个 Attribute 数据包可以整体保存到模型的不同元素上。在图 14-1 中也可以将 Attribute 看作含有多种数据的数据包。

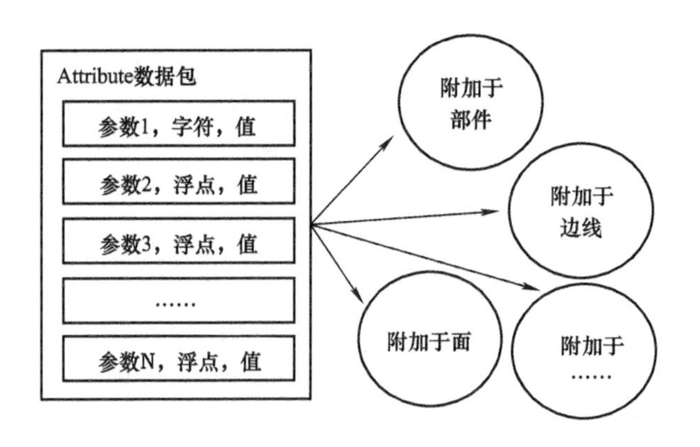

图 14-1　Attribute 数据包

此外，每个 Attribute 数据包都有一个名字，并以特征形式存在。特征名称即为该数据包的名称。如图 14-2 所示，“EdgeRecord1”与“FaceRecord1”两个特征即为模型中选中的面与边线对应的属性数据包。

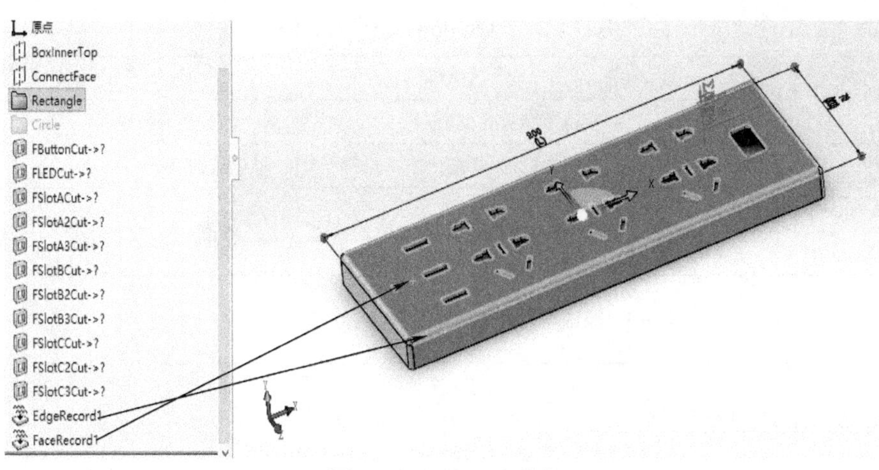

图 14-2　Attribute 特征

Attribute 对象的常用获取方法见表 14-1。

表 14-1　Attribute 对象的常用获取方法

获取 Attribute 的方法	描　述	本书出现的章节
AttributeDef::CreateInstance5	创建属性数据包时获得	14.2
Body2::FindAttribute	在 Body 中寻找	
Component2::FindAttribute	在 Component2 中寻找	8.3
Entity::FindAttribute	在 Entity 中寻找	12.2
Feature::GetSpecificFeature2	通过特征获得	11.1

从 Attribute 对象的获取方法，也可以看出 Attribute 数据包可附加的元素范围。

Attribute 的常用方法见表 14-2。

表 14-2　Attribute 的常用方法

方　法	作　用	返 回 值
Delete()	删除属性数据包	True 或 False
GetBody()	获得该属性数据包所附加的元素对象	获得个元素相应的对象
GetComponent()		
GetEntity()		
GetDefinition()	获得该属性数据包的属性定义对象，即模板	AttributeDef 属性定义对象
GetName()	获得该属性数据包的名称	名称
GetParameter()	获得该属性数据包中某个指定名称的参数	Parameter 参数对象

14.2　Parameter 概述

一个属性数据包中可以含有很多个参数，而每个参数就是一个 Parameter 对象的实例，如图 14-1 所示。通过 Parameter 可以访问每个参数的具体信息，并可进行修改。

Parameter 对象可以通过属性数据包 Attribute :: GetParameter() 方法直接获得，Parameter 的常用方法见表 14-3。

表 14-3　Parameter 的常用方法

方法	作用	返回值
GetType()	获得该参数的类型	参数类型枚举
GetName()	获得参数的名称	参数名称
GetDoubleValue()	获得与设置数值类型参数的数值	数值
SetDoubleValue2()		
GetStringValue()	获得与设置文本类型参数的数值	文本值
SetStringValue2()		

14.3　AttributeDef 概述

Attribute 属性数据包的创建需要通过属性定义 AttributeDef 对象生成。

AttributeDef 属性定义对象相当于一个属性的模板，而每个 Attribute 对象都将生成与 AttributeDef 定义的模板。

AttributeDef 主要用于定义数据包中的参数，在加载 DLL 或运行 EXE 时，AttributeDef 对象只需注册一次，即可生成无数个属性数据包 Attribute 实例，直到 DLL 被卸载或 EXE 被关闭。

创建属性数据包的一般步骤如下：

1）通过 SldWorks :: DefineAttribute(Name) 方法，直接创建一个 AttributeDef 对象实例，其中参数 Name 为该实例的名称。

2）通过 AttributeDef :: AddParameter(NameIn, Type, DefaultValue, Options) 方法，可以不断地添加不同的参数。

参数名及其含义见表 14-4。

表 14-4　参数名及其含义

参数名	参数含义
NameIn	参数的名称
Type	参数的类型枚举
DefaultValue	参数的默认值
Options	暂时不使用

注意

在 AttributeDef::AddParameter() 添加参数的方法中，若参数为文本类型，则参数 DefaultValue 的默认值依然为输入数字，不是文本。当属性数据包 Attribute 实例被创建后，可以使用 Parameter :: SetStringValue2() 方法进行文本赋值。

由于 Parameter 对象中不提供设置 int 整型的数据，所以在 AttributeDef 定义参数时，尽量不使用整型，否则后续无法对整型参数获取与修改。

3）通过 AttributeDef :: Register() 方式，对该属性定义进行注册。

4）最后使用 AttributeDef :: CreateInstance5(OwnerDoc, OwnerObj, NameIn, Options, ConfigurationOption) 的方法在需要的地方添加属性数据包实例 Attribute。

注意

一旦 AttributeDef 对象注册成功，就无法修改该属性定义中的参数定义，故在注册前务必对参数进行正确的定义，包括参数名称与参数类型。

参数名及其含义见表 14-5。

表 14-5 参数名及其含义

参 数 名	参数含义
OwnerDoc	添加该属性数据包 Attribute 到特征树的所在文档对象
OwnerObj	此属性数据包 Attribute 附加的元素对象
NameIn	该属性数据包 Attribute 的名字，即特征名
Options	该属性数据包是否在特征树中显示
ConfigurationOption	配置设置枚举

5）若要对属性数据包中的参数进行修改，则可以使用 Attribute :: GetParameter 方法获得需要修改的参数对象 Parameter，并使用其相关的方法修改参数值。

以上步骤中，每次运行程序时步骤 1）~ 步骤 3）仅需执行一次即可。每次添加属性数据包时，仅需重复执行步骤 4）和步骤 5）即可。

14.4 实例分析：属性的添加与访问

本例将对图 14-2 中模型选择的一个面与一条边线分别添加名为“EdgeRecord1”与“Face-Record1”的属性数据包，并进行属性参数设置。最后，再获得这些属性数据包中的参数信息，并将属性数据包附加的元素全部选中。

代码示例如下：

```
SldWorks swApp = null;
ModelDoc2 SwModleDoc = null;
public void DoAttribute()
{
    open_swfile("", getProcesson("SLDWORKS"), "SldWorks.Application");
    SelectionMgr SwSelMrg = SwModleDoc.SelectionManager;
    SelectData SwSeldt = SwSelMrg.CreateSelectData();

    AttributeDef SwAttributeDef =
swApp.DefineAttribute("ManufacturingRecord"); // 创建属性数据包模板
    #region 向数据包定义中添加参数
    SwAttributeDef.AddParameter("EntityName",
(int)swParamType_e.swParamTypeString, 1.0, 0); // 新建实体名称参数
    SwAttributeDef.AddParameter("EntityFinish",
(int)swParamType_e.swParamTypeDouble, 1.0, 0); // 新建实体是否完成参数
    SwAttributeDef.AddParameter("EntityRequire",
```

```
(int)swParamType_e.swParamTypeString, 1.0, 0); // 对实体的要求
    #endregion
    SwAttributeDef.Register(); // 注册数据包

    #region 给边线添加数据包
    SwModleDoc.Extension.SelectByID2("", "EDGE", 0.05, 0, 0.035, false, 0,
null, 0); // 坐标选中
    Edge SwEdge = SwSelMrg.GetSelectedObject6(1, -1);
    // 通过选择管理器方法转化为实体对象
    SolidWorks.Interop.sldworks.Attribute swAttribute =
SwAttributeDef.CreateInstance5(SwModleDoc, SwEdge, "EdgeRecord1", 0,
(int)swInConfigurationOpts_e.swAllConfiguration); // 给边线添加数据包
    #region 修改边线数据包中的参数
    Parameter swParameter =
(Parameter) swAttribute.GetParameter("EntityName");
    swParameter.SetStringValue2(" 边线 A1",
(int) swInConfigurationOpts_e.swAllConfiguration, "");
    swParameter = (Parameter) swAttribute.GetParameter("EntityFinish");
    swParameter.SetDoubleValue2(-1,
(int)swInConfigurationOpts_e.swAllConfiguration, "");
    swParameter = (Parameter)swAttribute.GetParameter("EntityRequire");
    swParameter.SetStringValue2(" 边线需要圆滑过渡 ",
(int) swInConfigurationOpts_e.swAllConfiguration, "");
    #endregion
    #endregion

    #region 给面添加数据包
    SwModleDoc.Extension.SelectByID2("", "FACE", 0.05, 2 / 1000.0, 0.025,
false, 0, null, 0);
    Face2 SwFace = SwSelMrg.GetSelectedObject6(1, -1);
    swAttribute = SwAttributeDef.CreateInstance5(SwModleDoc, SwFace,
"FaceRecord1", 0, (int)swInConfigurationOpts_e.swAllConfiguration);
    // 给面添加数据包
    #region 修改面数据包中的参数
    swParameter = (Parameter)swAttribute.GetParameter("EntityName");
    swParameter.SetStringValue2(" 面 C1",
(int) swInConfigurationOpts_e.swAllConfiguration, "");
    swParameter = (Parameter)swAttribute.GetParameter("EntityFinish");
    swParameter.SetDoubleValue2(1,
```

```
(int)swInConfigurationOpts_e.swAllConfiguration, "");
    swParameter = (Parameter)swAttribute.GetParameter("EntityRequire");
    swParameter.SetStringValue2(" 表面粗糙度需要满足相关要求 ",
(int) swInConfigurationOpts_e.swAllConfiguration, "");
    #endregion
    #endregion

    SwModleDoc.ClearSelection2(true); // 清空所有选择
    MessageBox.Show(" 数据包添加完毕，并已清空所有选择 ");

    #region 获得添加的数据包信息
    StringBuilder sb = new StringBuilder(" 属性数据包信息：\r\n");
    GetAttributeInfo("EdgeRecord1", sb, SwSeldt); // 获得边线数据包信息
    sb.Append("\r\n");
    GetAttributeInfo("FaceRecord1", sb, SwSeldt); // 获得面数据包信息
    MessageBox.Show(sb.ToString(), " 数据包信息获得并选中相应元素 !");
    #endregion
}

public void GetAttributeInfo(string AttributeName, StringBuilder sb,
SelectData SwSeldt)
{
    Feature SwFeat =
((PartDoc)SwModleDoc).FeatureByName(AttributeName);
    if (SwFeat.GetTypeName2() == "Attribute")
    {
        sb.Append(AttributeName+" 数据包 :\r\n");
        SolidWorks.Interop.sldworks.Attribute swAttribute =
SwFeat.GetSpecificFeature2();
        Parameter swParameter =
(Parameter)swAttribute.GetParameter("EntityName");
        sb.Append(swParameter.GetName() + "=" +
swParameter.GetStringValue().Trim() + "\r\n");
        swParameter = (Parameter)swAttribute.GetParameter("EntityFinish");
        sb.Append(swParameter.GetName() + "=" +
swParameter.GetDoubleValue().ToString().Trim() + "\r\n");
        swParameter =
(Parameter)swAttribute.GetParameter("EntityRequire");
        sb.Append(swParameter.GetName() + "=" +
swParameter.GetStringValue().Trim() + "\r\n");
```

```
        Entity SwEntity = swAttribute.GetEntity(); // 得到数据包附加的元素
        SwEntity.Select4(true,SwSeldt); // 选中该对象
    }
}
```

14.4 实例分析

14.5 本章总结

通过本例可以看到，Attribute 属性中可以存放大量各种格式的数据，并且能将这个属性添加到实体中，并且可以通过获得该属性直接获得相应的实体对象。

不建议读者将 Attribute 使用到解决寻找某个实体的问题上。寻找实体的方法推荐采用本书第 12 章中总结的方法。

Attribute 中的参数不适合人机交互的场合使用，因此经常需要人为修改的属性不适合放在 Attribute 中，可以将制造信息、制造记录存放在 Attribute 中作为控制。

第 15 章 综合实例

15

【学习目标】

综合本书讲解的要点，以综合实例方式梳理本书所有要点

本综合实例将先把所有的接线板零部件自动装配到图 15-1 中，并且完成每个零件的属性写入和尺寸修改，再将装配完成的圆形接线板出成如图 15-2 所示的简易工程图布局。由于工程图中的尺寸标准需要大量坐标点计算，故除了使用插入模型项目导入模型尺寸外，不进行自动标注，但方法同第 10.3 节的实例分析。

如图 15-3 所示，本综合实例通过该程序界面中的参数输入，即可自动完成接线板的装配与出图工作。

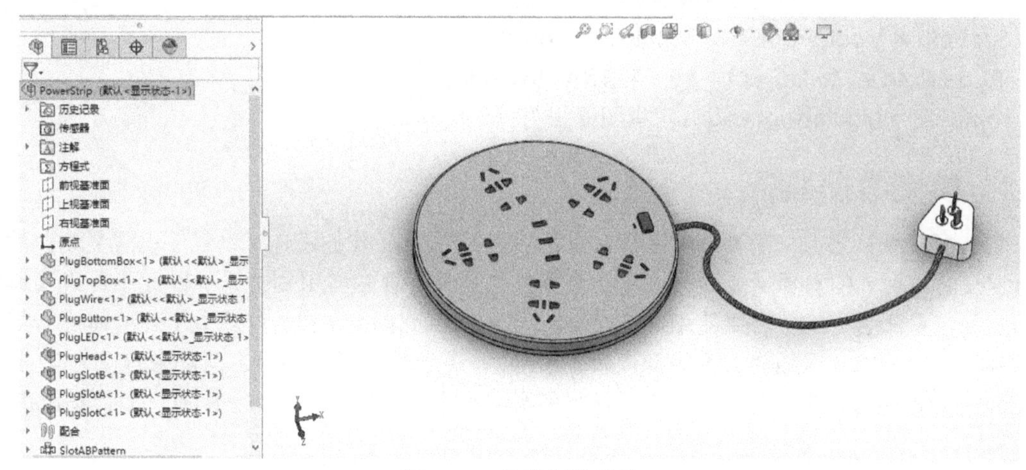

图 15-1　接线板装配体

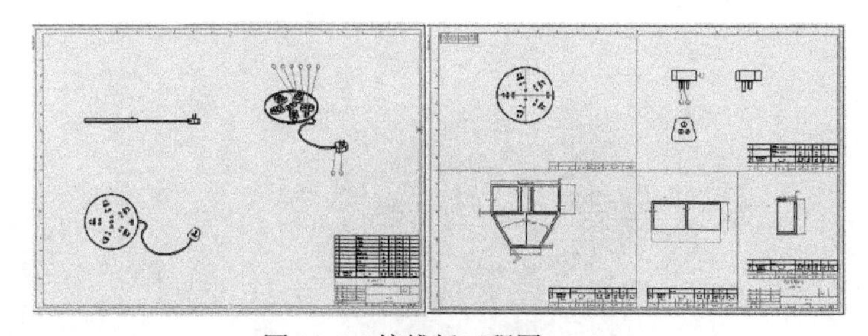

图 15-2　接线板工程图

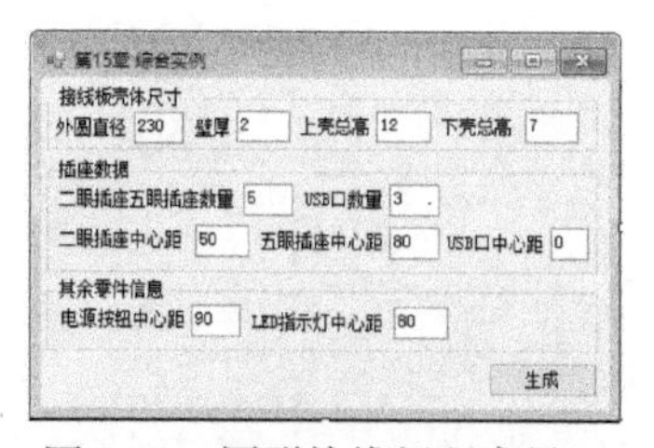

图 15-3　圆形接线板程序界面

15.1　自动化装配出图步骤分析

图 15-4 所示实现整个自动化装配出图的步骤。

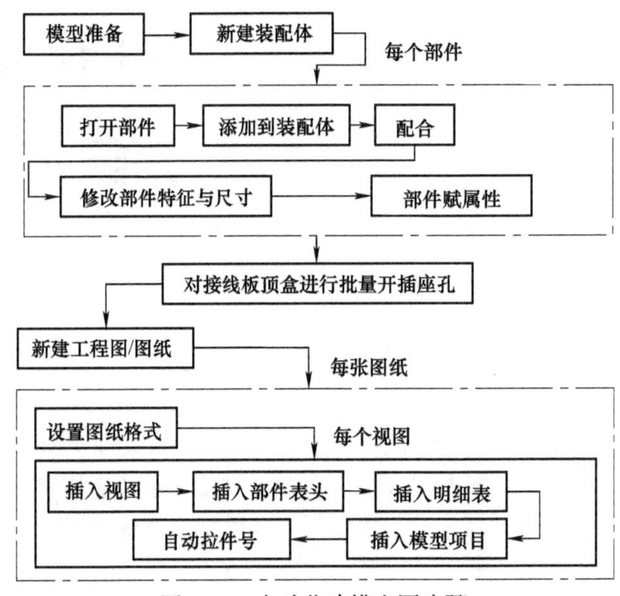

图 15-4　自动化建模出图步骤

本综合实例代码中的模型与模板路径的地址如下：

```
SrcPath = ModleRoot + @"\ 第 15 章 \Source";
TargetPath = ModleRoot + @"\ 第 15 章 \Result";
rootpath = ModleRoot + @"\ 工程图模板 ";
```

15.2　模型数据准备

在装配接线板之前，需要将所有待装配的零件或子装配准备好。简单零件仅需复制，然后进行重命名即可。但对于子装配体，由于装配体与零件存在参考引用关系，因此不可以简单地使用复制、重命名方式，需要使用 SldWorks :: CopyDocument 方法，对整个子装配体进行带参考复制。本例中的二眼插座、五眼插座及 USB 插座模型虽然形态各异，但都来自图 15-5 所示的 PlugSlot.SLDASM 组件的不同形态，这里将会对该子装配体另存为 A、B、C 三种形式。

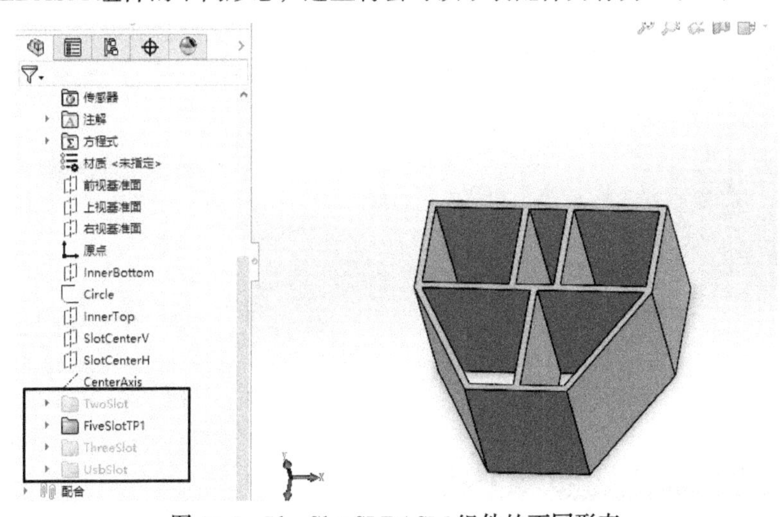

图 15-5　PlugSlot.SLDASM 组件的不同形态

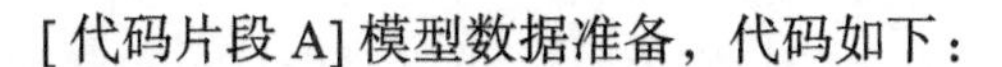

[代码片段 A] 模型数据准备，代码如下：

```
#region 复制需要的插座组件 A，B，C
string[ ] Names = new string[3] { "A", "B", "C" };
string SourceTop = TargetPath + @"\SlotUnit\PlugSlot.SLDASM";
string TargetTop = "";
string[ ] SourceChildrenPaths=new string[1]{TargetPath +
@"\SlotUnit\InnerPluge.SLDPRT"};
int copyopt =
(int)swMoveCopyOptions_e.swMoveCopyOptionsCreateNewFolder;
foreach (string aa in Names)
{
    TargetTop = TargetPath + @"\SlotUnit" + aa + @"\PlugSlot" + aa +
".SLDASM";
    string[ ] TargetChildrenPaths = new string[1] { TargetPath + @"\SlotUnit" +
aa + @"\InnerPluge" + aa + ".SLDPRT" };
    swApp.CopyDocument(SourceTop, TargetTop, SourceChildrenPaths,
TargetChildrenPaths, copyopt);
}
#endregion
```

在本例中，子装配体中的零件较少，故完整给出了一个新命名的数组。在实际使用过程中，在使用 SldWorks :: CopyDocument 方法前，还会先调用 SldWorks :: GetDocumentDependencies2 方法获得原始装配体的参考引用关系，即代码中的 SourceChildrenPaths，再通过需求的名称变化规则，对得到的参考引用文件名称数组再生成新的参考引用关系，即代码中的 TargetChildrenPaths。这样，就完成了装配体的带参考复制功能。

提示

本例中 PlugSlot.SLDASM 组件虽然只有一个零件 InnerPluge.SLDPRT，但作为子装配体，必须通过 SldWorks :: CopyDocument。是否是模型规划不合理？

在一个插座组件中，也许后续还会增加其他零件，如铜片、电线等新增需求的零件。如果这些零件都装配到整个接线板的装配体中，则数量会非常庞大。当这些后续新增零件仅与子装配体 PlugSlot.SLDASM 有关时，即可将这些新增零件装配在子装配 PlugSlot SLDASM 中，这样做有如下好处：

1）总装配体层次清楚，不凌乱。

2）减少装配工作量。

3）插座 A,B,C 来源一个基础原型 PlugSlot.SLDASM，即它们与总装配体进行配合时，代码是通用的，减少了开发的工作量。

15.3 圆形接线板自动装配

在准备完装配所需的文件后，接线板自动建模的步骤如下：

1）新建接线板总装配体。

2）打开每个需要装配的零部件或子装配体，将它们装配到接线板总装配体中。

3）每装配完一个部件后，先对部件进行尺寸、特征、属性的修改与设置，并进行保存，最后关闭这些部件。

4）按照界面参数对二眼插座和五眼插座进行装配体中的圆周整列。

5）对 USB 插座进行线性阵列。

6）在装配体中对接线板顶盒 PlugTopBox.SLDPRT 进行插座孔建立。孔的草图引用插座组件中零件预先定义的切割草图。

1.[代码片段 B] 主装配方法

在此方法中又不断地调用了自定义的 **DoAssem** 方法装配每个具体部件，以及 **CutTopBox** 方法切除顶盒插座孔，最终完成整个接线板装配体的自动装配。自定义方法的使用，使得整体的代码更加清晰，便于将来维护，减少了大量重复的装配代码。

```
#region 新建接线板主装配体
int IntError = -1;
int IntWraning = -1;
AssemModleDoc = swApp.OpenDoc6(TargetPath + @"\PowerStrip.SLDASM",
(int) swDocumentTypes_e.swDocASSEMBLY,
(int) swOpenDocOptions_e.swOpenDocOptions_LoadModel, "", ref IntError,
ref IntWraning); // 打开接线板总装配体模板
SelectionMgr SwSelMrg = AssemModleDoc.SelectionManager;
SelectData SwSelData = SwSelMrg.CreateSelectData();
FeatureManager SwFeatMrg = AssemModleDoc.FeatureManager;
#endregion

AssemModleDoc.ShowNamedView2("* 等轴测 ",
(int) swStandardViews_e.swIsometricView);
// 切换等轴测视图，方便观察自动化装配
AssemModleDoc.ViewZoomtofit2();

#region 装配接线板主体—自定义了 DoAssem 公共方法传入参数
DoAssem(AssemModleDoc, TargetPath + @"\PlugBottomBox.SLDPRT",
(int) swDocumentTypes_e.swDocPART, SwSelData); // 装配底壳
DoAssem(AssemModleDoc, TargetPath + @"\PlugTopBox.SLDPRT",
(int) swDocumentTypes_e.swDocPART, SwSelData); // 装配顶壳
DoAssem(AssemModleDoc, TargetPath + @"\PlugWire.SLDPRT",
(int) swDocumentTypes_e.swDocPART, SwSelData); // 装配线缆
DoAssem(AssemModleDoc, TargetPath + @"\PlugButton.SLDPRT",
(int) swDocumentTypes_e.swDocPART, SwSelData); // 装配按钮
DoAssem(AssemModleDoc, TargetPath + @"\PlugLED.SLDPRT",
(int) swDocumentTypes_e.swDocPART, SwSelData); // 装配指示灯
```

```
DoAssem(AssemModleDoc, TargetPath + @"\PlugHead\PlugHead.SLDASM",
(int) swDocumentTypes_e.swDocASSEMBLY, SwSelData); // 装配插头组件
#endregion

#region 由内到外依次装二眼和五眼，再装组 USB 口装配所有插槽
DoAssem(AssemModleDoc, TargetPath + @"\SlotUnitB\PlugSlotB.SLDASM",
(int) swDocumentTypes_e.swDocASSEMBLY, SwSelData); // 装二眼 SlotUnitB
DoAssem(AssemModleDoc, TargetPath + @"\SlotUnitA\PlugSlotA.SLDASM",
(int) swDocumentTypes_e.swDocASSEMBLY, SwSelData); // 装五眼 SlotUnitA
DoAssem(AssemModleDoc, TargetPath + @"\SlotUnitC\PlugSlotC.SLDASM",
(int) swDocumentTypes_e.swDocASSEMBLY, SwSelData); // 装 USB 口，
SlotUnitC
#endregion

#region 圆周阵列插座 A,B
AssemModleDoc.EditRebuild3();
AssemModleDoc.ClearSelection2(true);
AssemModleDoc.Extension.SelectByID2("CenterAxis@PlugBottomBox-
1@PowerStrip", "AXIS", 0, 0, 0, true, 2, null, 0); // 选中圆周阵列需要的轴
AssemModleDoc.Extension.SelectByID2("PlugSlotB-1@PowerStrip",
"COMPONENT", 0, 0, 0, true, 1, null, 0); // 选中需要阵列的部件
AssemModleDoc.Extension.SelectByID2("PlugSlotA-1@PowerStrip",
"COMPONENT", 0, 0, 0, true, 1, null, 0); // 选中需要阵列的部件
Feature SwFeat =
SwFeatMrg.FeatureCircularPattern5(int.Parse(txt_slotABcount.Text.Trim()),
Math.PI*2, false, "NULL", false, true, false, false, false, false, 1,
0.26179938779915, "NULL", false); // 创建圆周阵列的特征
SwFeat.Name = "SlotABPattern"; // 将特征重命名
#endregion

#region 线性插座 C
AssemModleDoc.EditRebuild3();
AssemModleDoc.ClearSelection2(true);
double Temp = double.Parse(txt_toph.Text.Trim()) +
double.Parse(txt_bottomh.Text.Trim()) - double.Parse(txt_tn.Text.Trim()) * 2 + 5;
AssemModleDoc.Extension.SelectByID2("", "EDGE",
(double.Parse(txt_btnr.Text.Trim()) - 5) / 1000.0, Temp / 1000.0, 0, true, 2, null, 0); // 选中
边线用于线性阵列的方向 1
AssemModleDoc.Extension.SelectByID2("", "EDGE",
(double.Parse(txt_btnr.Text.Trim()) + 5) / 1000.0, Temp / 1000.0, 0, true, 4,
```

```
null, 0); // 选中边线用于线性阵列的方向 2
AssemModleDoc.Extension.SelectByID2("PlugSlotC-1@PowerStrip",
"COMPONENT", 0, 0, 0, true, 1, null, 0); // 选中要阵列的 USB 插座
SwFeat = SwFeatMrg.FeatureLinearPattern5(2, 0.02, 2, 0.02, false, false,
"NULL", "NULL", false, false, false, false, false, false, true, true, false, false, 0,
0, true, false); // 创建线性阵列
SwFeat.Name = "SlotCPattern"; // 对线性阵列特征重命名
#endregion
AssemModleDoc.Save2(true);
AssemModleDoc.EditRebuild3();

CutTopBox(AssemModleDoc, SwSelMrg ,SwSelData,SwFeatMrg);
// 对顶盒开插座孔
```

2.[代码片段 C] 装配每个部件的总方法 DoAssem

此方法主要完成每个部件打开，插入到装配体中，完成装配及修改对应部件的尺寸与属性。其中同样定义了以下两个自定义的方法 **:DoMate** 进行每个装配体的 3 个配合关系建立，以及 **RevisePart** 方法修改每个部件的尺寸与属性。

```
public void DoAssem(ModelDoc2 AssemDoc, string FileName, int FileType, SelectData
SwSelData, ModelDoc2 CompDoc=null)
{
    AssemblyDoc SwAssem = (AssemblyDoc) AssemDoc;
    #region 装配
    int IntError = –1;
    int IntWraning = –1;
    ModelDoc2 SwPartDoc = CompDoc;
    if (SwPartDoc == null) // 说明部件还没打开
    {
        SwPartDoc = swApp.OpenDoc6(FileName, FileType,
(int) swOpenDocOptions_e.swOpenDocOptions_LoadModel, "", ref IntError,
ref IntWraning); // 打开需要装配的部件文档
    }
    Component2 SwComp =
((AssemblyDoc)AssemDoc).AddComponent5(SwPartDoc.GetPathName(), 0, "", false,
"", 0, 0, 0); // 将部件添加到接线板装配体中

    if (SwComp.IsFixed()) 首次添加部件会自动固定，所以检查是否固定
    {
        SwComp.Select4(false, SwSelData,false); // 选中部件
```

```
        SwAssem.UnfixComponent(); // 解除固定
        AssemDoc.ClearSelection2(true);
    }

    swApp.CloseDoc(SwPartDoc.GetTitle()); // 关闭文档
    if (((ModelDoc2)swApp.ActiveDoc).GetPathName() !=
AssemDoc.GetPathName())
    // 判断关闭后，激活的文档是否是需要操作配合的文档
    {
        swApp.ActivateDoc3(AssemDoc.GetPathName(), true, 2, ref IntError);
        // 激活装配体文档
    }

    DoMate(AssemDoc, FileName, SwComp); // 装配部件的 3 个配合
    AssemModleDoc.ShowNamedView2("* 等轴测 ",
(int)swStandardViews_e.swIsometricView); // 轴测图便于观察
    AssemModleDoc.ViewZoomtofit2();
    RevisePart(SwComp,SwSelData); // 修改部件的尺寸与属性
    #endregion
}
```

3. [代码片段 D] 添加每个部件的 3 个配合总方法 DoMate

在此方法中，各部件主要循环完成了选中每个配合需要的配合元素，添加配合关系。在这里定义了建立 3 种不同配合的自定义公共方法 **swMateAXIS** 轴配合方法、**swMateAng** 角度配合方法以及 **swMateDis** 距离及重合配合方法，不同的部件都采用这 3 个方法，仅仅传入的参数不同，另外还有一个 **FindComp** 方法用于获得指定的部件，避免这部分代码影响 DoMate 总方法的层次与可读性，便于将来维护。

由于配合代码重复性较高，因此这里仅列出底盒 PlugBottomBox 和插座 PlugSlot 两种部件的装配代码，其他部件的代码类似，在此省略。

```
public void DoMate(ModelDoc2 AssemDoc, string FileName, Component2
SwComp)// 装配部件的 3 个配合
{
    string AssemPathForSelectById2 = "";
    string CompPathForSelectById2 = "";
    string TempFeatureType = "";
    string CompFeatureName = "";
    string AssemFeatureName = "";
    #region 主体结构部件
    if (FileName.Contains(@"\PlugBottomBox.SLDPRT"))
    {
```

```
        CompPathForSelectById2 = "@" + SwComp.Name2 + "@" +
AssemDoc.GetTitle().Substring(0, AssemDoc.GetTitle().IndexOf("."));
        // 拼接选择元素的字符串
        swMateDis(AssemDoc, " 前视基准面 " + CompPathForSelectById2, "
前视基准面 " + AssemPathForSelectById2, 0, 0,
"BottomBoxFrontMate",false);
        swMateDis(AssemDoc, " 上视基准面 " + CompPathForSelectById2, "
上视基准面 " + AssemPathForSelectById2, 0, 0, "BottomBoxTopMate", false);
        swMateDis(AssemDoc, " 右视基准面 " + CompPathForSelectById2, "
右视基准面 " + AssemPathForSelectById2, 0, 0, "BottomBoxRightMate", false);
    }
    else if (FileName.Contains(@"\PlugTopBox.SLDPRT"))
    {
        // 代码相似省略
    }
    else if (FileName.Contains( @"\PlugWire.SLDPRT"))
    {
        // 代码相似省略
    }
    else if (FileName.Contains( @"\PlugButton.SLDPRT"))
    {
        // 代码相似省略   }
    else if (FileName.Contains( @"\PlugLED.SLDPRT"))
    {
        // 代码相似省略
    }
    else if (FileName.Contains(@"\PlugHead.SLDASM"))
    {
        // 代码相似省略
    }
    #endregion

    #region 插座
    else if (FileName.Contains(@"\PlugSlot"))
    // 因为源头来自一个源文件模板，所以装配方式一致
    {
        string SlotMark = FileName.Substring(FileName.LastIndexOf(".") −1,
1); // 提取 A，B,C
        Component2 CompToMate = FindComp(AssemDoc,
"InnerPluge"+SlotMark); // 得到指定部件
        Component2 AssemToMate = FindComp(AssemDoc,
```

```
"PlugBottomBox"); // 得到指定部件
        CompFeatureName =
CompToMate.FeatureByName("CenterAxis").GetNameForSelection(out
TempFeatureType); // 得到装配元素的特征路径字符串
        AssemFeatureName =
AssemToMate.FeatureByName("CenterAxis").GetNameForSelection(out
TempFeatureType); // 得到装配元素的特征路径字符串
        swMateAXIS(AssemDoc, CompFeatureName, AssemFeatureName,
1, "InnerPluge"+SlotMark+"_AxiMate"); // 轴装配

        double Ang = 0;
        if (SlotMark == "A" || SlotMark == "B")
        {
            Ang = 360.0 / int.Parse(txt_slotABcount.Text.Trim());
            Ang = Ang / 2.0;
        }
        else if (SlotMark == "C")
        {
            Ang = 180;
        }
        Ang = Ang * Math.PI / 180.0; // 转化为弧度

        CompFeatureName =
CompToMate.FeatureByName("SlotCenterV").GetNameForSelection(out
TempFeatureType); // 得到装配元素的特征路径字符串
        AssemFeatureName =
AssemToMate.FeatureByName("BoxCenterH").GetNameForSelection(out
TempFeatureType); // 得到装配元素的特征路径字符串
        swMateAng(AssemDoc, CompFeatureName, AssemFeatureName, 1,
Ang, false, "InnerPluge" + SlotMark + "_AngMate"); // 角度装配

        CompFeatureName =
CompToMate.FeatureByName("InnerBottom").GetNameForSelection(out
TempFeatureType); // 得到装配元素的特征路径字符串
        AssemFeatureName =
AssemToMate.FeatureByName("BoxInnerBottom").GetNameForSelection(out
TempFeatureType); // 得到装配元素的特征路径字符串
        swMateDis(AssemDoc, CompFeatureName, AssemFeatureName, 0,
0, "InnerPluge" + SlotMark + "_BaseMate", true); // 距离配合
    }
    #endregion
}
```

从上面的代码中可以看到，拼接字符串的方式比较简洁，在部件层次比较深时，使用 Feature :: GetNameForSelection 更方便地获得选择字符串，但代码量也比较多。由上面的代码可以看出，虽然二眼插座、五眼插座、USB 插座的结构不同，但装配的代码基本可以公用。

4. [代码片段 E]3 个公共配合方法 swMateAXIS、swMateAng、swMateDis，以及寻找部件公共方法 FindComp。

```
public void swMateAXIS(ModelDoc2 ZongAssemM, string SubAixName1, string
SubAixName2, int types, string MateName)
{
    int temp = 0;
    ZongAssemM.ShowNamedView2("* 前视 ", 1);
    ZongAssemM.Extension.SelectByID2(SubAixName1, "AXIS", 0, 0, 0, false, 1, null, 0);
// 选中装配元素
    ZongAssemM.Extension.SelectByID2(SubAixName2, "AXIS", 0, 0, 0, true, 1, null, 0);
// 选中装配元素
    Feature swMateFeature;
    swMateFeature = (Feature)((AssemblyDoc)ZongAssemM).AddMate3(0, types, false,
0, 0, 0, 0.001, 0.001, 0, 0, 0, false, out temp); // 添加配合

    if (swMateFeature != null)
    {
        swMateFeature.Name = MateName; // 重命名配合特征
    }
    else
    {
        System.Windows.Forms.MessageBox.Show(MateName + ": 中心轴装配出错 ");
    }

    AssemModleDoc.EditRebuild3();
    ZongAssemM.ViewZoomtofit2();
    ZongAssemM.ClearSelection2(true);
}

public void swMateAng(ModelDoc2 ZongAssemM, string SubPlaneName1, string
SubPlaneName2, int a5, double jiaodu, bool zhengfan, string MateName)
{
    int temp = 0;
    ZongAssemM.ShowNamedView2("* 前视 ", 1);
    ZongAssemM.Extension.SelectByID2(SubPlaneName2, "PLANE", 0, 0, 0, false, 1,
null, 0); // 选中装配元素
    ZongAssemM.Extension.SelectByID2(SubPlaneName1, "PLANE", 0, 0, 0, true, 1,
```

```
null, 0); // 选中装配元素

    Feature swMateFeature;
    string angstart =
((CustomPropertyManager)ZongAssemM.Extension.CustomPropertyManager[""]).Get("
角度起始 ");
    if (angstart == "Right")
    {
        swMateFeature = (Feature)((AssemblyDoc)ZongAssemM).AddMate3(6, a5,
zhengfan, 0, 0, 0, 0, 0, jiaodu, jiaodu, jiaodu, false, out temp); // 把选中的装配元素装配起
来
    }
    else
    {
        swMateFeature = (Feature)((AssemblyDoc)ZongAssemM).AddMate3(6,
a5, !zhengfan, 0, 0, 0, 0, 0, jiaodu, jiaodu, jiaodu, false, out temp); // 添加配合
    }

    if (swMateFeature != null)
    {
        swMateFeature.Name = MateName; // 重命名配合特征
    }
    else
    {
        System.Windows.Forms.MessageBox.Show(MateName + ": 方位装配出错 ");
    }
    AssemModleDoc.EditRebuild3();
}

public void swMateDis(ModelDoc2 ZongAssemM, string SubPlaneName1, string
SubPlaneName2, int a5, double dis, string MateName, bool zhengfan)
{
    int temp = 0;
    ZongAssemM.Extension.SelectByID2(SubPlaneName2, "PLANE", 0, 0, 0, false, 1,
null, 0); // 选中装配元素
    ZongAssemM.Extension.SelectByID2(SubPlaneName1, "PLANE", 0, 0, 0, true, 1,
null, 0); // 选中装配元素
    int MateType = 5;
    if (dis == 0)// 重合
        {
```

```
            MateType =0;
        }

        Feature swMateFeature;
        if (dis < 0)
        {
            dis = Math.Abs(dis);
        }
        swMateFeature = (Feature)((AssemblyDoc)ZongAssemM).AddMate5(MateType,
a5, zhengfan, dis, dis, dis, 0, 0, 0, 0, 0, false, false, 0, out temp); // 添加配合

        if (swMateFeature != null)
        {
            swMateFeature.Name = MateName; // 重命名配合特征
        }
        else
        {
            System.Windows.Forms.MessageBox.Show(MateName + ": 距离出错 ");
        }
        AssemModleDoc.EditRebuild3();
}

public Component2 FindComp(ModelDoc2 AssemDoc,string CompName)
{
        Component2 SwComp = null;
        for (int i = 1; i < 20; i++)
        {
            SwComp = ((AssemblyDoc)AssemDoc).GetComponentByName(CompName
+ "-" + i.ToString().Trim());
            if (SwComp != null)
            {
                break;
            }
        }
        return SwComp;
}
```

5. [代码片段 F] 对每个部件的尺寸及属性设置方法 RevisePart

本方法涉及了每个零件的普通尺寸修改、方程式修改、特征压缩解压及属性设置。由于思路差不多，本例代码片段仅列出顶盒 PlugTopBox 与底盒 PlugBottomBox 的设置。

```
public void RevisePart(Component2 SwComp,SelectData SwSelData)
// 修改零件大小
{
    Dictionary<string, string> EquationStrDic = new Dictionary<string, string>();
// 方程式修改，Dictionary< 等式左边 , 整个公式 >
    ModelDoc2 CompDoc = SwComp.GetModelDoc2();
    Component2 SwChildComp = null;
    Feature SwFeat = null;
    ModelDoc2 DocForEquation =CompDoc;
    // 记录方程式操作所用文档对象
    Component2 CompForEquation = SwComp; // 记录方程式操作所用部件
    CustomPropertyManager SwCusp = CompDoc.Extension.CustomPropertyManager[""];
    string DocTitle = "";
    if (SwComp.Name2.Contains("PlugBottomBox")
||SwComp.Name2.Contains("PlugTopBox"))
    {
        SwFeat = ((PartDoc)CompDoc).FeatureByName("Rectangle");
        SwFeat.SetSuppression2((int)swFeatureSuppressionAction_e.swSuppressFeature,
        (int)swInConfigurationOpts_e.swAllConfiguration,"");
        // 压缩方盒特征
        SwFeat = ((PartDoc)CompDoc).FeatureByName("Circle");
        SwFeat.SetSuppression2((int)swFeatureSuppressionAction_e.swUnSuppressFeature,
        (int)swInConfigurationOpts_e.swAllConfiguration, "");
        // 解压圆盒特征
        CompDoc.Parameter("D1@SketchCircle").SystemValue = PlugOD / 1000.0;// 修改圆
// 盒外径
        double tn=double.Parse(txt_tn.Text.Trim()); // 修改圆盒壁厚
      if (SwComp.Name2.Contains("PlugBottomBox"))
      // 整理需要修改方程式的数据
      {
            EquationStrDic.Add("H", "\"H\"="+(double.Parse(txt_bottomh.Text.Trim())-
tn).ToString().Trim());
            EquationStrDic.Add("Tn", "\"Tn\"="+tn.ToString().Trim());

            DocTitle = CompDoc.GetTitle();
            SwCusp.Add3(" 图号 ", (int)swCustomInfoType_e.swCustomInfoText, "",
(int)swCustomPropertyAddOption_e.swCustomPropertyDeleteAndAdd);
            // 添加图号属性
            string Name = " 底盒 Φ" + "\"D1@SketchCircle@" + DocTitle + "\"" + "X" +
"\"D2@CircleBox@" + DocTitle + "\"t";
```

```
            //拼接与尺寸联动的字符串
            SwCusp.Add3(" 名称 ", (int)swCustomInfoType_e.swCustomInfoText, Name,
(int)swCustomPropertyAddOption_e.swCustomPropertyDeleteAndAdd);
            //添加名称属性
            SwCusp.Add3(" 材料 ", (int)swCustomInfoType_e.swCustomInfoText, "PVC",
(int)swCustomPropertyAddOption_e.swCustomPropertyDeleteAndAdd);
            //添加材料属性
            SwCusp.Add3(" 单重 ", (int)swCustomInfoType_e.swCustomInfoText, "\"SW-
Mass@" + DocTitle + "\"",
(int)swCustomPropertyAddOption_e.swCustomPropertyDeleteAndAdd);
            //添加单重属性
            SwCusp.Add3(" 类型 ", (int)swCustomInfoType_e.swCustomInfoText, " 顶盒 ",
(int)swCustomPropertyAddOption_e.swCustomPropertyDeleteAndAdd);
            //添加类型属性
        }
        else if (SwComp.Name2.Contains("PlugTopBox"))
        {
            //属性与方程代码相似省略
        }
    }
    else if (SwComp.Name2.Contains("PlugWire"))
    {
        //代码相似省略
    }
    else if (SwComp.Name2.Contains("PlugButton"))
    {
        //代码相似省略
    }
    else if (SwComp.Name2.Contains("PlugLED"))
    {
        //代码相似省略
    }
    else if (SwComp.Name2.Contains("PlugSlot"))
    {
        //代码相似省略
    }

    if (EquationStrDic.Count > 0)//说明有方程式需要修改
    {
        bool sc = CompForEquation.Select4(false, SwSelData, false);
```

```
        // 选中编辑零部件状态才能更新方程
        int x = -1;
        ((AssemblyDoc)AssemModleDoc).EditPart2(true, true, ref x);
        // 进入编辑零部件状态
        List<string> EquationDone=new List<string>(); // 记录完成的方程
        EquationMgr SwEquationMgr = DocForEquation.GetEquationMgr();
        string Left = ""; // 记录等号左边部分
        for (int i = 0; i < SwEquationMgr.GetCount(); i++)
        {
            Left = SwEquationMgr.Equation[i].Substring(1,
SwEquationMgr.Equation[i].IndexOf("=")-2); // 去掉双引号
            if (EquationStrDic.Keys.Contains(Left))
            {
                SwEquationMgr.Equation[i] = EquationStrDic[Left]; // 修改
                EquationDone.Add(Left); // 记录完成
            }
        }

        if (EquationStrDic.Count > EquationDone.Count)
        // 说明还有新增的方程式
        {
            foreach (string key in EquationStrDic.Keys)
            {
                if (EquationDone.Contains(key) == false)
                // 找到需要新增的方程式
                {
                    SwEquationMgr.Add3(-1, EquationStrDic[key], true,
(int)swInConfigurationOpts_e.swAllConfiguration,
DocForEquation.GetConfigurationNames()); // 添加方程式
                }
            }
        }
            SwEquationMgr.EvaluateAll();
            DocForEquation.EditRebuild3();
            ((AssemblyDoc)AssemModleDoc).EditAssembly();
        }
        CompDoc.EditRebuild3();
}
```

6. [代码片段 G] 对接线板顶盒进行插座孔的开孔方法 CutTopBox

本方法的主要思路即为选中顶盒部件，进入编辑零件模式，选中草图绘制平面，进行草图绘制，引用各部件的草图切割模板，转化实体引用，建立拉伸切除特征。

```
public void CutTopBox(ModelDoc2 AssemDoc, SelectionMgr
SwSelMrg ,SelectData SwSelData, FeatureManager SwFeatMrg)
{
    SketchManager SwSketch=AssemDoc.SketchManager;
    Dictionary<string, string> SketchsForCut = new Dictionary<string,
string>(); // 收集所有部件用于开孔顶盒的草图名称
    SketchsForCut.Add("PlugButton", "RectangleCut");
    SketchsForCut.Add("PlugLED", "RectangleCut");
    SketchsForCut.Add("InnerPlugeB", "STwoSlot");
    SketchsForCut.Add("InnerPlugeA", "SFiveSlotTP1");
    SketchsForCut.Add("InnerPlugeC", "SUsbSlot");

    Component2 TopBoxComp =
((AssemblyDoc)AssemDoc).GetComponentByName("PlugTopBox-1");
    // 得到顶盒部件
    TopBoxComp.Select4(false, SwSelData, false); // 选中顶盒部件
    ((AssemblyDoc)AssemDoc).EditPart(); // 编辑顶盒部件

    Feature SwSketchFace =
((AssemblyDoc)AssemDoc).GetComponentByName("PlugTopBox-1").
FeatureByName("ConnectFace"); // 获得用于开孔绘制草图的平面

        object[ ] ObjComps =
((AssemblyDoc)AssemModleDoc).GetComponents(true);
        // 获得接线板装配体中的所有部件
        foreach (object objComp in ObjComps)
        // 循环每个部件，检查是否需要对顶盒开孔
        {
            AssemDoc.ClearSelection2(true); // 清除选择
            Component2 SwComp = (Component2)objComp;
            Feature CutSketchFeat = null;

            if (SwComp.Name2.Contains("PlugButton"))
            {
                CutSketchFeat =
SwComp.FeatureByName(SketchsForCut["PlugButton"]);
                // 得到切割草图特征
            }
```

```
            else if (SwComp.Name2.Contains("PlugLED"))
            {
                CutSketchFeat =
SwComp.FeatureByName(SketchsForCut["PlugLED"]); // 得到切割草图特征
            }
            else if (SwComp.Name2.Contains("PlugSlotA"))
            {
                CutSketchFeat =
((Component2)(SwComp.FeatureByName("InnerPlugeA-
1").GetSpecificFeature2())).FeatureByName(SketchsForCut["InnerPlugeA"]);
                // 得到切割草图特征
            }
            else if (SwComp.Name2.Contains("PlugSlotB"))
            {
                CutSketchFeat =
((Component2)(SwComp.FeatureByName("InnerPlugeB-
1").GetSpecificFeature2())).FeatureByName(SketchsForCut["InnerPlugeB"]);
                // 得到切割草图特征
            }
            else if (SwComp.Name2.Contains("PlugSlotC"))
            {
                CutSketchFeat =
((Component2)(SwComp.FeatureByName("InnerPlugeC-
1").GetSpecificFeature2())).FeatureByName(SketchsForCut["InnerPlugeC"]);
                // 得到切割草图特征
            }

            if (CutSketchFeat == null)// 说明不是需要切除上壳的零件
            {
                continue;
            }
            SwSketchFace.Select2(false, 0); // 选中草图平面
            SwSketch.InsertSketch(true); // 新建草图
            CutSketchFeat.Select2(false, 0); // 选中切割草图
            SwSketch.SketchUseEdge2(false); // 转化实体引用
            AssemDoc.ClearSelection2(true); // 清除选择
            ((Feature)SwSketch.ActiveSketch).Name = SwComp.Name2 +
"_Sketch"; // 给草图重命名

            bool Dir = false; // 拉伸切除方向
```

```
            Feature SwCutFeat = SwFeatMrg.FeatureCut4(true, false, Dir,
(int)swEndConditions_e.swEndCondThroughAll, 0, 0.01, 0.01, false, false, false, false, 0, 0,
false, false, false, false, false, true, true, true, true, false, 0, 0, false, false);
            if (SwCutFeat == null)
            // 说明拉伸方向有问题，让 Dir 取反再拉伸切除
            {
                SwCutFeat = SwFeatMrg.FeatureCut4(true, false, !Dir,
(int)swEndConditions_e.swEndCondThroughAll, 0, 0.01, 0.01, false, false, false, false, 0, 0,
false, false, false, false, false, true, true, true, true, false, 0, 0, false, false);
            }
            SwCutFeat.Name = SwComp.Name2 + "_Cut";
            // 重命名切除特征，以方便后期寻找定位
        }
        ((AssemblyDoc)AssemDoc).EditAssembly();
        // 返回到编辑装配体，即退出编辑零件或部件
}
```

15.4 圆形接线板自动出图

自动出工程图主要包括新建图纸，设置图纸格式插入图签，插入视图，自动标注零件件号，插入明细表，部件表头以及视图相关部件的操作。这里自定义了 **OutPutDrawing** 方法作为出工程图的总方法。

1. [代码片段 H] 自动出工程图总方法 OutPutDrawing

其中还使用了自定义的 GetDrawingComp 方法（找到指定视图中指定名称的部件）与 CalPartHeadPosInView 方法（将图块定位点相对图纸的坐标转化为图块定位点相对所属视图的坐标）。每个视图都基本执行插入视图、调整比例、部件表头块、插入明细表、自动件号以及插入模型项目为工程图标注操作。本代码示例仅列出总图与零件图的顶盒和插头部分的代码。

```
ModelDoc2 DrawingModleDoc = null;
public void OutPutDrawing()
{
    #region 定义各类模板路径
    string TemplateName = rootpath + @"\A1 模板 .DRWDOT";
    string DwgFormatePath = rootpath + @"\A1 图纸格式 .slddrt";
    string DrawStdPath = rootpath + @"\ 绘图标准 .sldstd";
    string AssemTitleBlock = rootpath + @"\BLOCK_TITLE_ASSEM.SLDBLK";
    string PartTitleBlock = rootpath + @"\BLOCK_TITLE_PART.SLDBLK";
    string PartHeadBlock = rootpath + @"\PartTitle.SLDBLK";
    string BomPath = rootpath + @"\BomTopRight.sldbomtbt";
    #endregion
```

```
#region 新建工程图并保存
DrawingModleDoc = swApp.NewDocument(TemplateName, 10, 0, 0);
DrawingModleDoc.SaveAs(AssemModleDoc.GetPathName().Substring(0,
AssemModleDoc.GetPathName().LastIndexOf("."))+".SLDDRW");
#endregion

#region 获得工程图文档相关常用对象及工程图设置隐藏所有
DrawingDoc SwDraw = (DrawingDoc)DrawingModleDoc;
SelectionMgr SwSelectionMgr=DrawingModleDoc.SelectionManager;
SelectData SwSelectData= SwSelectionMgr.CreateSelectData();
SketchManager SwSketchMrg = DrawingModleDoc.SketchManager;
MathUtility SwMathUtility = swApp.GetMathUtility();
MathPoint SwMathPoint = null;
DrawingModleDoc.SetUserPreferenceToggle((int)swUserPreferenceToggle_e.swViewDispla
yHideAllTypes, true); // 隐藏所有
#endregion

#region 编辑第一张图的图纸格式插入图签块
SwDraw.EditTemplate();
SwMathPoint = SwMathUtility.CreatePoint(new double[] { 829 / 1000.0, 12 / 1000.0, 0 });
SwSketchMrg.MakeSketchBlockFromFile(SwMathPoint, AssemTitleBlock, false, 1, 0);
SwDraw.EditSheet();
#endregion

#region 绘制总图
double[ ] viewpos = new double[] { 240 / 1000.0, 180 / 1000.0 };
// 定义 SwView1 插入点
SolidWorks.Interop.sldworks.View SwView1 =
SwDraw.CreateDrawViewFromModelView3(AssemModleDoc.GetPathName(), "* 上视 ",
viewpos[0], viewpos[1], 0); // 插入视图
SwView1.InsertBomTable4(false, 829 / 1000.0, 72 / 1000.0,
(int)swBOMConfigurationAnchorType_e.swBOMConfigurationAnchor_BottomRight,
(int)swBomType_e.swBomType_TopLevelOnly, " 默认 ", BomPath, false,
(int)swNumberingType_e.swNumberingType_Flat, false); // 插入明细表

viewpos = new double[] { 240/ 1000.0, 400 / 1000.0 };
// 定义 SwView2 插入点
SolidWorks.Interop.sldworks.View SwView2 =
SwDraw.CreateDrawViewFromModelView3(AssemModleDoc.GetPathName(), "* 前视 ",
viewpos[0], viewpos[1], 0); // 插入视图
```

```
    viewpos = new double[] { 600 / 1000.0, 400 / 1000.0 };
    // 定义 SwView3 插入点
    SolidWorks.Interop.sldworks.View SwView3 =
SwDraw.CreateDrawViewFromModelView3(AssemModleDoc.GetPathName(), "* 等轴测 ",
viewpos[0], viewpos[1], 0); // 插入轴测视图
    DrawingComponent DcTopBox = GetDrawingComp(SwView3.RootDrawingComponent,
"PlugTopBox", SwView3); // 获得 SwView3 中的顶盒图纸部件
    DcTopBox.Select(false, SwSelectData); // 把获得的部件选中
    DrawingModleDoc.HideComponent2(); // 将选中的部件隐藏

    #region 给轴测视图自动拉件号
    SwDraw.ActivateView(SwView3.Name); // 激活视图 SwView3
    DrawingModleDoc.Extension.SelectByID2(SwView3.Name, "DRAWINGVIEW", 0, 0, 0, false,
0, null, 0); // 选中视图 SwView3
    AutoBalloonOptions SwAutoBalloonOptions = SwDraw.CreateAutoBalloonOptions(); // 定义
// 件号并设置件号格式
    SwAutoBalloonOptions.Layout = 1;
    SwAutoBalloonOptions.ReverseDirection = false;
    SwAutoBalloonOptions.IgnoreMultiple = true;
    SwAutoBalloonOptions.InsertMagneticLine = true;
    SwAutoBalloonOptions.LeaderAttachmentToFaces = false;
    SwAutoBalloonOptions.Style = 1;
    SwAutoBalloonOptions.Size = 2;
    SwAutoBalloonOptions.EditBalloonOption = 1;
    SwAutoBalloonOptions.EditBalloons = true;
    SwAutoBalloonOptions.UpperTextContent = 1;
    SwAutoBalloonOptions.UpperText = "";
    SwAutoBalloonOptions.Layername = "Text";
    SwAutoBalloonOptions.ItemNumberStart = 1;
    SwAutoBalloonOptions.ItemNumberIncrement = 1;
    SwAutoBalloonOptions.ItemOrder = 0;
    SwDraw.AutoBalloon5(SwAutoBalloonOptions); // 自动插入件号
    #endregion
    #endregion

    #region 绘制零件图
    #region 新建图纸并编辑图纸格式，插入图签和画分割线
    SwDraw.NewSheet3(" 零件图 1", 12, 12, 1, 1, true, DwgFormatePath, 0.42, 0.297, " 默认 ");
    SwDraw.EditTemplate();
    SwSketchMrg.MakeSketchBlockFromFile(SwMathPoint, PartTitleBlock, false, 1, 0);
```

```
    SwSketchMrg.CreateLine(24 / 1000.0, 294.5 / 1000.0, 0, 829 / 1000.0, 294.5 / 1000.0, 0);
    SwSketchMrg.CreateLine(426.5 / 1000.0, 12 / 1000.0, 0, 426.5 / 1000.0, 577 / 1000.0, 0);
    SwSketchMrg.CreateLine(627.75 / 1000.0, 12 / 1000.0, 0, 627.75 / 1000.0, 294.5 / 1000.0,
0);
    SwDraw.EditSheet();
    #endregion

    int x = -1;

    #region 顶盒视图操作—激活顶盒模型
    swApp.ActivateDoc3(AssemModleDoc.GetPathName(), true, 2, ref x);
    Component2 SwComp =
((AssemblyDoc)AssemModleDoc).GetComponentByName("PlugTopBox-1");
    swApp.ActivateDoc3(SwComp.GetPathName(), true, 2, ref x);
    #endregion

    #region 顶盒视图操作—插入顶盒视图、设置比例插入 BOM
    swApp.ActivateDoc3(DrawingModleDoc.GetPathName(), true, 2, ref x);
    viewpos = new double[] {200 / 1000.0, 450/ 1000.0 };
    // 定义 SwView4 插入点
    SolidWorks.Interop.sldworks.View SwView4 =
SwDraw.CreateDrawViewFromModelView3(SwComp.GetPathName(), "* 下视 ", viewpos[0],
viewpos[1], 0);
    SwView4.ScaleRatio = new double[] { 1, 2 }; // 设置比例
    SwView4.InsertBomTable4(false, 426.5 / 1000.0, 312.5 / 1000.0,
(int)swBOMConfigurationAnchorType_e.swBOMConfigurationAnchor_BottomRight,
(int)swBomType_e.swBomType_TopLevelOnly, " 默认 ", BomPath, false,
(int)swNumberingType_e.swNumberingType_Flat, false); // 插入 BOM
    swApp.CloseDoc(SwComp.GetPathName()); // 关闭顶盒部件文档
    #endregion

    #region 顶盒视图操作—坐标转化插入部件表头块
    SwDraw.ActivateView(SwView4.Name);
    // 表头块属于 SwView4，需激活
    double[] SheetPos = new double[2] { 426.5 / 1000.0, 294.5 / 1000.0 };
    // 表头定位点相对图纸的坐标
    SwMathPoint = SwMathUtility.CreatePoint(CalPartHeadPosInView(SheetPos, viewpos,
SwView4.ScaleDecimal)); // 通过自定义方法将表头定位点相对图纸的坐标转化为表头定位
// 点相对视图 SwView4 的坐标
    SwSketchMrg.MakeSketchBlockFromFile(SwMathPoint, PartHeadBlock, false, 1, 0); // 插入
```

```
// 表头图块
    #endregion

    #region 插头视图操作—类似于顶盒
    swApp.ActivateDoc3(AssemModleDoc.GetPathName(), true, 2, ref x);
    SwComp = ((AssemblyDoc)AssemModleDoc).GetComponentByName("PlugHead-1");
    swApp.ActivateDoc3(SwComp.GetPathName(), true, 2, ref x);
    swApp.ActivateDoc3(DrawingModleDoc.GetPathName(), true, 2, ref x);

    viewpos = new double[] { 520 / 1000.0, 480 / 1000.0 };
    // 定义 SwView5 插入点
    SolidWorks.Interop.sldworks.View SwView5=
SwDraw.CreateDrawViewFromModelView3(SwComp.GetPathName(), "* 前视 ", viewpos[0],
viewpos[1], 0);
    SwView5.ScaleRatio = new double[] { 1, 1 };

    viewpos = new double[] { 650 / 1000.0, 480 / 1000.0 };
    // 定义 SwView5Left 插入点
    SolidWorks.Interop.sldworks.View SwView5Left =
SwDraw.CreateDrawViewFromModelView3(SwComp.GetPathName(), "* 左视 ", viewpos[0],
viewpos[1], 0);
    SwView5Left.ScaleRatio = new double[] { 1, 1 };

    viewpos = new double[] { 520 / 1000.0, 380 / 1000.0 };
    // 定义 SwView5Front 插入点
    SolidWorks.Interop.sldworks.View SwView5Front =
SwDraw.CreateDrawViewFromModelView3(SwComp.GetPathName(), "* 上视 ", viewpos[0],
viewpos[1], 0);
    SwView5Front.ScaleRatio = new double[] { 1, 1 };
    SwView5Front.SetDisplayMode3(false,
(int)swDisplayMode_e.swFACETED_HIDDEN_GREYED, true, true);
    // 设置显示样式
    DrawingModleDoc.Extension.SelectByID2(SwView5Front.Name, "DRAWINGVIEW", 0, 0, 0,
false, 0, null, 0);
    int InsertCombine = 0; // 插入内容是一个组合值
    InsertCombine = InsertCombine + (int)swInsertAnnotation_e.swInsertDimensions; // 插入
// 尺寸
    InsertCombine = InsertCombine +
(int)swInsertAnnotation_e.swInsertDimensionsMarkedForDrawing;
    // 插入为工程图标注的尺寸

    SwDraw.InsertModelAnnotations3((int)swImportModelItemsSource_e.swImportModelIte
```

```
    msFromSelectedComponent, InsertCombine, false, true, false, true); // 插入模型项目

    BomTableAnnotation SwBomTableAnnotation = SwView5.InsertBomTable4(false, 829 /
1000.0, 312.5 / 1000.0,
(int)swBOMConfigurationAnchorType_e.swBOMConfigurationAnchor_BottomRight,
(int)swBomType_e.swBomType_TopLevelOnly, " 默认 ", BomPath, false,
(int)swNumberingType_e.swNumberingType_Flat, false);
    SwView5.SetKeepLinkedToBOM(true, SwBomTableAnnotation.BomFeature.Name);
    swApp.CloseDoc(SwComp.GetPathName());

    // 省略自动拉件号代码，同顶盒操作

    SwDraw.ActivateView(SwView5Front.Name);
    SheetPos = new double[2] { 829 / 1000.0, 294.5 / 1000.0 };
    SwMathPoint = SwMathUtility.CreatePoint(CalPartHeadPosInView(SheetPos,
viewpos, SwView5Front.ScaleDecimal)); // 同顶盒操作，转化插入点坐标
    SwSketchMrg.MakeSketchBlockFromFile(SwMathPoint, PartHeadBlock, false, 1, 0);
// 插入部件表头
    #endregion

    // 省略二眼、五眼、USB 插座的视图操作代码

    #endregion
}
```

2. [代码片段 I] 找到指定视图中指定名称的部件方法 GetDrawingComp

```
public DrawingComponent GetDrawingComp(DrawingComponent
ViewRoot,string CompName, SolidWorks.Interop.sldworks.View SwView)
{
    DrawingComponent Dc = null;
    Component2 SwRootComp = ViewRoot.Component;
    // 得到视图的根部件
    ModelDoc2 SwRootDoc = SwRootComp.GetModelDoc2();
    // 将部件转化为文档对象
    AssemblyDoc SwRootAssem = (AssemblyDoc)SwRootDoc;
    // 再将文档对象转化为装配体对象
    Component2 SwCompNeed = null;
    for (int i = 1; i < 21; i++)
    {
        SwCompNeed = SwRootAssem.GetComponentByName(CompName
```

```
+ "-" + i.ToString().Trim()); // 通过装配体对象的获得指定名称的部件
            if (SwCompNeed != null)
            {
                break;
            }
        }
        if (SwCompNeed == null)
        {
            return null;
        }
        Dc = SwCompNeed.GetDrawingComponent(SwView);
        // 得到该部件对应该视图中的图纸部件对象
        return Dc;
}
```

3. [代码片段 J] 将图块定位点相对图纸的坐标转化为图块定位点相对所属视图的坐标方法 CalPartHeadPosInView

```
public double[ ] CalPartHeadPosInView(double[ ] PosInSheet, double[ ]
ViewPos, double ViewScale)
{
    double[ ] Pos = new double[3];
    double[ ] PosRevToViewPos = new double[2] { PosInSheet[0] -
ViewPos[0], PosInSheet[1] - ViewPos[1] }; // 坐标平移
    // 插入点相对于视图位置为原点的坐标
    Pos[0] = PosRevToViewPos[0] / ViewScale; // 视图比例
    Pos[1] = PosRevToViewPos[1] / ViewScale; // 视图比例
    Pos[2] = 0;
    return Pos;
}
```

15.5 本章总结

综合整个自动化装配出图的代码，名代码片段之间的层次关系如图 15-6 所示。

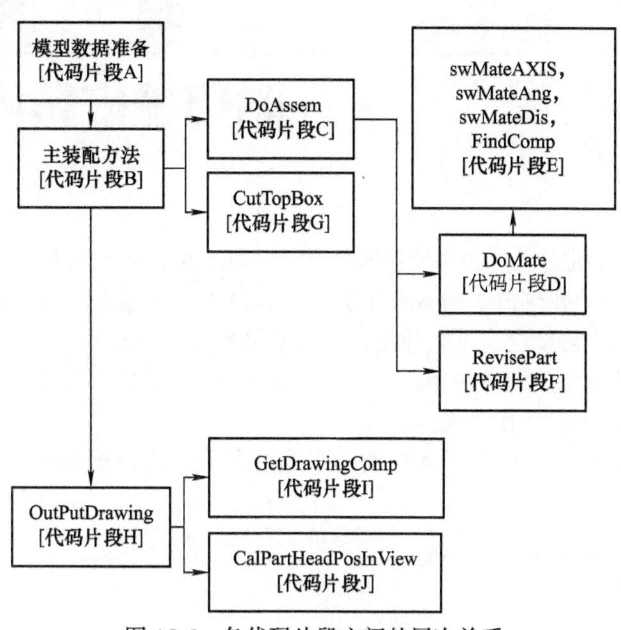

图 15-6　各代码片段之间的层次关系

提示

本实例综合使用本书中提到的各知识点，将接线板装配体从部件开始逐个拼装，再从无到有地生成工程图。在该综合实例中，并未谈及工程图中如何标注部件的每个尺寸（仅使用了插入模型项目的方式），由于标注尺寸需要计算坐标点捕捉尺寸基准和放置尺寸位置，这对于不同的部件图可能需要大量的计算量，不是一个很合理的使用方式。

在现实使用过程中，可以预先将整个圆形接线板拼装完毕，并出完图样（完成所有标注），然后通过代码片段 A 复制整个模型与图样，最后通过程序直接参数化修改模型，从而完成最终的模型与图样。这样，免去用户等待自动装配出图的时间，减少了图样尺寸标注工作，同时也减少了代码工作量。

只有在合理规划设计模型后，再结合相应的二次开发，才能真正提高建模与出图的工作效率。

附　录

常用操作索引

本索引根据实际人机交互过程中操作 SOLIDWORKS 的内容，总结本书中相关的方法，方便读者通过操作方式快速找到需要的 API 信息。索引表中需要注意的内容如下：

1）部分方法在书中可能会多处被使用，下表中仅列出 1 个出处。

2）部分方法的获取与设置方法相似，本表中仅列出 1 种模式，其他模式读者可以通过表中方法列中提供的相关对象找到相关操作方法。

3）本表中的类型列并非对应于 API 类，而是对应用户与 SOLIDWORKS 交互情况下的操作环境。

类　型	操作内容	方　法	书中章节
应用	新建应用	代码示例	5.2.1
应用	新建文档	SldWorks::NewDocument	6.6.2
应用	打开文档	SldWorks::OpenDoc6	5.3.2
应用	切换激活文档	SldWorks::ActivateDoc3	5.3.2
应用	关闭文档	SldWorks::CloseDoc	5.3.2
应用	获得已有应用及激活的文档	代码示例	5.2.2
应用	获得文档参考引用	SldWorks::GetDocumentDependencies2	15.2
应用	带参考复制文档	SldWorks::CopyDocument	15.2
应用	系统设置	见 5.3.1 表 5-2	5.3.2
文档	得到文档类型	ModelDoc2::GetType	7.1
文档	配置操作	ModelDoc2::ConfigurationManager	6.3.2
		ModelDoc2::AddConfiguration3	6.3.2
		ConfigurationManager 对象方法	11.5
		Configuration 对象方法	11.5
文档	属性操作	1.ModelDoc2::Extension 2.ModelDocExtension::CustomPropertyManager 3.CustomPropertyManager 对象方法	6.6.1
文档	选择操作	1.ModelDoc2::Extension 2.ModelDocExtension::SelectByID2	8.2.1
		1.ModelDoc2::SelectionManager 2.SelectionMgr 对象方法	6.3.2
文档	清除选择	ModelDoc2::ClearSelection2	6.3.2
文档	保存文档	ModelDoc2::Save3	6.3
文档	文档信息	ModelDoc2 对象方法	6.3.1
文档	添加尺寸	ModelDoc2::AddDimension2	10.3
模型	新建特征	FeatureManager 对象方法	11.1

（续）

类　型	操作内容	方　法	书中章节
模型	获得指定名称的特征	PartDoc::FeatureByName	7.3 12.2
		AssemblyDoc::FeatureByName	
		Component2::FeatureByName	
		Feature::FeatureByName	
模型	方程式操作	EquationMgr 对象方法	13.2
模型	模型草图绘制	SketchManager 对象方法	10.3
模型	模型尺寸修改	ModelDoc2::Parameter	6.3.3
		Dimension::SetValue3	10.3
模型	标记为工程图标注	DisplayDimension::MarkedForDrawing	
模型	配置操作	ConfigurationManager 对象方法	6.3.2 11.5
零件	材料设置	PartDoc::SetMaterialPropertyName2	7.3
装配体	添加部件	AssemblyDoc::AddComponent5	8.2.1
装配体	解除固定	AssemblyDoc::UnfixComponent	15.3
装配体	添加配合	AssemblyDoc::AddMate5	8.6.1
装配体	获得指定名称的部件	AssemblyDoc::GetComponentByName	8.2.1
装配体	部件排除在明细栏外	Component2::ExcludeFromBOM	8.4.1
装配体	压缩部件	Component2::SetSuppression2	8.4.1
工程图	新建图纸	DrawingDoc::NewSheet3	9.3.1
工程图	设置图纸格式	DrawingDoc::SetupSheet5	9.3.1
工程图	获得图纸属性	Sheet 对象方法	9.4
工程图	插入视图	DrawingDoc 对象方法	9.3.3
工程图	获得视图中的部件	Component2::GetDrawingComponent	9.8.1
		1.View::RootDrawingComponent 2.DrawingComponent::GetChildren	9.7.2
工程图	插入视图模型项目	DrawingDoc:: InsertModelAnnotations3	15.3
工程图	自动拉件号	DrawingDoc::AutoBalloon5	15.3
工程图	隐藏视图中的部件	ModelDoc2::HideComponent2	15.3
工程图	插入明细表	View::InsertBomTable4	9.13.1
工程图	明细表内容	BomTableAnnotation 对象方法	9.13.2
		TableAnnotation 对象方法	9.13.2
工程图	图纸插入图块	SketchManager::MakeSketchBlockFromFile	10.5
		SketchManager::InsertSketchBlockInstance	10.5
工程图	插入普通表格	DrawingDoc::InsertTableAnnotation2	9.11.1
工程图	插入注释	DrawingDoc::CreateText2	9.3.2
工程图	切换与设置图层	LayerMgr 与 Layer 对象方法	9.9